Amarildo Melchiades da Silva

O Modelo dos Campos Semânticos

Um modelo epistemológico em Educação Matemática

EDITORA CIÊNCIA MODERNA

Editor: Paulo André P. Marques
Produção Editorial: Dilene Sandes Pessanha
Capa: Daniel Jara
Diagramação: Daniel Jara
Copidesque: Equipe Ciência Moderna

FICHA CATALOGRÁFICA

SILVA, Amarildo Melchiades da.

O Modelo dos Campos Semânticos - Um Modelo Epistemológico em Educação Matemática

Rio de Janeiro: Editora Ciência Moderna Ltda., 2022.

1. Matemática
I — Título

ISBN: 978-65-5842-207-5 CDD 510

Editora Ciência Moderna Ltda.
R. Alice Figueiredo, 46 – Riachuelo
Rio de Janeiro, RJ – Brasil CEP: 20.950-150
Tel: (21) 2201-6662/ Fax: (21) 2201-6896
E-MAIL: LCM@LCM.COM.BR
WWW.LCM.COM.BR

08/22

À memória de Romulo Campos Lins

Agradecimentos

À Ilza Cordeiro, minha esposa, por ouvir atentamente as ideias iniciais do livro, ainda de maneira confusa e em fase de preparação durante nossas caminhadas e por acreditar que no final iria ficar tudo bem.

À Janete Bolite Frant e Antônio José Lopes Bigode pelas informações do passado registradas em suas memórias sobre o amigo Romulo Campo Lins para auxiliar na confecção do livro.

Aos colegas do grupo de pesquisa Aretha Fontes Alves, Marcelo Bergamini Campos, Márcio Carlos Vital, Orestes Piermatei Filho e Vitor Rezende Almeida por se interessarem em fazer uma leitura crítica do material e por seus apontamentos construtivos. Em especial ao Vitor pela participação em todo o processo de discussão e nas sugestões quando da elaboração dos capítulos.

Aos pesquisadores juniores do Programa de Pós-Graduação em Educação Matemática da UFJF, que participaram da disciplina Estudos Orientados em que discutimos os capítulos do livro em sua primeira versão: Albertino Ribeiro Novaes Netto, Antônio Augusto Duboc de Araújo, Danilo Magalhães Farias, Hugo Lagrimante Ferreira, Jaciene Lara de Paula Caetano, Katyane Anástacia Samoglia Costa Capichoni Massante, Leandro de Araújo Pires, Lectícia Sobreiro Rezende de Souza, Natasha Cardoso Dias, Priscila Fontes Juste, Silvânia de Castro Direguêtto, Thaysa Adriene Teixeira da Silva e Valéria Aparecida Pilate.

Ao colega Rodolfo Chaves pela leitura, revisão e sugestões de melhoria do texto.

Agradeço também à professora Walquíria Dutra, que me lembrava, sempre, quando nos encontrávamos, da minha promessa de escrever o livro, segundo minha própria solicitação.

Agradeço o empenho e a amizade de todos vocês.

(...) eu entendo que o mundo não é visto simplesmente em cor e forma, mas também como um mundo com sentido e significado.

Lev Seminovich Vigostski

Apresentação

Este livro apresenta o *Modelo dos Campos Semânticos*, uma construção teórica desenvolvida no interior da área denominada Educação Matemática pelo professor e pesquisador brasileiro Romulo Campos Lins (1955 – 2017) para instrumentalizar a pesquisa e a prática docente quanto a leituras e análises suficientemente úteis e finas do processo de produção de significados, seja em investigações acadêmicas ou atividades de ensino em sala de aula.

O *Modelo dos Campos Semânticos (MCS),* ou simplesmente, *O Modelo, é* um modelo epistemológico pela própria natureza de sua gênese; foi elaborado a partir de uma caracterização singular para conhecimento e, posteriormente, incluídas as noções de significado, processo comunicativo e campo semântico que proporcionaram, em conjunto, uma leitura peculiar sobre o processo de produção de significados para a Matemática, o que o diferencia dos modelos epistemológicos e/ou cognitivistas existentes em Educação Matemática.

Em seu processo de constituição foi sendo refinado e apresentado à comunidade acadêmica por seu autor em suas publicações e comunicações orais, palestras e oficinas revelando um caminho de transformação e revisão de suas ideias ao longo do tempo.

Nesse sentido, a presente obra representa um esforço de organizar, em um único texto, as principais ideias que constituíram em um corpo teórico elaborado durante aproximadamente três décadas de investigação, produção e refinamento das ideias deste educador matemático brasileiro.

Por esta forma de organização, o mais sensato seria dar o título ao livro de "Uma leitura do Modelo dos Campos Semânticos: um modelo epistemológico em Educação Matemática", sugerindo uma leitura particular das fontes e cuja dinâmica de redação configura recortar os textos e organizá-los de uma maneira diferente de como foram originalmente construídos pelo autor. Assim, algumas ideias que foram aparecendo reiteradas vezes em momentos diferentes na produção de Lins, foram reunidas neste livro acrescentando-se informações introdutórias e explicativas, a partir das quais foram apresentadas, em alguns momentos, as diferentes versões e os aprimoramentos produzidos para as principais noções.

Desse modo, ao mesmo tempo em que o livro trata de noções teóricas centrais para a formação do pesquisador e do professor; apresenta e sugere também como tais noções formuladas teoricamente são operacionais na leitura das ações enunciativas dos participantes de uma investigação ou no entendimento do que dizem os alunos em sala de aula. Para o autor do *MCS* sua construção teórica apenas existe enquanto está em movimento, isto é, quando está sendo utilizada; não sendo, portanto, uma teorização apenas para ser estudada, mas para ser colocada em ação.

Assim, o propósito de escrever este livro foi o de trazer ao cenário educacional um referencial teórico para fundamentar investigações na área de Educação Matemática e de Ensino, de uma maneira geral, e apresentar, como consequência, um "instrumento de leitura", para que pesquisadores e professores em seu trabalho diário, possam compreender por que dizem o que dizem os seus sujeitos de pesquisa e os seus alunos.

O plano geral do livro seguiu a três orientações metodológicas. A primeira foi dar voz, o máximo possível, ao autor do MCS. Em termos práticos, essa conduta nos levou a manter, de maneira proposital, grande número de citações e a inclusão de todas as referências possíveis do que Lins leu e usou para pensar. Isto possibilitará ao leitor, se motivado, buscar as referências que foram a base de sua elaboração teórica, de modo que possa aprofundar sua leitura nos temas que a constituíram.

A segunda orientação metodológica foi a de redigir o texto pensando em um leitor que está sendo introduzido na pesquisa - um mestrando - ao que Lins gostava de chamar de pesquisador júnior, ao invés de aluno sênior. Na prática, essa proposta resultou em trazer informações teóricas mais detalhadas que possibilitassem uma melhor compreensão de suas ideias. Por exemplo, antes de apresentar as noções centrais do *Modelo*, tais como, as noções de conhecimento, significado e campo semântico, trouxemos uma introdução ao assunto de modo a situar o leitor em temas com longa história e tradição, tais como, a Epistemologia, a Linguagem e a Psicologia Cognitiva.

A terceira orientação metodológica consistiu em seguir a própria dinâmica de elaboração do Modelo, pelo seu autor, em que suas noções constitutivas vão aparecendo, e, como muitas delas estão interrelacionadas, são retomadas em capítulos posteriores onde as relações são explicitadas.

A tarefa de redigir o texto para um mestrando foi cumprida de uma maneira muito peculiar, estimulante e desafiadora. Quando as universidades fecharam suas salas de aula por causa da pandemia no ano de 2020, estávamos iniciando uma disciplina presencial no Programa de Pós-Graduação em Educação Matemática da UFJF em que o propósito seria estudar o Modelo dos Campos Semânticos com uma turma que era constituída por professores com o perfil de pesquisadores juniores. Em reunião com a turma, decidimos continuar nossos encontros semanais virtualmente para discutir o assunto e naquele momento, fui estimulado a colocar em prática o meu projeto pessoal de escrever o livro. Assim, a redação foi acontecendo capítulo a capítulo para servir de material de leitura para a turma. A discussão do texto com o grupo e suas sugestões culminou na primeira versão do livro.

Este livro não tem a pretensão de apresentar todo o pensamento do autor do *Modelo*; pois sua maneira de pensar e operar foi muito mais rica e abrangente do que poderíamos explicitar nas páginas que se seguem. Tampouco tínhamos em mente substituir as publicações do professor Romulo Campos Lins. O trabalho se configura, portanto, na possibilidade de maior imersão em suas ideias, que pode ser auxiliada também pelas referências deixadas ao longo dos capítulos.

Enquanto organizador da obra, cumpre dizer que a motivação para a sua redação, é fruto do meu convívio com o autor durante uma parte considerável dos anos em que o processo de teorização aconteceu, possibilitando o acesso privilegiado às questões que o afligiam e às suas ideias em efervescência e elaboração e, bem como, do meu interesse particular em utilizar este referencial teórico em pesquisa e em sala de aula.

Por fim, vale ressaltar que, originalmente o MCS foi elaborado para educadores matemáticos e professores que ensinam matemática, porém, ele se mostra útil para todos os educadores que tenham como objetivo entender seus alunos e auxiliá-los em suas dificuldades de aprendizagem pois, a menos dos exemplos que envolvem objetos da Matemática, todo corpo teórico é geral.

Amarildo Melchiades da Silva

Universidade Federal de Juiz de Fora/MG

Sumário

1

Introdução

> O Modelo constitui-se em um pequeno número de noções e nas relações entre elas; ele sempre foi pensado como um quadro de referência apenas, a partir do qual o que vai existindo (sempre de forma emergente e emergencial) é tratado: a complexidade é apenas um possível resultado de um processo de produção de conhecimento e significado, e o Modelo apenas existe enquanto está em movimento, "em ação". Estudar o MCS é usá-lo, exatamente isso.
>
> Romulo Campos Lins

Este livro tem como objetivo reunir em um único texto a elaboração teórica intitulada *Modelo dos Campos Semânticos*; um referencial teórico em Educação Matemática que tem sido amplamente utilizado por educadores matemáticos brasileiros. Como veremos a seguir, o processo de sistematização e refinamento desse referencial foi se tornando público ao longo dos textos escritos e por comunicação oral de seu autor e será por este caminho que seguiremos a partir de agora.

A redação deste capítulo foi fortemente influenciada pela fala de colegas professores que não chegaram a conhecer o professor e pesquisador Romulo Campos Lins e que, muitas vezes, comentavam da maneira íntima como seus orientandos e amigos falam sobre o seu trabalho. Além disso, a possibilidade da existência de pessoas que se interessarão pelas ideias a serem apresentadas ao longo dos capítulos, nos levou a apresentar alguns poucos aspectos da sua vida pessoal, estudantil e profissional de modo a propiciar um mínimo de compreensão da pessoa por traz das ideias. Além disso, gostaríamos de sugerir ao leitor alguns aspectos de sua formação, os quais acreditamos terem sido a fonte de suas inspirações a partir de influências que recebeu ao longo de sua trajetória acadêmica.

Romulo Campos Lins nasceu no dia 21 de agosto de 1955, na cidade do Rio de Janeiro e mudou para a cidade de São Paulo quando tinha por volta de um ano de idade, indo morar no bairro do Brooklin. Seu pai, natural de Pernambuco, era corretor de imóveis e sua mãe, natural da Bahia, cuidou inicialmente do lar, tendo, mais tarde, se formado em Psicologia pela Pontifícia Universidade Católica de São Paulo. Segundo Lins, após o término do Curso de Psicologia, sua mãe atuou por muitos anos como terapeuta em Psicologia clínica. O casal teve ainda uma filha, que se formou em medicina e trabalhou como médica intensivista na cidade de São Paulo.

Parte da formação escolar do professor Romulo Campos Lins aconteceu no Colégio Vocacional no Brooklin, uma escola de referência na década de 1960 na cidade de São Paulo, onde estudou o Ginásio e o Científico (atuais Ensinos Fundamental e Médio). Segundo seu amigo

Antônio José Lopes Bigode, o Colégio Vocacional era tão revolucionário que seu fechamento foi feito pelo Exército, com armas em punho, prendendo professores, pais e alunos em 13 de dezembro de 1969, um ano após a instituição do AI-5.

Ao final de sua formação no Ensino Médio, chamado naquela época de Científico, Lins desejava ser arquiteto. Porém, na seleção de opções para o vestibular, na segunda metade de 1974, suas escolhas foram Engenharia, Física e Matemática nesta ordem. A sequência não foi escolhida ao acaso, pois, segundo o próprio, atendia a uma sequência decrescente da relação candidato por vaga, e essa ordem poderia lhe permitir, mudar de curso (de um de maior demanda para um de menor demanda) com mais facilidade, caso quisesse. Com isto em mente, Lins, de fato, antecipou o que realmente acabou acontecendo.

Seu ingresso no mundo acadêmico se deu pelo Curso de Engenharia Metalúrgica na Escola Politécnica da Universidade de São Paulo (USP), com objetivo de trabalhar com fornos atômicos. Mas não demorou muito para se convencer de que não queria ser mesmo engenheiro metalúrgico.

Entre 1976 e 1977, Lins desenvolveu várias atividades, estudou música em um conservatório (o instrumento escolhido foi o baixo) e viajou para a Califórnia, nos Estados Unidos. No final de 1977 decidiu fazer vestibular para a Escola de Comunicação e Artes (ECA) da USP. Fez o vestibular, foi aprovado e iniciou o curso. A consequência imediata de sua decisão foi a perda concomitante de sua mesada por trocar uma Escola por outra.

O ano de 1978 foi dedicado, segundo ele, a conseguir dinheiro para o sustento e a tomar decisões em sua vida; fato descrito em suas palavras da seguinte maneira: "Dei aulas de todas as matérias menos de Português e ao final do ano conclui que (i) a Escola de Música da ECA não servia para formar músicos[1] e (ii) eu queria ser professor de Matemática. Fui à Poli e pedi transferência para o IME-USP[2] (contra a vontade do funcionário que me atendeu, um senhor de cabelos brancos que dizia que aquilo era um absurdo) e, num extraordinário golpe de sorte, fui contratado para dar aulas de 5ª a 8ª séries em uma escola particular de São Paulo, o Colégio Hugo Sarmento. E assim começou de fato minha carreira como educador matemático".[3] Ainda nessa época, Lins teve uma banda e se apresentou num dos mais importantes programas de televisão dos anos 80 chamado "A Fábrica do Som" da TV Cultura de São Paulo.[4]

Sua graduação escolhida foi finalmente a Licenciatura em Matemática no Instituto de Matemática e Estatística/IME da Universidade de São Paulo/USP onde foi presidente do Centro Acadêmico da Matemática/CAMAT, em meados dos anos 1980, vindo a se formar no ano de 1986.

Durante a Graduação em Matemática Lins estabeleceu contato com pessoas que influenciaram sua formação; como o colega de curso Antônio José Lopes Bigode (conhecido como Bigode); o professor Seiji Hariki e a professora/pesquisadora em Educação Matemática, Maria do Carmo Domite Mendonça (a quem ele se referia como Carmo). Sobre essa influência, escreveu: "com Bigode engajei-me na reflexão sobre minha prática; com Seiji engajei-me na reflexão para além da minha prática; com Carmo comecei a conhecer a pesquisa em Educação Matemática".[5]

Sobre a sua relação com Bigode, ele comenta:

> O Bigode tinha experiência de dar aula, mas era para Educação de Jovens e Adultos, para Supletivo. E aí ele arrumou um emprego numa escola chamada Novo Horizonte, que era lá na Vila Madalena. Era uma escola como a Escola da Vila. Essa Escola da Vila é uma escola modelo, construtivista, mas muito séria, com gente que faz pesquisa, publica muito, forma, tem muito curso de formação de educador, e essas coisas. E a Novo Horizonte era um começo. Acho que até a Madalena Freire estava metida nessa escola. E aí o Bigode foi contratado para dar aula para criança e ele nunca deu aula pra criança. Então ele veio me perguntar, porque eu já estava dando aula pra quinta série, sexta série e tal: – Ah, não sei o que eu faço. Ele não tinha a menor idéia, né? Ele nunca tinha dado aula para criança, que nem eu quando comecei, eu também não tinha idéia. Então a gente foi contando tudo o que fazia, e logo o Bigode um cara muito articulado, com todo aquele espaço criativo em volta dele, voou e me ultrapassou completamente. Para mim é impossível achar um melhor professor de Matemática. Ele tem muita organização, coisa que eu não tenho. Eu, como professor de criança, eu sofria, porque eu não tinha facilidade para organizar as rotinas. Que é algo importante em sala de aula.[6]

Eles então constituíram um grupo para discutir seus projetos e seus materiais didáticos. Nesse grupo foi incluído outro colega de turma chamado Paulo Neves. Segundo Lins, eles possuíam interesses e dúvidas em comum relativas à prática docente que ele assim descrevia: “sofrendo entre ensinar matemática e educar matematicamente”. Passaram, então, a reunirem-se para ler textos, discutir ideias e produzir atividades interessantes e a partir das quais os alunos pensassem. Ele assim comentou sobre essa dinâmica:

> É possível caracterizar estas reuniões como sendo de interesses práticos, mas o processo que elas desencadearam foram bastante além disso. Primeiro porque começamos a vasculhar a boa biblioteca do IME para descobrir, com certo espanto até que ela abrigava uma excelente coleção de livros e revistas sobre Educação Matemática e Filosofia da Matemática, como a coleção SMP de Cambridge, as revistas Educational Studies in Mathematics (Kluwer Academic Publishers) e Mathematics Teacher (NCTM) e o livro Prova e Refutações, de I. Lakatos. Além disso, animado por Bigode, comecei a tomar gosto por visitar sebos (livros novos eram caros para nós) e assim minha biblioteca começou a ser formada.[7]

Em suas reflexões sobre essa época, observa:

> Estas reuniões, as visitas à biblioteca e a sebos foram fundamentais para formar em mim a convicção de que esta era a melhor forma para professores desenvolverem profissionalmente e para tratarem dos problemas que se apresentavam em sua atividade profissional, e não ficar assistindo a cursos. Contraditoriamente (hoje vejo), dar cursos para professores veio a ser, mais adiante, uma parte substancial de

> meu desenvolvimento profissional e, como já observei, daria grande impulso a uma necessidade de refletir mais profundamente sobre minha prática.[8]

Sobre seu convívio com o matemático Seiji Hariki, Lins comenta sobre como este encontro influenciou sua formação:

> Antes de mais nada, por ele ser um pensador cético e audacioso sobre o que tantos diziam sobre educação matemática; dizia, por exemplo, que muitas vezes bastava ler a orelha de um livro, nada mais. Aos poucos fui compreendendo que não se tratava de desdém ou arrogância, e sim de uma compreensão de que "ensinar bem" é fazer pouco pelos alunos; não é coincidência que foi ele quem introduziu na Licenciatura uma disciplina de Resolução de Problemas, na época muito influenciado pelo livro A Arte de Resolver Problemas de G. Polya. Seiji entendia que a atividade matemática não é primariamente ficar estudando teorias, e sim resolver problemas e nos fez entender isso.[9]

Ele então apresenta um segundo aspecto importante da sua convivência com Seiji, qual seja, o de:

> [...] poder participar de sua luta para criar, dentro do IME, um espaço para a Educação Matemática, e posso apenas imaginar que inspirado por uma luta semelhante travada por Ubiratan D'Ambrósio no IMECC-UNICAMP. Não era apenas porque coincidentemente ele trabalhava ali; Seiji realmente acreditava que a Educação Matemática se beneficia sempre de estar muito próxima da comunidade matemática, e por dois motivos. Primeiro por podermos conhecer melhor a atividade do matemático, seus modos de pensar. Segundo porque estando ali poderíamos mostrar àquela comunidade nossa própria prática, com seus interesses e pontos de vista, convencê-los da relevância da nossa pesquisa, começar a romper um imaginário dominante naquela comunidade de que nas aulas de Matemática o que se deve fazer é ensinar bem a Matemática.[10] (grifo do autor)

Sobre as influências dessas pessoas em sua visão profissional ele comenta: "Bigode me ajudou a ver que o mundo da Educação Matemática era amplo; Seiji me ajudou a ver que era preciso pensar com amplidão".[11]

Seu contato com a professora e pesquisadora em Educação Matemática Maria do Carmo Domite Mendonça se deu por volta de 1980, durante uma aula ministrada pelo professor Scipione di Pierro Netto, em que ela foi convidada a falar para a turma sobre uma forte tendência em Educação Matemática, naquele momento nos Estados Unidos: a resolução de problemas como metodologia de ensino.

Ele comenta que o contato com duas visões de Resolução de Problemas, uma ligada àquela apresentada por Seji na perspectiva de Polya – resolução de problemas para desenvolver a capacidade de resolver problemas, para pôr para funcionar o que se sabe de Matemática - e aquela apresentada por Maria do Carmo a partir da visão do pesquisador estadunidense Frank Lester –

aprender Matemática resolvendo problemas – foi, segundo suas próprias palavras, iluminador. Ele comenta: "Entender isso me permitiu ter clareza sobre a diferença entre adquirir heurísticas (e mesmo o que elas sejam) e adquirir novos conhecimentos através da aplicação destas heurísticas. Penso hoje que, sem dúvida, a segunda é mais interessante, mais completa"[12]. E acrescenta:

> Apenas para simplificar a forma como esta experiência com Carmo e Seiji firmou raízes em meu modo de pensar, posso hoje ver de que forma a formação matemática de nossos futuros professores é inadequada em pelo menos um aspecto: os problemas matemáticos que eles resolvem já vêm sempre marcados por serem problemas deste ou daquele conteúdo (disciplina), o que implica que é pouco o exercício da capacidade de decidir como vou abordar um dado problema, usando quais ideias ou quais ferramentas. A perda profissional é que o futuro profissional acaba ficando (ou continuando), em geral, preso pela estruturação de suas aulas em função de conteúdos, que é a experiência que teve inclusive na universidade.[13]

Em sua trajetória estudantil durante o Curso de Licenciatura em Matemática, Lins participou de dois grupos de estudos que marcaram sua formação. O Grupo de Estudos em Resolução de Problemas (GERP), do qual ele participou da criação, ao lado de Maria do Carmo, Marcelo Lellis, Bigode, Paulo Neves, Dulce Onaga e Maria Amábile Mansutti. Segundo ele, a visão do grupo sobre resolução de problemas foi fortemente influenciada pelo trabalho dos pesquisadores estadunidenses sobre o assunto e, em particular, por Frank Lester, ao passo em que o referencial teórico sobre cognição discutido no grupo era quase exclusivamente o trabalho de Jean Piaget. Ele comenta:

> Inclusive, foi nesse grupo que eu pude discutir coisas do Piaget que me deram certeza de que não seria em Piaget que eu iria encontrar as respostas ao que eu queria. Porque teve uma fase aí que eu estudei muito Piaget. Eu dava curso de Piaget na PUC e no Instituto Sedes Sapientiae. Tinha um grupo particular de quatro psicopedagogas que eu orientava. E foi discutindo certas coisas no GERP que me deu certeza de que não era Piaget que eu queria. E foi por causa disso que eu saí do grupo. O pessoal achava que eu estava saindo do grupo porque eu não estava bem pessoalmente. Curioso esse imaginário. A Maria do Carmo falava: – Mas Piaget fala disso. E eu ficava atormentado: – Não, não fala. Ele fala de outra coisa. Aí, acabou que eu saí, né?[14]

O outro grupo de estudo do qual ele participou era dirigido por Lino de Macedo, do Instituto de Psicologia da USP, que, segundo Lins, era "um profundo conhecedor da obra de Piaget".[15] Neste segundo grupo, ele deu início à sua leitura de Piaget de maneira mais sistemática. Este fato foi muito importante em toda a construção de seu pensamento, pois, ao estudar algumas obras de Piaget, sua compreensão das ideias propostas e seu processo de reflexão proporcionaram o surgimento de questões que o levaram a um afastamento das ideias de Piaget e a uma aproximação das ideias de Vigotski, o que fica claro ao longo de todo o seu trabalho.

Sobre sua trajetória profissional, ele próprio a dividiu em quatro fases[16]. Na primeira fase, de 1979 a 1987, ele trabalhou em escolas de ensino fundamental, como professor e como supervisor. Nesse período, ele teve também suas primeiras experiências com formação de professores a partir da ministração de cursos e oficinas, seguindo as ações de seu grupo de estudo, o GERP.

Com relação ao doutorado, Lins fez contato com o pesquisador inglês Alan Bell a partir a tradução simultânea de duas palestras dele na PUC-SP em 1987. Após o evento eles saíram para almoçar na companhia do colega "Bigode".

Sobre esse momento, Bigode recorda, em comunicação oral, acrescentando algumas informações sobre a consequência desse encontro: "Romulo conheceu Alan Bell em um seminário em São Paulo. Tempos depois, fui ao PME do Canadá, levando na bagagem uns escritos do Romulo sobre resolução de problemas. Em especial, havia um problema sobre ligações de gás, água e eletricidade em três casas (um problema topológico). Fui testemunha de que isto foi determinante para Alan Bell convidá-lo a fazer o doutorado com ele e com isto ele conseguiu uma bolsa do CNPq".

A segunda fase, de 1988 a 1992, foi o período de seu doutoramento na Universidade de Nottingham, na Inglaterra, sob orientação de Alan Bell. Seu projeto de pesquisa resultou na tese de doutorado intitulada *"A framework for understanding what algebraic thinking is"*[17] (Um quadro de referência para entender-se o que é pensamento algébrico), desenvolvida no *Shell Centre for Mathematical Education*. Nessa época, as ideias do modelo começaram a ser desenvolvidas como suporte teórico a uma caracterização para álgebra e pensamento algébrico. Em sua tese, Lins desenvolveu um longo estudo histórico e um estudo experimental que fundamentaram sua caracterização de pensamento algébrico.

Desse estudo, surgiu a necessidade de o autor responder às seguintes perguntas durante o processo de investigação: o que é conhecimento? E o que é significado? Assim, a gênese do que viria a se chamar *Modelo Teórico dos Campos Semânticos* (MTCS) estava em sua tese de doutorado, mas estas caracterizações foram elaboradas ao longo do processo de constituição do *Modelo* nos artigos e livro publicados ao longo de sua trajetória acadêmica. Anos depois, o título foi alterado para *Modelo dos Campos Semânticos* (MCS).

A terceira fase aconteceu no período de julho de 1992 a julho de 1998, momento em que desenvolveu pesquisas sobre Educação Algébrica nas séries iniciais, dando continuidade à sua tese.

No seu retorno ao Brasil, após o doutorado, Lins foi contratado como professor colaborador na Universidade Estadual Paulista Júlio de Mesquita Filho, cujo *campus* fica na cidade de Rio Claro, no interior do estado de São Paulo. Apesar de existirem outras opções de emprego no Brasil, sua escolha se deveu à existência de um Programa de Pós-Graduação em Educação Matemática bem consolidado e ao fato de este ser alocado em um Departamento de Matemática. Sobre sua alocação, ele observou: "eu gosto de Matemática, gosto de estudar, discutir e resolver problemas matemáticos, e num departamento de Matemática eu esperava que isso fosse possível, e foi." [18]

Em sua chegada a Rio Claro, Lins ficou hospedado na casa de seus novos colegas de trabalho, os professores Roberto Ribeiro Baldino e Tânia Cristina Baptista Cabral. Este fato não se trata apenas de uma informação biográfica, pois este encontro influenciou seu trabalho nos seguintes termos: "(...) nesta convivência consolidamos um inestimável vínculo de trabalho e troca de ideias, que não tinha hora para acontecer. Estou seguro em dizer que foi esta convivência com os dois que me instigou a realizar de forma acelerada a sistematização das ideias teóricas que, em grande parte, apareciam implicitamente na tese".[19]

Em setembro de 1993, Romulo Campos Lins publicou um artigo intitulado *Epistemologia, História e Educação Matemática: Tornando mais sólidas as Bases da Pesquisa*, na revista de Educação Matemática da SBEM-SP. A importância dessa publicação está no fato de que é o primeiro artigo em que o *Modelo* é apresentado. Nesse artigo, o autor discute a importância de um pesquisador apresentar suas posições epistemológicas em relação às suas pesquisas, dá a sua caracterização para epistemologia, conhecimento, significado e campo semântico. Entretanto, as duas últimas noções sofreriam alterações com o passar dos anos e a duas primeiras seriam mantidas como expressas nesse texto. Outro ponto alto do artigo foi a apresentação de uma análise epistemológica de uma situação de sala de aula sugerindo a produção de significados divergente entre professora e aluno.

Já em 1994, no evento denominado *Psychology of Mathematics Education* / PME -XVIII, em Portugal, Lins apresentou, pela primeira vez, as ideias centrais do MTCS à comunidade internacional em uma comunicação científica intitulada *Eliciting the meanings for algebra produced by students: knowledge, justifications and semantics field* (Trazendo à tona os significados para a álgebra produzidos pelos alunos: conhecimento, justificação e Campos Semânticos).[20]

Entre a terceira e quarta fase de sua trajetória profissional, de agosto de 1998 a julho de 1999, Lins esteve em pós-doutoramento na Universidade de Bristol, Inglaterra, como pesquisador (*research fellow*). Nesse período, ele finalizou o capítulo do livro intitulado "Por que discutir teoria do conhecimento é relevante para a Educação Matemática" publicado em 1999, no livro "Pesquisa em Educação Matemática: Concepções & Perspectivas". Este artigo, pode ser considerado um dos mais importantes sobre a sua formulação teórica. De modo específico, porque ali o autor detalha a sua compreensão de processo comunicativo[21], apresentando uma visão alternativa ao entendimento tradicional de comunicação como transmissão efetiva de significados ou mensagens entre um emissor e um receptor e, também, uma alternativa à perspectiva apresentada por Jacques Derrida, para quem a comunicação no sentido da transmissão é um acidente, sendo a norma a não-comunicação. (Para os detalhes, veja Capítulo 5)

A quarta e última fase que ele registrou em sua trajetória profissional, inicia-se em agosto de 1999 e vai até 2002[22], com o seu novo projeto de pesquisa intitulado *Um quadro de referência para as disciplinas matemáticas no Curso de Licenciatura em Matemática*, o qual foi aprovado pelo CNPq. Neste momento, Romulo Campos Lins voltou o seu olhar para a formação de professores, possivelmente por entender que seu trabalho sobre Educação Algébrica já estava concluído. A partir desta data, grande parte de suas orientações de mestrado e doutorado tiveram como temática a formação de professores.

A participação de Lins sempre foi muito ativa na comunidade nacional e internacional em Educação Matemática. Foi um dos fundadores da Sociedade Brasileira de Educação Matemática (SBEM) em 1988. Além de secretário geral da regional São Paulo da SBEM, lançando a Revista de Educação Matemática da SBEM-SP. No período de 1995 a 1998, foi presidente da SBEM e entre as ações importantes da chapa naquele momento podem ser citadas a consolidação de uma revista da sociedade; a retirada de sua sede para fora da universidade para atender a um problema de legalização da DNE e suas regionais; a criação de um banco de dados de membros da SBEM; e a organização do VI Encontro Nacional de Educação Matemática em São Leopoldo/RS no ano de 1988.

Ele ainda coordenou eventos nacionais e internacionais de grande relevância no Brasil, participou da organização e edição de livros e da redação e revisão de artigos sobre Educação Algébrica e Aritmética discutindo suas ideias com pesquisadores como Alan Bell, Joaquim Giménez, Bernardo Gómez, Rosamund Sutherland, James Kaput e Luiz Radford.

Assim, vemos que Romulo Campos Lins fez parte de um grupo de pesquisadores que teve sua formação no exterior e cujos laços acadêmicos e pessoais foram importantes para eles e para a comunidade de Educação Matemática brasileira. Entre os estudiosos com os quais se relacionou, podemos mencionar, Janete Bolite Frant (Ph.D. pela University of New York/USA, e atualmente trabalhando na UFRJ), Luciano Rogério de Lemos Meira (Ph.D. pela University of California at Berkeley/USA, e atualmente na UFPE), Jorge Tarcísio da Rocha Falcão (Doutor pela Université Paris 5/France, e atualmente na UFRN) e Sandra Maria Pinto Magina (Ph.D. pela Université of London/ England, e atualmente trabalhando na UESC/BA). Esses pesquisadores, após o retorno ao Brasil foram se estabelecendo profissionalmente, após aprovação em concurso, em diferentes instituições pelo país e, desde então, vêm contribuindo de modo significativo para a formação de novos pesquisadores na área, assim proporcionando uma formação de qualidade em território nacional.

O pesquisador Romulo Campos Lins, ao longo de toda sua trajetória de investigação foi deixando indicações do seu processo de elaboração teórica. Em Lins (2002b) ele observa:

> Muito de meu trabalho nos últimos quinze anos pode ser caracterizado como teórico. Isso se explica, em sua motivação, pelo fato de que os problemas que comecei a identificar há quinze anos não encontrei respostas satisfatórias nos textos que conhecia então, e isto me levou gradualmente a elaborar minhas próprias

> noções teóricas ou meu próprio sistema de categorias, como alguns preferem dizer.[23]

Numa antecipação do que o leitor encontrará neste livro, e que poderá ser constatado nas páginas seguintes, está o esforço de um pesquisador em entender questões que poderiam ser tomadas por um professor como simples situações rotineiras em uma sala de aula de Matemática. Mas, quando colocado o foco sobre elas, questioná-las e buscar uma reflexão que levasse a pressupostos teóricos, tais situações ganharam uma nova perspectiva. Uma dessas questões que influenciou toda a perspectiva de Lins como pesquisador, e marcou o início de uma ruptura com o pensamento piagetiano, envolvia responder o que estaria acontecendo quando uma criança escreve

$$\frac{1}{2}+\frac{2}{3}=\frac{1+2}{2+3}=\frac{3}{5}.$$

Lins evitou o olhar piagetiano, que questionaria: em que estágio se encontraria esta criança? Pois, ao propor o desenvolvimento cognitivo através de estágios, se a criança não opera de acordo com o estágio de desenvolvimento correspondente, logo, ela estaria em falta. A questão piagetiana então seria: o que falta a esta criança para que ela opere corretamente de acordo com sua idade? Ao invés disso, Lins questionou: por que ela fez o que fez? O efeito desta perspectiva foi expresso em suas próprias palavras:

> Para explicar a relevância deste exemplo em minha trajetória intelectual, basta dizer que foi exatamente ele que se tornou paradigmático do que eu queria realizar em meus estudos de doutorado: ao invés de apenas caracterizar o erro, a falta, eu queria mostrar que existe ali a possibilidade e a necessidade do que hoje chamo de uma leitura positiva do que o aluno fez/disse, que consiste em saber do que, de que objetos, ele estava efetivamente falando. E mais, desenvolver um referencial teórico que permitisse fazer esta leitura positiva.[24]

Ele então apresenta uma reflexão sobre sua elaboração teórica:

> (...) minha elaboração teórica consistiu – assim como toda elaboração teórica consiste – em refletir e sistematizar meus pressupostos, organizando-os através da constituição de noções-categorias. E, sendo um processo, seu próprio desenrolar foi criando as condições para que ele – e o que ele envolvia – fosse se alterando. Teorias são, em meu ver, apenas o resultado da reflexão tematizadora de nossos pressupostos e, desta maneira, permitem que nos movamos um pouco mais, que seja, para fora do domínio da ideologia em nossa atividade profissional. A afirmação que alguns fazem, de que teorias atuam como camisa-de-força – como se tolhessem nosso verdadeiro entendimento -, pode representar apenas uma compreensão limitada do que teorias sejam e a que sirvam; chego a arriscar que

> esta incompreensão possa sugerir a existência de um danoso "empirismo iluminado" dentro da academia, uma posição que, ao identificar teorias com discursos sobre "o que as coisas são", e ao querer se livrar dos erros e limitações de discursos particulares deste tipo termina sujeita exatamente ao que as coisas são no universo não refletido de quem toma aquela posição.[25]

Em seus comentários, Lins também explicita a relação entre o pesquisador e o professor, que acabam por se fundirem em um só:

> Talvez a melhor caracterização ampla dessa trajetória esteja em dizer que ela foi sempre marcada pela busca de um referencial teórico que me permitisse explicar o que eu vi nas salas de aula, como professor ou como orientador, e de pessoas de todas as idades. A pergunta que sempre se repetia era "por que estas pessoas estão fazendo isso que estão fazendo?" Não me bastava observar o erro e o acerto, e cada vez menos me bastava tentar eliminar o erro; sempre foi preciso, para mim, buscar formas de caracterizar os processos que eu presenciava, muitas vezes como parte deles, de modo que eu pudesse dar uma explicação plausível para aquilo que estava vendo acontecer. Esta explicação plausível, por outro lado, era também necessária para guiar minha intervenção em sala de aula e minha intervenção com alunos, e para tornar mais sólida minha contribuição aos professores que orientava. Assim, meu interesse se moveu sempre na direção de poder entender o que é que as pessoas estavam dizendo e de entender com que objetos estavam pensando."[26]

A temática do que seguirá, será norteada por essas questões e por este modo de pensar. Além disso, vale ressaltar que sua elaboração teórica não se restringe a pesquisadores em Educação Matemática ou apenas para professores que ensinem Matemática se servirem dela em suas aulas. Pela maneira como foi construída, ela pode ser utilizada por pesquisadores de diferentes áreas de ensino com interesse em pesquisa de cunho qualitativo e foco na produção de significados de seus sujeitos de pesquisa, bem como, para professores das mais diversas disciplinas poderem ler - "ao vivo" ou "*on the fly*" - a maneira de operar de seus alunos em sala de aula. De fato, é possível constatar que, retirados os exemplos envolvendo Matemática, a teoria poderá ser usada para os ensinos de Física, Química, ou Biologia para citar alguns exemplos, pois a teoria não trata de significados matemáticos, mas de significados!

Acreditamos, portanto, que este breve memorial sobre a formação e a vida acadêmica deste pesquisador seja suficiente para o que segue em nosso propósito.

Na organização deste livro, tomamos como referência, as produções de Lins no período de 1993 a 2012. Como mencionamos, na tese de doutorado do autor, em 1992, as principais noções teóricas, não aparece explicitamente no texto; mas não só o gérmen das ideias lá se encontra, como a coerência global do trabalho de pesquisa é garantida exatamente por essas premissas. E, apesar de identificarmos em textos anteriores a sua tese, as evidências de que as ideias iniciais que constituíram seu modelo teórico começaram a emergir por volta de 1987, a fixação da data de início de elaboração teórica sistemática em 1993, foi estipulada a partir de sua primeira publicação com menção explícita ao modelo.

Por outro lado, a data de 2012 foi escolhida pelo fato de ser desse ano o último texto escrito por Lins sobre seu modelo teórico, em comemoração aos vinte anos de sua elaboração, registrado no livro intitulado "Modelo dos Campos Semânticos e Educação Matemática: 20 anos de história". Nessa obra, no primeiro capítulo, denominado "O Modelo dos Campos Semânticos: estabelecimentos e notas de teorizações", apresenta uma última revisão publicada de suas ideias e concepções acerca do MCS construído ao longo dos anos.

Tomando como base esse período, este livro foi organizado em sete capítulos, distribuindo ao longo do texto, segundo o nosso entendimento, as noções constitutivas do MCS. Assim, para além do capítulo introdutório, no capítulo 2, intitulado "O Modelo dos Campos Semânticos: um modelo epistemológico", discutimos a noção de conhecimento a partir de diferentes perspectivas vinda da Epistemologia, de modo a tornar explícita a diferença entre a formulação proposta por Lins e a descrição tradicional de conhecimento.

No Capítulo 3, denominado "O Modelo piagetiano e a leitura linsiana", apresentamos, em linhas gerais, o modelo piagetiano explicitando alguns pontos que permitem ao leitor entender o ponto de vista de Lins sobre as ideias de Piaget, bem como o seu consequente afastamento dessa perspectiva e a sua comparação com o pensamento de Vigotski, dado que será mais acentuando no capítulo seguinte.

No Capítulo 4, intitulado "Vigotski, Leontiev e Lins: compartilhando um espaço comunicativo" reproduzimos a mesma estrutura de apresentação do modelo piagetiano do capítulo anterior, mas agora para a teoria histórico-cultural de Vigotski. Ao longo do Capítulo, explicitamos o afastamento de Lins das ideias de Piaget e sua aproximação com a perspectiva proposta por Vigotski e com a noção de atividade de Leontiev.

No Capítulo 5, intitulado "Sobre o Processo de Produção de Significados", apresentamos as noções de significado, produção de significado, comunicação, núcleo e campo semântico, que reunidas à noção de conhecimento, constituem as principais ideias do MCS.

No Capítulo 6, serão apresentadas e discutidas duas situações de sala de aula que sugerem como a teoria pode estar a serviço do professor e, também, a serviço da pesquisa na análise da fala de estudantes. Entre as duas seções, ampliamos a discussão de questões teóricas apresentadas nos capítulos precedentes, à luz de questões práticas. Este capítulo foi designado "O Modelos dos Campos Semânticos: uma teorização posta em ação".

No Capítulo 7, denominado "A última entrevista ou sobre um encontro improvável", evitamos o tom de considerações finais e colocamos o autor do MCS em uma situação em que ele particularmente gostava: a de estar entre pessoas interessantes, conversando e colocando suas ideias e pontos de vista. Buscamos com isso esclarecer que afastamentos e confluências são apenas escolhas, maneiras de construir mundos.

Lins deixou três importantes contribuições para a Educação Matemática. A primeira contribuição diz respeito à elaboração de um modelo epistemológico que possibilita ao pesquisador e ao professor abraçar uma perspectiva teórica que o qualifica assumir posições epistemológicas e, como consequência, tomar decisões em relação a sua pesquisa e/ou a sua prática docente.

A segunda, diz respeito à sua perspectiva sobre Educação Algébrica a partir de sua caracterização singular do pensamento algébrico, que tem sido pouco compreendida por educadores matemáticos brasileiros.

E a terceira contribuição de Lins, que teve pouco tempo para ser desenvolvida a contento por ele, foi sua perspectiva diferenciada sobre formação de professores, pensada a partir de alguém que conhecia a sala de aula, refletia sobre e a partir dela e possuía pressupostos teóricos claros sobre os processos de ensino e aprendizagem que o embasavam para discutir o tema.

A partir do próximo Capítulo e ao longo de todo o livro trataremos de explicitar, na medida do possível, sua primeira contribuição.

2

O Modelo dos Campos Semânticos: um modelo epistemológico

> Agora, assim como criamos constelações escolhendo e agrupando determinadas estrelas preferencialmente a outras, também criamos estrelas estabelecendo determinados tipos de fronteira preferencialmente a outras. Nada determina se o céu deve ser dividido em estrelas ou em outros objetos. Temos de criar o que encontramos, seja a Ursa Maior, Sirius, comida, gasolina ou um aparelho de som.
>
> Nelson Goodman

O *Modelo dos Campos Semânticos* foi caracterizado por seu autor como um modelo epistemológico em oposição aos modelos cognitivistas existentes na comunidade de Educação Matemática. Em seu processo de construção tomou como ponto de partida uma caracterização do que seria conhecimento a partir da qual toda as outras noções foram elaboradas.

Nesse sentido, Lins defendeu a posição de que os pesquisadores em Educação Matemática deveriam manter sempre explícitas as suas posições epistemológicas. Mas observou que só a explicitação de posições epistemológicas não era suficiente: "não é como se estivéssemos falando de futebol, em que você diz que é corintiano, eu digo que sou palmeirense, e a vida continua". O autor afirmou que "as posições epistemológicas dos pesquisadores devem ser discutidas em relação às suas pesquisas, e isso quer dizer que devemos examinar as questões de pesquisa, tanto quanto os resultados e mesmo os métodos, tomando-se em conta aquelas posições"[1].

Seus estudos em Epistemologia o levaram a questionar a concepção que a caracteriza como Teoria da Ciência. Observando a limitação que tal compreensão apresenta para os fins que tinha em mente, afirmou:

> Se a Epistemologia quer poder dizer alguma coisa sobre o conhecimento de, por exemplo, tribos indígenas, marceneiros ou crianças, é claro que não pode caracterizar-se como "teoria da ciência", expressão que deve ser lida "teoria da ciência ocidental pós-newtoniana", pois a redundância é menos importante que o alerta; este alerta é uma preocupação central na elaboração da Etnomatemática, que permite que a Matemática e o conhecimento matemático possam ser examinados desde o ponto de vista da cultura onde acontecem (ou reconhecer que não acontecem...).[2]

A partir dessa visão, ele apresentou sua caracterização para Epistemologia nos seguintes termos:

> Epistemologia é a atividade humana que estuda as seguintes questões: (i) o que é conhecimento?; (ii) como é que o conhecimento é produzido?; e (iii) como é que conhecemos o que conhecemos?[3]

Segundo Lins, as respostas a essas questões caracterizam posições epistemológicas e toda a pesquisa que envolve questões relativas à aprendizagem está inevitavelmente ligada às respostas que um pesquisador dá a tais indagações.

Ele observou também que muitos artigos em Educação Matemática possuíam frases envolvendo termos como "conhecimento do aluno", "conhecimento matemático", sem que seus autores deixassem claro o que estes termos queriam dizer ou sem apresentar uma indicação de teorias que o leitor pudesse consultar de modo a compreender de que lugar o autor estava falando. Nessa direção, ele comenta: "Que sentido pode haver, para um expectador, numa discussão entre dois pesquisadores, um deles dizendo que o conhecimento é transmitido, e o outro dizendo que conhecimento é construído, se não está claro o que um e outro chamam de "conhecimento"?[4]

Lins constatou, ainda, que a inclusão da discussão epistemológica na Educação Matemática poderia trazer uma melhor compreensão dos processos de ensino e aprendizagem da Matemática, como, por exemplo, "na discussão sobre se é verdade que para ensinar bem basta que o professor 'saiba sua matemática', ou ainda na discussão sobre o uso de modelos "concretos" no ensino da Matemática".[5]

Esse ponto de vista expresso pelo pesquisador, o levou inevitavelmente à formulação de uma caracterização do que seria conhecimento a qual designaremos como perspectiva linsiana. Assim, na tentativa de esclarecer as semelhanças e diferenças e, principalmente, a mudança dessa perspectiva em relação a outras concepções anteriores, faremos uma inserção no mundo da Epistemologia para responder à pergunta o que é conhecimento? Faremos isso, sem entrar, no entanto, nas intensas discussões e diferentes correntes de pensamento que existem sobre o tema. O leitor, se interessado na maior imersão nesse debate, pode seguir a trilha das referências que deixaremos ao longo do texto.

Teoria do Conhecimento ou Epistemologia

A discussão sobre o conhecimento humano, como muitos filósofos sugerem, inicia e se confunde com as origens da própria Filosofia. Pensadores da Antiguidade como Parmênides, Heráclito, Sócrates, Platão e Aristóteles desenvolveram reflexões filosóficas sobre o conhecimento.

Platão, de modo mais específico, é mencionado em obras de referência, como quem apresentou uma primeira versão da chamada definição clássica de conhecimento, a qual veremos a seguir.

Os filósofos vêm levantando vários questionamentos ao longo do tempo como, por exemplo: como podemos conhecer algo? O que é conhecimento? Existe conhecimento falso, ou todo conhecimento é verdadeiro? Podemos ter um conhecimento exato do mundo que nos cerca? Isto é, nosso conhecimento do mundo, corresponde à sua realidade? Ou, ainda um questionamento do tipo: é possível existir uma construção particular e uma distorção subjetiva em todo ato de conhecer?

Estas perguntas são todas questões que chamaremos de epistemológicas, isto é, referentes ao que se constituiu em um ramo da Filosofia chamado de Teoria do Conhecimento.

Uma pessoa pode responder a tais questões apoiando-se na sua própria experiência dizendo, por exemplo, que o que conhecemos corresponde exatamente ao real e até achar estranho que alguém tenha alguma dúvida a esse respeito.

Mas, do ponto de vista do filósofo, é preciso ter mais cautela ao dar uma resposta a esta questão. Ele, o filósofo, pode sugerir a esta pessoa que esta pergunta vale a pena ser feita, lembrando a ela de que outras pessoas, em outros momentos, acreditaram e afirmaram que a terra era imóvel, que estava no centro do universo e que o sol girava a sua volta - o que sabemos hoje não ser verdade. Assim, a análise das crenças, questionamentos, reflexões, justificativas e a busca da verdade é o caminho do filósofo para responder a tais questões e elas estarão sempre envolvidas na constituição do conhecimento, na Teoria do Conhecimento.

As questões, mencionadas anteriormente, estiveram na origem das discussões filosóficas desde a Antiguidade, mas filósofos como Hessen (1987) sugerem que não podemos falar de uma teoria do conhecimento, entendida como uma disciplina filosófica independente, nem na Antiguidade nem na Idade Média. Para ele, nesses períodos encontramos reflexões filosóficas, mas "as investigações filosóficas estão ainda englobadas nos textos metafísicos e psicológicos". Nesse contexto, uma teoria do conhecimento, como disciplina autônoma, só aconteceu na Idade Moderna, a partir do século XVII, cujo fundador foi o filósofo inglês John Locke com a obra intitulada *An essay concerning human understanding* (Ensaio sobre o entendimento humano) publicada em 1690.[6]

Nesse âmbito, dentro da Teoria do Conhecimento um termo muito utilizado é Epistemologia. A palavra vem do grego *episteme*, que significa "conhecimento"; e *logos* que quer dizer "o estudo de". Dessa forma, quando falamos sobre Epistemologia, estamos discutindo o estudo do conhecimento. Este termo foi usado pela primeira vez, em inglês, pelo filósofo escocês James Frederick Ferrier, no trabalho intitulado *Institutes of Metaphysic* (Institutos de Metafísica), publicado em 1854.

Em nosso estudo, tomaremos os dois termos como sinônimos. E no que segue, apresentaremos três perspectivas sobre o que é conhecimento: a do filosófo Johannes Hessen

(1987); a descrição tradicional de conhecimento com base nas obras de Jonathan Dancy (1985), Roderick M. Chisholm (1974, 1989) e Alfred J. Ayer (sd) e, por último, a caracterização linsiana de conhecimento. Nos dois primeiros casos, não defenderemos nem explicitaremos nenhuma posição epistemológica específica decorrente dos entendimentos possíveis a partir da definição tradicional, uma vez que o nosso foco está apenas em introduzir o leitor na discussão com o objetivo de melhor entender a perspectiva linsiana. É o caminho que seguiremos a partir de agora.

Conhecimento: a relação entre sujeito e objeto

O filósofo alemão Johannes Hessen (1889 – 1971) escreveu em 1926 uma obra intitulada *Erkenntnistheorie* (Teoria do conhecimento) em que apresentou uma leitura fenomenológica do conhecimento cuja característica diferenciadora de outros métodos de análise, segundo ele, era a de identificar os problemas relativos ao conhecimento e descrevê-los.

Para Hessen a teoria do conhecimento caracteriza-se como "uma explicação ou interpretação filosófica do conhecimento humano". Seu entendimento é que a Psicologia, a Lógica e a Metafísica, que também tratam do problema do conhecimento, não esclarecem o que o conhecimento é propriamente. Hessen, então, utilizou-se do método fenomenológico de investigação com o objetivo de descobrir e descrever o que é essencial a todo o conhecimento e em que consistia a sua estrutura geral. Nessa obra, a descrição de conhecimento é expressa nos seguintes termos:

> No conhecimento encontram-se frente a frente a consciência e o objecto, o *sujeito* e o *objecto*. O conhecimento apresenta-se como uma relação entre esses dois elementos, que nela permanecem eternamente separados um do outro. O dualismo sujeito e objecto pertence à essência do conhecimento.[7]

Ele continua esclarecendo a relação sujeito e objeto:

> A relação entre os dois elementos é ao mesmo tempo uma *correlação*. O sujeito só é sujeito para um objecto e o objecto para um sujeito. Ambos, eles só são o que são enquanto o são para o outro. Mas esta correlação não é reversível. Ser sujeito é algo completamente distinto de ser objecto. A função do sujeito consiste em apreender o objecto, a do objecto em ser apreendido pelo sujeito. [8]

Observamos então que, na perspectiva de Hessen, o conhecimento é constituído de dois elementos distintos: sujeito e objeto. Eles estão intimamente relacionados e dessa relação resulta a descrição do próprio conhecimento. Mas quem é mesmo o sujeito? O que são os objetos?

A filósofa brasileira Marilena Chaui nos esclarece sobre o sujeito. Ela observa inicialmente que a teoria do conhecimento "no seu todo realiza-se como reflexão do entendimento e baseia-se num pressuposto fundamental: o de que somos seres racionais conscientes".[9] Na sequência, Chaui esclarece o que se entende por consciência: "A capacidade humana para conhecer, para saber que conhece e para saber o que se sabe que conhece. A consciência é um conhecimento (das coisas e de si) e um conhecimento desse conhecimento (reflexão)".[10]

Em continuidade a esses pressupostos, Marilena Chaui sugere a identificação entre consciência e sujeito como apresentado por Hessen anteriormente:

> Do ponto de vista da teoria do conhecimento, a consciência é uma atividade sensível e intelectual dotada do poder de análise, síntese e representação. É o **sujeito**. Reconhece-se como diferente dos objetos, cria e descobre significações, institui sentidos, elabora conceitos, ideias, juízos e teorias. É dotado da capacidade de conhecer-se a si mesmo no ato do conhecimento, ou seja, é capaz de reflexão. É saber de si e saber sobre o mundo, manifestando-se como sujeito percebedor, imaginante, memorioso, falante e pensante. É o entendimento propriamente dito.[11]

Ainda nessa seara, a autora coloca em oposição a visão epistemológica e a visão psicológica de conhecimento, explicitando que:

> Ao contrário do **eu**[12], o **sujeito do conhecimento** não é uma vivência individual, mas aspira a universalidade, ou seja, à capacidade de conhecimento que seja idêntica em todos os seres humanos e com validade para todos os seres humanos, em todos os tempos e lugares. Assim, por exemplo, João pode gostar de geometria e Paula pode detestar essa matéria, mas o que ambos sentem não afetam os conceitos geométricos, nem os procedimentos matemáticos, cujo sentido e valor independem das vivências de ambos e são o objeto construído ou descoberto pelo sujeito do conhecimento. [...] A percepção de cores, de seres espaciais e temporais se realiza em mim não apenas segundo minhas vivências psicológicas individuais, mas também segundo leis, normas, princípios de estruturação e organização das coisas, que são as mesmas para todos os sujeitos percebedores. É com essa estrutura e organização que lida o **sujeito**. A vivência é singular (minha). O conhecimento é universal (nosso, de todos os humanos).[13] (destaques da autora)

Sobre os objetos Hessen comenta que:

> Todo o conhecimento designa (intende) um objeto, que é independente da consciência cognoscente. [...] Dividimos os objectos em reais e ideais. Chamamos

> real a tudo o que nos é dado pela experiência externa ou interna, ou dela se infere. Os objetos ideias apresentam-se, pelo contrário, como irreais, como meramente pensados. Os objetos ideias são, por exemplo, os objetos da matemática, os números e as figuras geométricas.[14]

De tudo que foi dito até aqui, podemos concluir que todo conhecimento representa uma relação entre sujeito cognoscente (nossa consciência) e o objeto conhecido (os fatos, objetos e fenômenos da realidade exterior). Porém, o tema do conhecimento, em sua longa trajetória pela história da Filosofia, teve sua ênfase posta no objeto em certos momentos e, em outros, no sujeito.

Segundo o filósofo Érico Andrade, foi sobretudo a partir da Modernidade – nos séculos XVI, XVII e XVIII - que o tema do conhecimento desloca seu foco do objeto do conhecimento e passa a ser abordado sob a ótica da natureza do agente do conhecimento. Sobre isso, o autor comenta:

> [...] muitos filósofos da Modernidade adotaram uma nova perspectiva de investigação, procurando saber se, independentemente da natureza do objeto que desejamos conhecer, podemos aspirar a um conhecimento certo e seguro. Assim, a pergunta não se concentra mais sobre o objeto do conhecimento, mas se volta para o agente, isto é, para a própria condição humana, vista sob a ótica da atividade do conhecimento. Buscava-se, assim, averiguar se não é nos limites cognitivos humanos que repousam as fronteiras disso que chamamos de conhecimento.[15]

Para discutir o problema do conhecimento sob essa ótica, Andrade sugere que alguns filósofos modernos produziram o conceito de "sujeito do conhecimento" ou "sujeito epistêmico" (termo que Andrade não utiliza em seu livro). Ele comenta:

> Com não se trata de discutir, em Filosofia, as condições cognitivas de cada indivíduo em particular (cuja variação é enorme e não poderia ser captada conceitualmente), *a noção de sujeito é introduzida no intuito de fomentar um modelo teórico que possa explicar a produção do conhecimento humano*, realizado concretamente por todo indivíduo particular. A partir da modernidade, então, fala-se de *"sujeito do conhecimento", mas não para designar nenhum sujeito em particular, e sim o conhecimento humano de modo geral.*[16] (destaques nossos)

Ele resume essa ideia sugerindo que "o sujeito do conhecimento é um conceito filosófico que denota o aspecto totalizante e sintético do conhecimento humano".[17] E conclui sugerindo que a caracterização de sujeito do conhecimento apresenta um caminho de investigação sobre os limites do conhecimento humano. Por fim, adverte: "Mas apenas um caminho, pois precisamos saber ainda quem é esse sujeito que conhece, como ele conhece e o que ele pode conhecer."[18]

A Descrição Tradicional de Conhecimento

Na seção anterior vimos que todo conhecimento é uma relação entre um sujeito e um objeto. Assim, se perguntamos, quando uma pessoa poderia ser indicada como possuindo um conhecimento? A resposta sugere que, como existem diferentes tipos de objetos, devem existir diferentes tipos de conhecimento. De fato, alguém pode conhecer como fazer algo, no sentido de possuir uma habilidade ou destreza; como quando diz: "Eu sei desenhar" ou "Eu sei tocar berimbau". Em todos estes casos temos um conhecimento de como efetuar uma determinada ação, e o objeto que o sujeito conhece é uma aptidão, um saber fazer. Por este motivo, dá-se o nome a este tipo de conhecimento como conhecimento *de aptidões* ou conhecimento *prático* ou também *saber-fazer* e "*saber como*".

Podemos falar de conhecimento de alguma coisa por experiência direta, por exemplo, ao estabelecermos contato e troca de informações com pessoas, coisas, lugares; como quando alguém diz ter conhecido o frio extremo do Alaska; ou que conhece um assunto, como a Álgebra, se estudou profundamente o tema; ou ainda, o fato de conhecer uma determinada pessoa ou estar "familiarizado" com ela; como quando alguém diz "Eu conheço Caetano Veloso" ou "Eu conheço o Senegal". Este tipo de conhecimento é denominado *por contato* ou *por familiaridade*. Por outro lado, se nunca encontramos com a cantora estadunidense Sara Vaughan, apesar de ter ouvido suas músicas, assistido vídeos sobre ela, de saber informações de sua vida, não podemos dizer que a conhecemos por familiaridade.

Um outro tipo de conhecimento é chamado de conhecimento *proposicional* ou conhecimento *teórico* (*saber que*). Ele é caracterizado pelo conhecimento de fatos ou como discutiremos a seguir, de proposições verdadeiras. No conhecimento proposicional o objeto do conhecimento já não é uma habilidade, uma pessoa ou um lugar, mas uma proposição. Alguém pode conhecer que a Avenida Broadway de Manhattan em Nova Iorque é a antiga trilha dos nativos americanos e corta na diagonal não apenas o centro de Manhattan, mas continua por 225 km até a capital do estado, Albany. Então o objeto do conhecimento desta pessoa, é a proposição: A Broadway é a Avenida de Nova Iorque que corta na diagonal o centro de Manhattan e vai até a capital do estado, Albany.

A distinção entre *saber-fazer* (*saber como*) e o *saber que*, se dá na forma correspondente entre conhecimento prático e conhecimento teórico, dentro da atuação que envolve aquele conhecimento. Por exemplo, quando comparamos um jogador de futebol e o fisiologista "perna de pau", ambos funcionários de um clube esportivo, todo o conhecimento teórico sobre fisiologia do corpo e os dados estatísticos que esse profissional sabe interpretar não são suficientes para que ele possa entrar em campo para substituir qualquer um dos atletas do time. Este conhecimento teórico, é o "saber que", enquanto a habilidade para jogar bem futebol, mesmo sem possuir o conhecimento teórico, é o "saber como".

Assim, de maneira esquemática, temos os seguintes tipos de conhecimento:

Quadro 1 – Tipos de conhecimento

Tipos de Conhecimento	Sujeito	Objeto	Exemplo
Conhecimento por aptidão	O agente que conhece	Aptidão, habilidade	Ana sabe andar de bicicleta
Conhecimento por contato	O agente que conhece	Pessoas, lugares, coisas	João conhece Maria
Conhecimento Proposicional	Sujeito epistêmico	Proposição verdadeira	A neve é branca

Fonte: elaborado pelo autor

Porém, o interesse do filósofo ou epistemólogo está em discutir o chamado conhecimento proposicional em detrimento dos outros tipos de conhecimento mencionados. Dito isso, a questão que se coloca é: por que deveria o filósofo que tem interesse em conhecimento focar-se no conhecimento proposicional? Uma resposta é dada por Richard Fumerton nos seguintes termos:

> [...] há uma resposta simples à questão sobre porque os filósofos estão mais preocupados com o conhecimento proposicional. Enquanto filósofos, estamos mais interessados em chegar *à verdade* com respeito a diversos assuntos. E as questões epistemológicas que por conseguinte nos interessam são os desafios imediatos e naturais propostos pelos intelectualmente curiosos em respostas as asserções. Se você me disser confidencialmente que há um Deus, ou que a CIA assassinou o Presidente Kennedy, irei querer saber como você sabe disso. Irei querer razões ou justificações para acreditar que o que você disse é verdade. Irei querer saber por que você pensa que isso é algo que uma pessoa racional deveria acreditar. É esse fato sobre a nossa busca pela verdade que torna plausível a afirmação de que não se pode simplesmente ignorar a epistemologia e buscar outras investigações filosóficas. Filósofos respondem a quase todas as afirmações controversas com pedidos de evidência ou justificação, o que deixa o filósofo desinteressado por epistemologia numa posição bastante precária.[19]

Em suma, a conclusão de Fumerton é que o interesse pela verdade é o que leva inevitavelmente, os filósofos ao conhecimento proposicional pois eles "tendem a pensar que a melhor maneira de se descobrir a verdade sobre qualquer questão que nos interesse seja sujeitá-la a um debate intenso", em que "o cético desempenha o papel de promotor" e "muitos filósofos veem a si mesmos como defensores do senso comum".[20] Observamos, adicionalmente, que o conceito de verdade não possui a mesma relevância nem no conhecimento de aptidões, nem no conhecimento por familiaridade. Por esta razão, o foco desses pensadores fica sobre o conhecimento proposicional.

Navegar pelas águas da Epistemologia é navegar por águas tempestuosas em dia de tormenta, pelo simples motivo de que, em geral, não há consenso entre os filósofos sobre os termos básicos que estarão relacionados ao conhecimento proposicional que será discutido a seguir tais como, crença, verdade e justificação, e que são fundamentadas por diferentes correntes de pensamento. Conhecidos os riscos, comecemos pelo início: o que são proposições?

Uma proposição é o conteúdo expresso por uma frase declarativa[21] que pode ser verdadeira ou falsa. Dito de outro modo, proposições são afirmações declarativas usadas para descrever o estado de fatos ou de situações podendo ser verdadeiras ou falsas. Por exemplo, "Brasília é a capital do Brasil" é uma proposição verdadeira e "2 + 5 = 10" é uma proposição falsa.

Existem proposições com frases diferentes, mas de mesmo conteúdo; por exemplo, "A neve é branca"; "*Snow is white*" e "A precipitação de pequenos cristais de água congelada é branca" (considerando que "precipitação de pequenos cristais de água congelada" é a definição de neve). Além disso, é importante mencionar que o que caracteriza a proposição não é a frase, mas seu conteúdo. Por exemplo, a frase "Minha gata está deitada no sofá" pode exprimir, conforme o contexto, duas proposições: tanto pode referir-se ao felino fêmea que habita a casa como se referir a uma mulher (a namorada ou companheira, por exemplo).

Alguns filósofos como Jonathan Dancy discutem Epistemologia considerando a lógica em suas análises. Existem algumas peculiaridades nessa conduta, como, por exemplo, em um sentido lógico-linguístico, o sujeito de uma proposição "representa aquilo de que se fala, a que se atribui um predicado ou propriedade". Nesse ínterim, cumpre lembrar que o predicado é a qualidade de algo, ou dito de outra maneira, "aquilo que se afirma ou nega de um sujeito"[22]. Por exemplo, na proposição "A neve é branca, a neve é o sujeito e a cor branca é o predicado, a propriedade atribuída à neve.

Da perspectiva da lógica, recordamos que uma proposição é regida pelos seguintes princípios:

- Princípio da identidade: uma proposição verdadeira é verdadeira, e uma proposição falsa é falsa;

- Princípio do terceiro excluído: uma proposição é verdadeira ou falsa, não existindo uma terceira possibilidade;

- Princípio da Não-contradição: uma proposição não pode ser verdadeira e falsa simultaneamente.

Assim, a proposição "A neve é branca" é verdadeira se, e somente se, a neve for branca (isto é, "P" é verdadeira se, e somente se, P). E a proposição é falsa se a neve não for branca (isto é, "P" é falsa se, e apenas se, não P for verdadeira)

Na discussão que seguirá estaremos interessados em proposições verdadeiras como sendo conteúdo de crenças na constituição do conhecimento proposicional.

A definição de conhecimento foi elaborada perguntando: que condições devem ser satisfeitas quando se quer descrever que alguém conhece uma dada proposição? Assim, se S é o sujeito epistêmico[23] e p uma proposição qualquer, a formulação clássica de conhecimento é dada nos seguintes termos:

Um sujeito S conhece uma proposição p se, e somente se,

i) S acredita que p
ii) p é verdadeira
iii) a crença de S em p é (epistemicamente[24]) justificada

Em outras palavras, conhecimento é crença verdadeira justificada.

A definição é, então, constituída de três partes: a crença, a verdade e a justificação. Por este motivo, ela é chamada também de definição ou descrição tripartida do conhecimento.[25] Ou, ainda, de descrição tradicional de conhecimento.

A definição tripartida foi descrita por Ayer (sd) nos seguintes termos: "as condições necessárias e suficientes para conhecimento de alguma coisa são: primeiro, que o que se diz conhecer seja verdadeiro; que estejamos certos disso; e terceiro que tenhamos o direito de estar certos".[26]

Assim, se S conhece p, as três condições são satisfeitas[27], isto é, o sujeito tem uma crença de que a proposição descreve adequadamente um dado fato do mundo. Dessa forma, ele tem a atitude de quem reconhece com verdadeira a proposição.

A segunda condição sugere que todo conhecimento tem de ser uma crença numa proposição verdadeira. Assim, segundo observa Ayer "o que se conhece neste sentido não pode ser senão verdadeiro".[28] Dito em outras palavras, uma crença numa proposição falsa não constitui conhecimento. Este ponto é consensual entre os filósofos, como reforça, Hessen, ao afirmar: "Verdadeiro conhecimento é somente o conhecimento verdadeiro. Um 'conhecimento falso' não é propriamente conhecimento, mas sim um erro e ilusão".[29]

A verdade, para alguns filósofos, é o elemento objetivo da constituição de conhecimento, isto é, aquilo que se refere a algo na realidade que torna a crença verdadeira ou justifica a crença como sendo verdade. Porém, há aqueles que acreditam que toda verdade é subjetiva; esta é uma outra visão[30]. Para Ayer "perguntar como se conhece a verdade de uma proposição é perguntar quais as razões para aceitá-la".[31]

A terceira condição diz que se há conhecimento, a crença verdadeira pode ser justificada. Como sabemos, no dia a dia muitas coisas podem ser justificadas com ações, opiniões, atitudes, leis e teorias. No caso do conhecimento, a justificação é constituída das razões ou provas apresentadas em apoio à veracidade de uma crença. Todavia, uma pessoa pode justificar sua crença com razões de várias ordens, como por lealdade a um amigo; ou por convicções políticas ou religiosas. Por esse motivo, a justificação, para caracterizar conhecimento, deve ser de natureza epistêmica, e isso pode ser entendido de, pelo menos, duas maneiras: primeiro, que deve haver uma justificação com evidência suficiente para caracterizar conhecimento e/ou; segundo que a justificação é uma noção normativa[32]. Além disso, a justificação é o elo que conecta a crença à verdade.

Em resumo, segundo a descrição tripartida, todo conhecimento tem que ser uma crença verdadeira e só há conhecimento se a crença verdadeira for justificada.

Analisemos agora a definição tripartida do conhecimento no sentido contrário. A motivação para isso é entender os possíveis problemas que surgem pelo caminho quando tentamos concluir que S conhece p, isto é, verificar se a condição é suficiente.

De fato, segundo a definição, a crença, a verdade e a justificação são condições necessárias para que se tenha conhecimento, mas apenas em conjunto são suficientes.

Assim, a crença é uma condição necessária pois não é possível conhecer sem acreditar. Segundo Abbagnano (2000), por exemplo, "para que um sujeito conheça uma proposição é preciso que ele acredite nessa proposição, isto é, que ele acredite que ela descreve adequadamente um dado fato do mundo. A crença é, desse modo, o elemento subjetivo da descrição de conhecimento, já que uma crença sempre pertence a um sujeito".[33]

Entretanto, ela não se constitui sozinha numa condição suficiente, porque ela não passa de uma opinião do sujeito, podendo ser falsa. Se ter uma crença fosse suficiente para ter conhecimento, e alguém que acreditasse que a Montanha Mauna Kea (Havaí) é a maior montanha do mundo, em relação ao nível do mar; haveria, nesse caso, um conhecimento a partir de uma proposição falsa. Uma vez que o título de maior montanha do mundo depende do critério utilizado na classificação. A maior montanha do mundo em relação ao nível do mar é o Monte Everest (Himalaia/Ásia) possuindo, aproximadamente, 8.850 metros de altitude. Por outro lado, se considerarmos o tamanho da montanha do seu cume até sua base, a Montanha Mauna Kea (Havaí) possui 10.023 metros.

Desse modo uma crença numa proposição falsa não constitui conhecimento. Assim, a verdade também é uma condição necessária pois existe uma concordância de que não se pode conhecer o que é falso. Porém, esta não é por si só uma condição suficiente, pois podemos acreditar em algo verdadeiro sem o conhecer. A exemplo dos cristãos, que acreditam em Deus, mas não o conhecem.

Mas seriam as duas condições juntas suficientes para o estabelecimento do conhecimento? Dito em outras palavras, toda crença verdadeira é conhecimento? Vejamos um contraexemplo que esclareça a questão.

Considere um epidemiologista que passou longos anos de sua vida profissional investigando epidemias pelo mundo. Ele observou o surgimento do vírus Ebola no Sudão e no Congo, em 1976; a Síndrome da Imunodeficiência adquirida (AIDS), na década de 1980, nos Estados Unidos e na África; a Síndrome Respiratória Aguda Severa (SARS-Cov), em 2002, na China; e a gripe H1N1, em 2009; além de outras epidemias como Chicungunha, em 2013, e Zika, em 2015. Sua crença era de que haveria uma "doença X" causada por vírus, de poder e características desconhecidas, que causaria uma pandemia no mundo, mas não era sabido onde nem quando. Seus anos de pesquisa e de revisão da literatura; tornavam sua crença verdadeira. Na manhã do dia 11 de março de 2020, já aposentado, durante seu café da manhã, ele assistia ao noticiário e presenciou o diretor-geral da Organização Mundial da Saúde (OMS), o Sr. Tedros Adhanom Ghebreyesus, informar ao mundo que havia potencialmente uma pandemia em curso, com origem na China, por um vírus desconhecido[34]. O epidemiologista esperou, todos os dias, nos últimos 40 anos, por esta notícia. Sua crença, nesse dia, é verdadeira. Mas, será correto dizer que ele tinha conhecimento que isto iria acontecer efetivamente naquele dia? É claro que ele sabia que o fato iria acontecer nesse dia como em todos os outros dias em que nada aconteceu, isto é, ele não sabia que isto iria acontecer. A conclusão que podemos tirar deste exemplo, é que uma crença verdadeira não constitui, por si só, o conhecimento. Com base na descrição tradicional de conhecimento, é necessário que o epidemiologista tivesse razões para acreditar, isto é, que a crença verdadeira fosse justificada.

A justificação é outra condição necessária, embora não suficiente para a caracterização de conhecimento. De fato, uma concepção de justificação associada à análise tripartida do conhecimento é a de que um sujeito está justificado em acreditar em algo quando está em jogo um processo qualquer fidedigno de formação de crenças verdadeiras. No entanto, um processo de formação de crenças pode ser fidedigno e gerar, algumas vezes, crenças falsas. E é nesses casos que o sujeito está justificado em acreditar em algo, apesar de sua crença ser falsa. Por exemplo, Ptolomeu tinha a crença de que a Terra estava fixa no centro do universo com os corpos celestes, inclusive o Sol, girando ao seu redor. Ele tinha à sua disposição o fato de que o geocentrismo, era o modelo cosmológico vigente desde a Antiguidade e que sobreviveu intacto por treze séculos; sua concepção era apoiada por vários filósofos sendo Aristóteles o mais conhecido deles; e ele havia feito observações astronômicas e se apoiado na obra de seus predecessores e nas informações disponíveis na época. Em suma, sua crença estava justificada, apesar de ser falsa.

Deste exemplo, podemos tirar uma conclusão importante a respeito da verdade: a justificação não deve ser entendida como uma garantia da verdade. Neste sentido, crença justificada não implica na verdade da crença e isto demonstra a necessidade da verdade como um dos critérios para o estabelecimento do conhecimento.

Assim, para se afirmar que S conhece p, as três condições devem ser simultaneamente satisfeitas quando colocadas em análise.

Foi com este espírito que as discussões sobre a descrição de conhecimento geraram intensos debates entre os filósofos. E foi neste contexto que Edmund L. Gettier III (1927-), um filósofo estadunidense, ficou conhecido por um único ensaio de três páginas, publicado em 1963, intitulado *Is justified true belief knowledge*? (É a crença verdadeira justificada conhecimento?)

Ele apresentou contraexemplos que mostraram que possuir crença verdadeira justificada não era suficiente para se ter conhecimento e sugeriu que a satisfação das três condições (a crença em P, a verdade de P e o direito de estar seguro de que P é verdadeira) eram insuficientes para caracterizar conhecimento.

A partir da apresentação dos contraexemplos de Gettier muita literatura foi produzida, grande parte dela seguindo sua sugestão de que condições adicionais poderiam ser necessárias para a caracterização de conhecimento. Porém, vale registrar, que Ayer (sd) não entendia que condições adicionais fossem necessárias; mas isso não foi suficiente para desmotivar outros filósofos a procurar outras condições.

A imersão nesta discussão foge aos objetivos a que nos propomos e as referências ora apresentadas são suficientes para o maior aprofundamento do tema para os interessados.

Assim, passaremos agora a discutir a noção de conhecimento que nos interessa e que será diferente da descrição tradicional.

A perspectiva linsiana sobre conhecimento

A leitura de Lins sobre Epistemologia, a partir das referências que mencionamos até este ponto, o levou a perceber as limitações da descrição tradicional de conhecimento. Para ele, na Epistemologia contemporânea encontram-se basicamente, duas abordagens: uma dominante, caracterizada pela descrição tradicional de conhecimento, como crença verdadeira justificada; e outra, representada por George Lakoff e Nelson Goodman[35] "que sugere que a noção central seja 'compreensão' e não 'conhecimento'. Sobre essas abordagens Lins comenta:

> A crítica destes últimos aos primeiros pode ser resumida como um ataque ao fato de que os primeiros não conseguiram elaborar modelos segundo os quais seja possível dizer com clareza, e em qualquer situação, se uma pessoa tem ou não um certo 'conhecimento', e que, nesses tem-não-tem perdemos de vista o fato de que estamos – ou deveríamos estar – interessados mais em como as pessoas fazem o que fazem no mundo, e menos se elas devem ou não receber esse ou aquele status.[36]

Na continuação ele observa:

> Tanto Lakoff quanto Goodman atacam diretamente a noção de que existiria uma "realidade objetiva" que poderia ser utilizada como referência para a elaboração de critérios para "conhecimento", e este seria, portanto, a explicitação de fatos objetivos e de suas propriedades objetivas. Alfred Jules Ayer, um dos defensores dessa perspectiva "objetiva", chega a afirmar que as únicas proposições candidatas a conhecimento são as de dois tipos: as deduzidas de premissas assumidas (como no caso da matemática acadêmica, em sua apresentação dedutiva) e aquelas cuja veracidade resulta da vivência direta de alguma experiência (objetiva); afirmações a respeito de religião, por exemplo, são descartadas de imediato.[37]

Lins então se posiciona concordando com Lakoff e Goodman no que diz respeito à crítica à existência de uma realidade objetiva, mas discorda da posição deles de abandonar a noção de conhecimento. Para ele, não há interesse, nem necessidade em tal posição. Sobre isso, ele comenta:

> Não há interesse, pois uma noção de *conhecimento* nos permite recortar, na fala das pessoas, aquelas enunciações da forma "A é B", que caracterizam o fato de que se está constituindo "A" em *objeto*, pois se está falando acerca de "A"; há frases de outros tipos que têm efeito semelhante, por exemplo, "aconteceu tal e tal com A", mas essas podem ser reduzidas às outras (nesse caso podemos dizer, "A é um objeto com o qual pode acontecer tal e tal coisa").[38]

Sobre o fato de que não existe necessidade, ele esclarece nos seguintes termos:

> Não há necessidade, pois podemos manter essa propriedade de *conhecimento*, de constituir *objetos*, e abrir mão da seletividade das formulações tradicionais. Os dois grandes problemas com essas formulações referem-se, a saber: i) se uma certa proposição é verdadeira; e ii) se a pessoa que a enuncia tem direito de "ter esse conhecimento", isto é, a necessidade de evitar que uma pessoa "tenha conhecimento por acaso".[39]

Para Lins, a descrição tradicional de conhecimento não lhe servia por não concordar com algumas de suas consequências imediatas. Primeiro, em sua formulação, o papel da justificação é apenas o de saber se a pessoa chegou a acreditar na proposição por caminhos adequados ou não, e, com isso, excluir a possibilidade de algum conhecimento fortuito". Por exemplo, ele dizia que "ainda que uma pessoa fizesse uma previsão correta de se vai ou não chover no dia seguinte, há comunidades que não aceitariam como caminho legítimo se ela o fizesse examinando configurações de folhas de chá no fundo de uma xícara".[40] Com isso, ele queria dizer que uma justificação ser aceitável significava que alguém a julgaria aceitável. Sobre este ponto ele observou:

> A implicação é que 'conhecer' é uma situação construída socialmente apesar do 'conhecimento' [...] seja algo de natureza absoluta. No que diz respeito à definição clássica, justificações têm a ver com o direito de uma pessoa dizer o que ele/ela sabe, mas não com a constituição de 'conhecimento'.[41]

Uma segunda crítica de Lins baseia-se em seu questionamento de que deveria haver algum critério do conhecimento independente da verdade. Ele comenta:

> Do ponto de vista do MTCS, a verdade não é uma noção a ser aplicada à crença-afirmação, à proposição que sabemos ser o caso, mas ao conhecimento, o que implica que a verdade é uma noção cognitiva e não objetivamente relacionada a "fatos concretos". Para poder decidir se uma afirmação é verdadeira ou não, certamente é preciso tomar uma decisão sobre o que está sendo discutido; mas "o que está sendo falado" é constituído precisamente pela enunciação do conhecimento, e a verdade é, portanto, relativa. As justificações têm um papel a desempenhar no estabelecimento da verdade e, uma vez que sempre são produzidas justificativas para os interlocutores, o "indivíduo" não pode mais ser tomado como fonte da verdade, como assumido, por exemplo, pelo construtivismo radical. O que é produzido é um relativismo que tem culturas, através das muitas práticas que as compõem, como domínios de relativa validade de qualquer verdade.[42]

Uma terceira crítica de Lins vai em outra direção daquela dada pela descrição clássica de conhecimento. Para ele, a noção de conhecimento implícito (não declarado, não anunciado) fundamental, para os trabalhos da escola francesa e, em particular, para a Teoria dos Campos Conceituais de Gérard Vergnaud não fazia sentido. Esta noção foi indicada, por exemplo, em Franchi (1999), ao escrever:

> As competências matemáticas também são sustentadas por esquemas[43]. Neste caso, Vergnaud (1991) analisa, entre outros, o esquema de enumeração de uma pequena coleção de objetos discretos por uma criança de cinco anos: por mais que varie a forma de contar, por exemplo, copos na mesa, cadeiras na sala, pessoas sentadas de maneira esparsa em um jardim, não deixa de haver uma organização invariante essencial para o funcionamento do esquema: coordenação dos movimentos dos olhos e gestos dos dedos e das mãos, enunciação correta da série numérica, identificação do último elemento da série como cardinal do conjunto enumerado (acentuação ou repetição do último "número" pronunciado). Vê-se facilmente que o esquema descrito recorre a atividades perceptivos- motoras, as significantes (as palavras-números) e as construções conceituais, tais como as de correspondência biunívoca entre conjunto de objetos e subconjuntos de números naturais, a de cardinal e ordinal e outras. Recorre igualmente a conhecimentos, tais como os que identificam o último elemento da série ordinal ao cardinal do conjunto. Esses *conceitos e conhecimentos são implícitos e praticamente insuscetíveis de explicitação por uma criança nas fases iniciais da aprendizagem de competências e conceitos aritméticos.*[44] (destaque nosso)

Lins observou que tanto a definição clássica de conhecimento quanto os praticantes da ideia de 'conhecimento implícito' entendem que o conhecimento tem o status de uma proposição, sendo "aquilo que alguém conhece". Isso o levou a questionar: 'conhecimento ser aquilo que se sabe' é uma boa definição? Ele então observa que se uma criança muito jovem diz que 2 + 3 = 5 porque seu pai, um matemático, disse para ela, e se ela nem mesmo está falando de números, mesmo assim, teremos que dizer que, de acordo com essa definição, que a criança e o matemático compartilham um conhecimento, a saber, '2 + 3 = 5'. Como base nesse exemplo, ele conclui: “Claramente, 'conhecimento é aquilo que se sabe' não é uma noção adequada”.[45]

Na continuação, ele apresenta sua crítica à noção de conhecimento implícito:

> Que a noção de 'conhecimento implícito' se apoia em uma noção tão inadequada, pode ser demonstrada observando que alguém tem que dizer que uma pessoa tem esse ou aquele 'conhecimento implícito', ou seja, em algum momento ela assume uma forma proposicional, e porque a pessoa de quem está falando não está ciente de ter esse conhecimento, tudo o que temos é essa proposição. Se esse requisito for descartado, ou seja, se não exigirmos que alguém diga que uma pessoa tem esse ou aquele 'conhecimento implícito', as dificuldades são ainda maiores, pois deveríamos chegar à conclusão de que todos conhecemos todas as coisas ainda não imaginadas por nenhum ser humano.[46]

O conjunto de suas críticas e suas próprias convicções implicaram em manter a noção de conhecimento, porém, com uma caracterização diferente da descrição tripartida. Lins então propôs a seguinte formulação para conhecimento:

> *Conhecimento* é entendido como uma *crença* - algo que o sujeito acredita e expressa, e que caracteriza-se, portanto, como uma *afirmação* – junto com o que o sujeito considera ser *uma justificação* para sua *crença-afirmação*.[47] (destaques do autor).

Assim, os três aspectos-chave para conhecimento são: a crença, a afirmação e a justificação; os quais são esclarecidos, por Lins, da seguinte maneira:

> Primeiro, a pessoa deve acreditar em algo para constituir parte de um conhecimento que ela/ele produz, e isso implica que ela/ele está ciente de manter essa crença. Segundo a única maneira de termos certeza dessa conscientização é se a pessoa afirma, e aqui estou usando o termo 'afirma' livremente, significando alguma forma de comunicação aceita por um interlocutor; não precisa ser de forma linguística. Terceiro, não é suficiente considerar o que a pessoa acredita e afirma, pois diferentes justificações com a mesma crença-afirmação correspondem a conhecimentos diferentes. Além disso, as justificativas estão relacionadas ao que pode ser feito com os objetos que um conhecimento tem a ver; no caso da criança dizer que '2+ 3 = 5', por exemplo, '2 + 3' é o mesmo que '3 + 2', uma vez que o arranjo dos dedos não faz diferença. Do ponto de vista de uma justificativa baseada na teoria dos conjuntos, arranjos espaciais não têm nada a ver com '2' e '3' ou com sua adição. As justificações, portanto, desempenham um papel duplo em relação ao conhecimento. Primeiro, eles estão realmente relacionados à concessão do direito de conhecer, e essa concessão é sempre feita por um interlocutor para quem esse

> conhecimento está sendo enunciado. Segundo eles estão relacionados à constituição de objetos.[48]

Consideremos um exemplo de conhecimento retirado da vida real. Em dezembro de 1979, no início do verão brasileiro, Antônio[49] e um grupo de amigos estavam acampados na praia de Mambucabinha, atualmente chamada de Vila Histórica, no município de Angra dos Reis, no estado do Rio de Janeiro. Num final de tarde, um caiçara[50] se aproximou dos campistas e aconselhou que levassem suas barracas para frente da igreja da cidade pois haveria ressaca durante toda a noite e o mar tomaria toda a extensão da areia. Ao questioná-lo sobre como ele sabia que isso iria acontecer, Antônio teve em resposta a seguinte explicação: - "Veja como as aves estão agitadas, como a cor da água do mar não está mais azul do que normalmente e como o vento sudoeste está ficando forte. Isso indica que vai ter ressaca durante a noite".

Segundo Antônio, assim como havia previsto o caiçara naquela noite aconteceu uma ressaca, o mar tomou a faixa de areia e muitos que não levaram em consideração a sugestão tiveram suas barracas e pertences levados pela água. Felizmente, não houve vítimas.

Este é um caso em que a perspectiva linsiana afirma que o caiçara produziu conhecimento a partir de sua enunciação, de uma crença-afirmação – o mar vai avançar sobre a areia a noite porque vai ter ressaca – e a sua justificação anteriormente mencionada.

Em suma, conhecimento é sempre uma enunciação de uma crença-afirmação - de um sujeito - para a qual ela/ele tem uma justificação.[51] O processo de conhecimento proposto por Lins sugere que o sujeito acredita naquilo que está afirmando, o que implica que ele acredita estar autorizado a ter aquela crença. Mas não é suficiente que a pessoa acredite e afirme; é preciso também que ela justifique suas crenças-afirmações para que a produção do conhecimento ocorra. Assim, "a justificação não vem antes nem depois, ela <u>está junto</u>, e seu papel não é explicar a crença-afirmação, mas sim tornar sua enunciação legítima"[52]; o que faz com que as justificações tenham um papel central no estabelecimento do conhecimento do sujeito. Logo, *produzir conhecimento* pode ser entendido como produzir justificações no processo de enunciação de crenças-afirmações[53].

Analisemos as consequências imediatas dessa caracterização de conhecimento. Observamos que contrariamente às sugestões de Lakoff e Goodman discutidas anteriormente, Lins mantém uma concepção de conhecimento em que sujeito e o objeto são seus elementos constitutivos. Porém, ao contrário das visões anteriores mencionadas, conhecimento é algo tipicamente humano e do domínio da linguagem, isto é, o conhecimento é do domínio da enunciação, e não do enunciado (proposição). Em seus termos:

> [...] a definição estabelece que sempre existe um sujeito do conhecimento (a subject of knowledge), e não simplesmente um sujeito do saber (a subject of knowing), como nas visões tradicionais; também estabelece que o conhecimento é

> produzido à medida que é enunciado. Não estou dizendo, é claro, que conhecimento é tudo o que existe para o funcionamento cognitivo humano; o conhecimento faz parte dele, uma parte substancial e acessível. Estou dizendo, de fato, que o conhecimento é caracteristicamente humano, como é a atividade mediada por sinais.[54]

Como consequência, dizer por exemplo, que há conhecimento em um livro, não faz sentido da perspectiva da formulação apresentada. Só haverá conhecimento a partir do momento que alguém se propuser a falar a partir daquele texto (o livro). Nessa direção Lins comenta:

> Indicamos desta forma, que o conhecimento é algo do domínio da enunciação – e que, portanto, *todo conhecimento tem um sujeito* – e não do domínio do enunciado; podemos também expressar este fato dizendo que conhecimento é do domínio da fala, e não do texto. Desde este ponto de vista, a Matemática é um texto, e não conhecimento, tem-se conhecimento apenas na medida em que as pessoas se dispõe a *enunciar este texto*. A um conhecimento que fala a partir desse texto – a Matemática – chamaremos, naturalmente, de *conhecimento matemático*.[55] (Destaques do autor)

É oportuno observar que em seu artigo de 1993, Lins ao indicar que a Matemática deve ser entendida como um texto, um conjunto de frases e não propriamente como conhecimento – assim exposto na citação anterior -, sugere a ampliação de horizontes que esta ideia pode trazer para a Educação Matemática. Ele esclarece:

> É importante também observar que um tal entendimento de Matemática e de conhecimento matemático oferece uma base sólida para os estudos de etnomatemática, que fica caracterizada então como um estudo do conhecimento matemático de diferentes etnias, ao mesmo tempo que membros de diferentes etnias possam falar de matemática uns com os outros apesar de estarem referindo-se a conhecimentos eventualmente distintos.[56]

Desse modo, na concepção de conhecimento, o sujeito é entendido como sujeito da enunciação e a noção de objeto é caracterizada como "coisas sobre as quais sabemos dizer algo e dizemos".[57] A constituição de objetos tem uma íntima relação com a justificação, pois "as justificações desempenham um duplo papel na constituição do conhecimento porque ao mesmo tempo em que elas são parte do processo de legitimá-lo – pois deve ser aceitável para algum interlocutor -, elas também são parte do processo de constituir objetos".[58]

Uma outra consequência importante decorrente da formulação de conhecimento proposta acima é a de que *diferentes justificações para uma mesma crença-afirmação constituem conhecimentos diferentes*. Por exemplo, consideremos a proposição "2 + 2 = 4". Uma criança acredita e afirma que dois mais dois são quatro, o mesmo em que um matemático acredita e, também, afirma. Mas, quando consideramos suas justificações, vemos que a criança exibe os dedos indicando que dois dedos da mão direita com dois da mão esquerda são quatro dedos – essa é sua justificação. Por sua vez, para o matemático, membro de uma comunidade científica que lhe impõe certos padrões de rigor, a justificação é outra; ele fala em conjuntos, em axiomas de Peano. Assim, as justificações da criança e do matemático são diferentes. Do ponto de vista da formulação que apresentamos, *eles não compartilham o mesmo conhecimento, pois, se a justificação muda, o conhecimento também mudará.*[59] (Destaques nossos).

Este ponto é elucidado, em sua gênese, por Lins (2002b) nos seguintes termos:

> Esta caracterização cristalizava o entendimento que eu tinha, de que não basta saber o que a pessoa diz, é preciso saber porque ela acha que pode dizer aquilo, para que se saiba que conhecimento é aquele, e deriva diretamente do meu trabalho de tese, uma vez que eu queria poder dizer que mesmo quando dizem ou escrevem a mesma coisa inclusive usando notação literal, duas pessoas podem estar produzindo conhecimentos diferentes.[60]

Uma consequência desse entendimento, é a de que não há conhecimento melhor ou pior, eles simplesmente são diferentes e, portanto, não há juízo de valor quanto a conhecimentos distintos. Além disso, como conhecimento é domínio da enunciação ele pode mudar ao longo do tempo. Dessa forma, outra consequência importante acerca da formulação de conhecimento proposta pelo autor em questão é sobre a produção de novos conhecimentos. Sobre isso ele comenta:

> Quando um novo conhecimento é produzido, ele pode ser novo de duas maneiras. Pode ser novo porque a crença declarada não era uma crença anterior à sua constituição no conhecimento. Mas também pode ser novo, uma vez que uma nova justificativa é produzida para uma crença-afirmação que já fazia parte de outro conhecimento, com outra justificativa.[61]

Por exemplo, um estudante pode dizer em um momento de sua formação que uma função que possui uma curva contínua como gráfico é uma função contínua, como por exemplo, a função real de variável real dada por f(x) = 2x. Anos depois, se perguntado o que é uma função contínua, ele venha a dizer: - "uma função f de domínio X e contradomínio IR é contínua no ponto a pertencente a X se, para todo épsilon maior que zero dado arbitrariamente, pudermos encontrar delta positivo tal que a distância de x a a menor do que delta implique que a distância de f de x para f de a é menor do que épsilon". E ainda: -"Uma coisa interessante é o fato de que a função f dada por f(x) = 2x do conjunto dos números inteiros no conjunto dos números reais é contínua; porque todo ponto de Z é isolado".

Em tempo, vale observar que para pensar e agir com e a partir do Modelo dos Campos Semânticos, o segredo é ter em mente que seus elementos constitutivos foram elaborados a partir da ideia de processo.

Notas de teorizações (I): Para além da Epistemologia

As reflexões sobre o conhecimento floresceram, como vimos, no interior da Filosofia, em um de seus muitos temas de interesse chamado de Teoria do Conhecimento ou Epistemologia. Mas não é incomum o fato de que novas caracterizações sejam dadas fora deste domínio de acordo com finalidades específicas e que, portanto, fogem às delimitações criadas pelo epistemólogo.

Por exemplo, Peter L. Berger e Thomas Luckman quando tratam do campo da Sociologia, mais especificamente sobre a Sociologia do Conhecimento em seu livro *A Construção Social da Realidade*, definem realidade e conhecimento de modo a fundamentar seu propósito em estudo que é "declarar que a realidade é construída socialmente e que a sociologia do conhecimento deve analisar o processo em que este fato ocorre". Eles então observam:

> Para a nossa finalidade será suficiente definir "realidade" como uma qualidade pertencente a fenômenos que reconhecemos terem um ser independente de nossa própria volição (não podemos "desejar que não existam"), e definir "conhecimento" como a certeza de que os fenômenos são reais e possuem características específicas.[62]

Compreendendo claramente as fronteiras delimitadoras das diferentes áreas de conhecimento, esses sociólogos observam:

> É neste sentido (declaradamente simplista) que estes termos têm importância tanto para o homem da rua quanto para o filósofo. O homem da rua habita um mundo que é "real" para ele, embora em graus diferentes, e "conhece", com graus variáveis de certeza, que este mundo possui tais ou quais características. O filósofo naturalmente levantará questões relativas ao status último tanto desta "realidade" quanto deste "conhecimento". *Que é real? Como se conhece?* Estas são algumas das mais antigas perguntas não somente da pesquisa filosófica propriamente dita mas do pensamento humano enquanto tal. Precisamente por esta razão a intromissão do sociólogo neste venerável território intelectual poderá provavelmente chocar o homem da rua e mesmo ainda mais provavelmente enfurecer o filósofo. É por conseguinte importante que esclareçamos desde o início o sentido em que usamos estes termos no contexto da sociologia, e que imediatamente repudiemos qualquer pretensão da sociologia a dar resposta a estas antigas preocupações filosóficas.[63]

Na continuação, para esclarecer como estes termos são tratados de maneira singular no contexto sociológico, Berger e Luckman concluem: "Poder-se-ia dizer que a compreensão sociológica da 'realidade' e do 'conhecimento' situa-se de certa maneira à meia distância entre a do homem da rua e a do filósofo".[64]

O motivo de trazer esta discussão neste momento tem um duplo interesse. Primeiro, o de sugerir que é possível a construção de uma caracterização de conhecimento fora dos limites impostos pelos epistemólogos. Segundo, mais especificamente para o pesquisador em Educação Matemática, é que tal formulação teórica, como tantas outras, deve ser checada – caso haja interesse - em sua coerência interna em seu conjunto, isto é, em relação aos outros constructos constitutivos daquela elaboração teórica; e não, se a noção agrada ou é questionada por este ou aquele especialista.

Gostaríamos de observar que a discussão sobre a concepção linsiana de conhecimento não se esgota aqui. Ao avançarmos na discussão da teoria, novos elementos serão incorporados para trazer mais clareza a esta formulação. Além disso, algumas noções que apresentaremos no Capítulo seguinte como, por exemplo, a noção de interlocutores será incorporada para a compreensão da noção de conhecimento sugerindo exatamente a coerência interna da teoria.

3

O Modelo Piagetiano e a Leitura Linsiana

> Piaget diz que é um realista de um tipo diferente e um idealista de um tipo diferente, mas afirma que o sonho do epistemólogo genético é que um dia todos os mecanismos que ele postula sejam reduzidos às suas origens últimas biológicas. É difícil encontrar uma posição tão claramente objetivista. De um outro tipo, é claro.
>
> Romulo Campos Lins

A trajetória de constituição do Modelo dos Campos Semânticos foi marcada pelo processo de afastamento de seu autor das ideias de Piaget e da confluência de concepção com a Psicologia Soviética representada, em particular, pelos trabalhos de Davidov, Vigostki e Leontiev.

Neste Capítulo e no próximo, elucidaremos esse processo por sua importância na elaboração teórica do *Modelo*. Para isso, entraremos no domínio da cognição e apresentaremos duas visões de desenvolvimento cognitivo: a de Piaget e a de Vigotski. Mas isto acontecerá sem nos afastarmos da discussão epistemológica iniciada no Capítulo precedente.

Muito do que Lins pensou e escreveu foi apresentado considerando, muitas vezes, que o seu leitor estaria familiarizado com o modelo piagetiano, com os pressupostos teóricos da Teoria Histórico-Cultural e da Teoria da Atividade. Com o intuito de dar uns passos atrás, retomamos em linhas muito gerais – nesse e no próximo Capítulo – alguns pontos centrais dessas teorias na tentativa de dar sentido aos comentários apresentados por Lins ao longo da elaboração de suas ideias.

Iniciaremos apresentando, em linhas gerais e dentro do nosso foco de interesse, alguns pressupostos teóricos de Jean William Fritz Piaget (1986-1980), de modo a subsidiar as menções que serão feitas aos seus estudos no restante do capítulo, e, concluiremos passando por diversos pontos em que Lins sugere sua divergência teórica com o modelo piagetiano.

Piaget e o pequeno cientista solitário

Jean Piaget nasceu em Neuchâtel, na Suíça, em 9 de agosto de 1896. Considerado um menino precoce, interessou-se, desde cedo por temas ligados à História Natural. Como consequência desse interesse, obteve permissão do zoologista Paul Godet - especialista em

Malacologia e diretor do museu de História Natural da cidade - para auxiliá-lo no museu e foi iniciado no assunto. Com a morte de Godet em 1911, e aos quinze anos de idade, Piaget publicou uma série de artigos sobre moluscos e, com o passar dos anos, se interessou por diversos outros assuntos, dentre eles, por Psicanálise, Filosofia, Psiquiatria, Sociologia e Lógica. Ainda sobre sua vida, vale mencionar o fato de que ele presenciou os horrores de duas guerras mundiais.

Piaget estudou Biologia na Universidade de Neuchâtel, obtendo o bacharelado em Ciências Naturais e em 1918 apresentou sua tese de doutorado intitulada *Introduction à la malacologie valaisane* (Introdução à Malacologia da região dos Valais). Em 1919 foi para Paris com o intuito de participar de um curso de Psicopatologia e lá aprendeu técnicas de entrevista clínica. Naquele período trabalhou com testes padronizados de inteligência para crianças de diferentes idades e se interessou pelas dificuldades apresentadas por elas, bem como pelas razões porque elas deram respostas erradas às perguntas que exigiam pensamento lógico. Na ocasião, Piaget acreditava que essas respostas incorretas revelavam diferenças importantes entre o pensamento de adultos e crianças. A partir de então, elaborou um método clínico, que seria utilizado em seus experimentos ao longo de sua vida profissional e que foi inspirado nos métodos experimental e de interrogação clínica dos psiquiatras. Sobre as questões de Piaget naquela época, Dolle comenta:

> Sabemos que as preocupações de Piaget foram muito cedo definidas e que se pode reduzi-las a algumas grandes interrogações do tipo: Qual é a gênese das estruturas lógicas do pensamento na criança, como funcionam, portanto, quais são os processos do conhecimento que a criança põe em ação; tais questões colocam o problema da epistemologia genética no quadro da epistemologia geral[1].

Assim, aos poucos, o trabalho do biólogo foi cedendo espaço para as pesquisas do psicólogo e epistemólogo, mas sua formação inicial influenciou fortemente a sua elaboração teórica.

Nesse mesmo período, Piaget começou a formular as ideias básicas de seu modelo teórico e seu interesse residia no estudo do pensamento infantil, em particular, na gênese das estruturas lógicas fundamentais (inclusão e "multiplicação" das classes[2], composição das relações e estrutura de ordem) e na elaboração das categorias do pensamento (número, tempo, espaço)[3]. A partir desse interesse desenvolveu um estudo sistemático do desenvolvimento cognitivo que produziria, mais tarde, uma teoria do conhecimento e uma teoria de estágios do desenvolvimento cognitivo a partir de estudos observacionais detalhados de cognição em crianças, fundamentados numa série de testes engenhosos usados para revelar diferentes habilidades cognitivas.

Antes dos estudos de Piaget, a suposição comum em Psicologia era a de que as crianças se configuravam apenas como pensadores menos competentes que os adultos. Piaget evidenciou que as crianças pequenas pensam de maneiras surpreendentemente diferentes em comparação aos adultos. Para ele as crianças nascem com uma estrutura mental muito básica (herdada e evoluída geneticamente) na qual se baseia todo aprendizado e conhecimento subsequentes.

Nosso interesse no projeto piagetiano está, em alguns aspectos da sua busca pela compreensão da gênese do conhecimento, a partir da qual procura desenvolver uma epistemologia científica, que tem na Psicologia um meio de obter dados rigorosos para sua construção, e que foi denominada *Epistemologia Genética*, então caracterizada pelo estudo sobre a gênese e o desenvolvimento do conhecimento da infância à fase adulta. Em particular, estamos interessados em sua concepção sobre conhecimento e sobre desenvolvimento cognitivo.

Sobre as concepções de Piaget acerca da sua Epistemologia, Japiassu (1975) comenta:

> No fundo, o próprio Piaget confessa que sua epistemologia é "naturalista" sem ser "positivista"; que ela evidencia a atividade do sujeito sem ser "idealista"; que ela se apoia sobre o objeto, mas considerando-o como um *limite*. O importante é que ela deve ver no conhecimento, sobretudo, uma construção contínua[4]. (Destaque do autor)

A construção teórica de Piaget foi elaborada em oposição a duas correntes antagônicas da Psicologia na época, a saber: o empirismo[5] e o inatismo[6]. A primeira, afirmava que todo conhecimento provém da experiência, privilegiando o dado externo (o objeto). A segunda entendia que todo conhecimento é anterior à experiência, colocando a primazia do sujeito sobre o objeto. Ele então considerou estas duas posições como insuficientes para explicar os processos de evolução e aquisição do conhecimento humano. Para ele, o conhecimento não tem origem, nem na experiência única do sujeito com o objeto, e nem em uma programação inata e pré-formada no sujeito, mas haveria uma relação de interdependência entre o sujeito conhecedor e o objeto do conhecer. Para Piaget, "os objetos existem e comportam estruturas que também existem independente do sujeito"[7], e somente podem ser conhecidos por aproximações sucessivas a partir da *ação* do sujeito. Isto é, o conhecimento é o resultado da interação do sujeito com o objeto.

Assim, para Piaget, o conhecimento é fruto da ação do sujeito que, ao atuar sobre o ambiente (o objeto), constrói o conhecimento da realidade. O mundo não é realmente conhecido senão a partir de uma reconstrução pelo sujeito. E, portanto, não é dado *a priori*, nem adquirido por meio dos sentidos ou captado diretamente do meio.

A questão que se coloca então é: como se dá a interação sujeito (organismo) e objeto (meio)? Para responder a esta pergunta Piaget trouxe da Biologia e da Fisiologia os termos e o modo de funcionamento do organismo para explicar o processo de interação.

Vejamos, inicialmente, a interação entre o organismo e o meio. Para Piaget, todo ser vivo possui estruturas biológicas – sensoriais e neurológicas – que são a tendência natural da adaptação e da organização.

A adaptação biológica do organismo ao ambiente é caracterizada por sua busca pela conservação e sua sobrevivência e que resulta em processos de transformação que visam o equilíbrio. A adaptação é, pois, a tendência inata de um organismo de interagir com seu ambiente. E considerando que não são estáticos, nem o organismo e nem o meio, o estado de equilíbrio permanente é impossível e, as condutas são, pois, sempre seguidas de um processo de equilibração. Nesse sentido, a adaptação comporta dois processos: a assimilação e a acomodação.

A assimilação biológica é a integração de elementos de fora nas estruturas em desenvolvimento, ou já completas, de um organismo. Nas palavras de Piaget:

> A assimilação não é senão o prolongamento, no plano do comportamento, da assimilação biológica no sentido largo, toda reação do organismo ao meio consiste em assimilá-lo às estruturas desse organismo; assim como, quando um coelho come couve, ele não se transforma em couve, mas pelo contrário a couve se transforma em coelho, assim também em toda ação ou práxis, o sujeito não é absorvido pelo objeto, mas o objeto é utilizado e "compreendido" como relativo às ações do sujeito[8].

A outra parte complementar no processo de adaptação é a acomodação biológica. Quando um organismo recebe novas informações encontradas no ambiente e que não são assimiláveis pelo mesmo – isto é, pelos seus esquemas existentes por serem muito diferente daquilo que já está dominado – surge a necessidade de que esse organismo acomode essas informações. Tal processo é chamado de *acomodação*, isto é, modificação do organismo (enriquecimento ou criação de esquemas) imposto pela resistência do objeto se deixar assimilar.

Assim, a assimilação e a acomodação funcionam conjuntamente com a finalidade de adaptação de certo organismo ao meio. Durante o processo, a adaptação ocorre externamente na relação organismo-meio e o seu processo complementar e inseparável é a *organização*, que ocorre internamente no organismo. A adaptação é, pois, um equilíbrio entre um processo assimilador e uma acomodação, mas ela só é concluída quando há equilíbrio entre a assimilação e a acomodação e este equilíbrio só é possível pela organização. Dito de outra forma, qualquer ação adaptativa de um organismo pressupõe uma organização subjacente. Dessa forma, não há nenhuma adaptação (assimilação e acomodação) proveniente de uma fonte desorganizada ou caótica interna, uma vez que esta adaptação tem como base uma organização inicial.

A *equilibração*, por sua vez, traduz o processo interno subjacente à passagem de um nível de funcionamento biológico para outro, desencadeado para compensar perturbações no equilíbrio, até então alcançado pelo organismo. Nesse sentido, a equilibração é o elemento central do processo evolutivo e pressupõe autorregulação, que harmoniza as contribuições vindas das diferentes fontes, tanto internas (por exemplo, a maturação), quanto externas (por exemplo, as experiências do organismo). No sentido piagetiano, ela envolve uma tendência permanente para alcançar novos patamares de equilíbrio.

Como consequência, nenhuma estrutura biológica (e como veremos a partir do parágrafo seguinte, nenhuma estrutura psicológica) apresenta um equilíbrio completo que é levado a ser estático; mas tende sempre a alcançá-lo nesse processo de equilibração, que a torna estruturante perante a posterior, que vai gerar e é estruturada em relação à anterior, de cuja transformação se origina[9].

Para Piaget, o desenvolvimento cognitivo é uma extensão do desenvolvimento biológico e é governado pelas mesmas leis e princípios. Assim, até este momento apresentamos a interação entre organismo e o meio e, a partir daqui o nosso foco, estará na interação sujeito e objeto no plano da cognição.

De fato, no modelo piagetiano, a base para a aquisição do conhecimento, sua origem, é colocada na ação, caminho pelo qual um indivíduo entra em contato com objetos externos e pode conhecê-los. A ação é, pois, caracterizada como toda conduta[10] que transforma o meio de alguma forma, levando à autotransformação. Os processos de evolução e aquisição do desenvolvimento psíquico têm uma origem biológica que é ativada pela ação e interação do organismo com o meio ambiente que o rodeia, como constatamos nas palavras de Piaget:

> O desenvolvimento psíquico, que começa quando nascemos e termina na idade adulta, é compatível ao crescimento orgânico: como este orienta-se, essencialmente, para o equilíbrio. Da mesma maneira que um corpo está em evolução até atingir um nível relativamente estável – caracterizado pela conclusão do crescimento e pela maturidade dos órgãos -, direção de uma forma de equilíbrio final, representada pelo espírito adulto. O desenvolvimento, portanto, é uma equilibração progressiva, uma passagem contínua de um estado de menor equilíbrio para um estado de equilíbrio superior[11].

Em seus estudos, Piaget desenvolveu uma investigação teórica e experimental – em um ambiente controlado, caracterizando assim um experimento *in vitro* e não *in natura*, desprezando as relações com o meio – do desenvolvimento qualitativo das estruturas intelectuais. Seu foco estava em entender como a aquisição do conhecimento recai na inteligência e ele tinha várias questões a serem esclarecidas, entre elas: como se formam os conhecimentos? Como aumentam os conhecimentos? De que maneira a mente humana passa de um estado de conhecimento inferior para um estado de conhecimento superior? Com relação à última questão, Piaget comenta: "Nosso problema, do ponto de vista da psicologia e da epistemologia genética, é explicar como a transição é feita de um nível mais baixo de conhecimento para um nível considerado superior".[12] Ele então vê na criança a grande possibilidade de estudar o desenvolvimento do conhecimento.

Com base em seus estudos, Piaget propôs que o desenvolvimento intelectual da criança até a fase adulta se processa em quatro estágios, a saber: estágio sensório-motor (do nascimento até os dois anos), estágio pré-operacional (dos dois anos aos sete anos), estágio das operações concretas (dos sete anos aos onze ou doze anos) e o estágio operatório formal ou abstrato.

Ele chama a atenção para o fato de que os estágios das operações intelectuais e, portanto, do domínio do desenvolvimento intelectual, constituem um domínio privilegiado que não é possível generalizar a outros domínios como, por exemplo, ao da evolução da percepção na criança ou o estudo da evolução da linguagem. Nestes, um quadro de estágios não seria possível porque eles não apresentam cortes naturais bem nítidos. Piaget exemplifica essa questão, esclarecendo:

> Em compensação, no domínio das operações intelectuais, assistimos a esse duplo fenômeno, que, por um lado, vemos as estruturas se formarem, podemos seguir passo a passo os primeiros lineamentos, e que, por outro lado, assistimos a seu acabamento, quer dizer à constituição das etapas de equilíbrio. Tomem, por exemplo, a organização dos números inteiros: podemos seguir essa estruturação a partir dos números 1,2,3, etc., até o momento em que a criança descobre a sucessão dos números e ao mesmo tempo as primeiras operações aritméticas. Num momento dado, tal estrutura, é pois, constituída e atinge sua etapa de equilíbrio; e esse equilíbrio é tão estável que os números não se modificarão mais durante toda a vida, integrando-se em sistemas mais complexos (números fracionários, etc.) Estamos assim frente a um domínio privilegiado no seio do qual podemos assistir à formação de estruturas e seu acabamento, onde diferentes estruturas podem se suceder ou se integrar segundo combinações múltiplas.[13]

No domínio do desenvolvimento intelectual, os estágios, foram considerados a partir das populações particulares sobre as quais Piaget e sua equipe trabalharam. O estudioso denominou *estágios* os cortes que obedeciam às seguintes características: (i) *a ordem de sucessão das aquisições é constante*, isto é, os indivíduos da infância à adolescência, passam por estas quatro etapas *na mesma sequência*, apesar de que o início e o término de cada etapa podem sofrer variações em função das características da estrutura biológica de cada indivíduo e de como serão os estímulos proporcionados pelo ambiente em que ele está imerso; (ii) *os estágios têm caráter integrativo*, significando que as estruturas construídas numa idade dada se tornam parte integrante das estruturas da idade seguinte; (iii*) cada estágio é caracterizado por uma estrutura de conjunto* em oposição a uma mera justaposição de propriedades estranhas umas sobre as outras; (iv) *Cada estágio comporta ao mesmo tempo um nível de preparação, de uma parte; e de acabamento, de outra*. "Por exemplo, para as operações formais, o estágio de preparação será todo o período de 11 a 13-14 anos e o acabamento será a etapa de equilíbrio nesse momento"; e (v) Em toda sequência de estágios é necessário distinguir os *processos* de *formação* ou de *gênese* e suas *formas de equilíbrio finais*.[14]

Vale observar que, de acordo com o modelo piagetiano, ao atingir o estágio operatório formal ou abstrato, o indivíduo adquire a sua forma final de equilíbrio, isto é, ele potencialmente chegará ao nível intelectual que persistirá por toda a vida adulta. Neste momento seu desenvolvimento seguirá um processo de ampliação na aquisição de conhecimentos, mas não de aquisição de novos modos de funcionamento cognitivo. Portanto, o desenvolvimento pode ser então caracterizado, nos termos piagetianos, como um processo contínuo de passagem por estágios que envolve equilibração progressiva, tendendo para o seu ápice, a saber, a chegada ao pensamento lógico-formal.

Assim, em seu desenvolvimento intelectual, a criança é um aprendiz ativo que evolui num processo de estágios etários pelo qual progredirá até a sua forma final de equilíbrio no final do último estágio. Este desenvolvimento é uma continuação direta do desenvolvimento biológico inato, ou seja, a criança nasce biologicamente equipada para dar uma variedade de respostas motoras, que fornecem a estrutura para os processos de pensamento que se seguem.

No modelo piagetiano as estruturas cognitivas não são herdadas pelo sujeito, mas passam a existir, apenas no decorrer do desenvolvimento. O que é herdado é um modo de funcionamento intelectual, isto é, é funcionando que o organismo gera as estruturas cognitivas. Esse modo de funcionamento tem duas características importantes: gera estruturas cognitivas e permanece essencialmente constante, durante toda a vida, isto é, as propriedades fundamentais do funcionamento intelectual são sempre as mesmas - desde antes do nascimento até o fim da vida do indivíduo -, apesar da ampla variedade de estruturas cognitivas que este funcionamento gera, as quais são as chamadas invariantes[15] funcionais[16]: adaptação (assimilação e acomodação) e organização. Nesse contexto há, também, variantes funcionais tais como os esquemas, as estruturas mentais e os estados de equilíbrio, que mudam no tempo e tomam outras formas.

A unidade básica de pensamento e da ação do sujeito sobre o objeto é o esquema. Sendo ele o ponto de partida para a ação do indivíduo sobre os objetos do conhecimento. No ser humano, os esquemas iniciais são os reflexos. Por exemplo, as crianças, quando nascem, não são dotadas de capacidades mentais prontas, mas apenas de alguns reflexos (sucção, preensão). Assim, a maneira como um bebê pega um objeto é um esquema de ação. Também pode ser considerado um esquema, a ação interiorizada de um adolescente resolvendo um problema matemático.

Desse modo, é importante observar que, conforme Piaget, o pensamento procede da ação, e, nesse sentido, essas primeiras ações do bebê, bem como a ação do adolescente, coordenam-se progressivamente em esquemas chamados sensório-motores, no primeiro caso, e operatório formal, no segundo; constituindo-se organizações que servem de base para as ações. Elas permitem, também, a repetição dessas ações em situações análogas, assim como sua generalização pela aplicação a objetos cada vez mais variados.

Para Piaget, "conhecer não consiste (...) em copiar o real mas em agir sobre ele e transformá-lo (na aparência ou na realidade), de maneira a compreendê-lo em função dos sistemas de transformação aos quais estão ligadas estas ações".[17] O pesquisador observa que o termo transformação diz respeito a ações e operações derivadas dessas ações e assim explica e introduz a noção de esquemas de ações:

> As ações, com efeito, não se sucedem ao acaso, mas se repetem e se aplicam de maneira semelhante a situações comparáveis. Mais precisamente, reproduzem-se tais quais se aos mesmos interesses correspondem situações análogas, mas se diferenciam ou se combinam de maneira nova se as necessidades e as situações mudam. Chamaremos esquemas de ações o que, numa ação, é assim transponível,

> generalizável ou diferenciável de uma situação a seguinte, ou seja, o que há de comum nas diversas repetições ou aplicações da mesma ação. Por exemplo, falaremos de um "esquema de reunião" para comportamentos como o de um bebê que amontoa blocos, de uma criança de mais idade que reúne objetos, procurando classificá-los Encontraremos este esquema em inumeráveis formas até em operações lógicas como a reunião de duas classes (os "pais" mais as "mães" = todos os "genitores", etc.)[18].

Com esta noção de esquema de ações disponível, Piaget diz "(...) conhecer um objeto implica a sua incorporação a esquemas de ação, e isto é verdade desde os comportamentos sensório-motores elementares até as operações lógico-matemáticas superiores"[19], isto é, o processo de formação de esquemas está presente em todos os níveis do desenvolvimento cognitivo. Nessa seara, surgem sucessivamente os esquemas sensório motores, perceptivos, práticos, simbólicos, intuitivos, operatórios concretos e operatórios formais. Uma das características isoladas mais importantes de um esquema de assimilação é sua tendência à repetição. Na verdade, apenas os padrões de comportamento que ocorrem repetidas vezes, no decorrer do funcionamento cognitivo é que são considerados esquemas.

Outra noção importante é a de estrutura, entendida como um conjunto de elementos e uma relação desses elementos entre si. Em particular, nosso interesse está nas estruturas cognitivas, que podem ser entendidas, nos seguintes termos:

> Piaget define cada um dos estágios de desenvolvimento cognitivo por uma estrutura, que é uma organização do conjunto dos esquemas ou operações disponíveis no estágio em questão. Em outras palavras, trata-se de uma organização específica de cada estágio, da experiência do sujeito, organização considerada unicamente do ponto de vista da forma, e não dos conteúdos[20].

Este entendimento é confirmado nas próprias palavras de Piaget quando comenta:

> Uma estrutura será, por exemplo, no nível das operações concretas, um agrupamento[21], com as características lógicas do agrupamento que encontramos na classificação ou na seriação. Mais tarde, a estrutura, no nível da operação formal, será o grupo das quatro transformações (...) ou a rede. Estruturas que podemos caracterizar por suas leis de totalidade, de tal forma que, uma vez atingida tal estrutura, podemos determinar todas as operações que ela recobre. Sabemos assim, sendo dado que a criança atinge tal ou qual estrutura, que ela é capaz de uma multiplicidade de operações distintas, e às vezes sem nenhum parentesco visível entre elas na primeira abordagem. Esta é a vantagem da noção de estruturas: quando elas são complexas, elas permitem reduzir a uma unidade uma série de esquemas operatórios sem elos aparentes entre eles; é então uma estrutura de conjunto[22] como tal é característica do estágio[23].

Vale observar que os esquemas são também estruturas cognitivas criadas e modificadas pelo funcionamento intelectual.

A estrutura da inteligência diz respeito às organizações mentais ou aptidões mentais que a criança possui. Para Piaget, as estruturas são mutáveis no decorrer do processo evolutivo. Elas resultam de seu funcionamento, são inferidas a partir do conteúdo e responsáveis pela organização da inteligência. Assim, o que a criança pode, ou não, realizar em cada período, liga-se diretamente à estrutura que lhe é subjacente. A estrutura da inteligência muda com a idade, a partir das estruturas existentes e em desenvolvimento no interior dos estágios. Dessa forma, as estruturas da inteligência são, segundo o modelo piagetiano, as propriedades organizacionais da inteligência, organizações criadas através do funcionamento e inferidas, a partir de conteúdos comportamentais.

Um exemplo dessas considerações pode ser observado quando Piaget, discutindo a inteligência, o pensamento e a linguagem no período da inteligência sensório-motora, apresenta a distinção entre inteligência e pensamento e afirma que "Existe uma inteligência antes da linguagem, mas não existe pensamento antes da linguagem". A referida distinção é colocada nos seguintes termos:

> A inteligência é a solução de um problema novo para o indivíduo, é a coordenação dos meios para atingir um certo fim, que não é acessível de maneira imediata; enquanto o pensamento é a inteligência interiorizada e se apoiando não mais sobre a ação direta, mas sobre um simbolismo, sobre a evocação simbólica pela linguagem, pelas imagens mentais, etc., que permitem representar o que a inteligência sensório-motora, pelo contrário, vai apreender diretamente.[24]

Na continuação, para exemplificar sua tese de que existe uma inteligência antes do pensamento e da linguagem, o autor pontua:

> Mostro a uma criança uma coberta; sob essa coberta, e sem que a criança tenha visto, eu escondi uma boina basca. Depois do que, eu mostro à criança um objeto, novo para ela, um brinquedo qualquer que ela não conheça, que ela quer pegar; e depois eu escondo sob a coberta. Num certo nível ela vai levantar a coberta para encontrar o objeto, mas ela não vê o objeto; ela vê somente a boina basca. Imediatamente ela vai levantar a boina basca e encontrar o objeto em questão. Isso parece não ter importância, mas é um ato de inteligência muito complexo. Supõe primeiramente a permanência do objeto. Veremos mais adiante que a noção de permanência não é inata, mas exige pelo contrário meses para ser construída. Ela supõe a localização do objeto – que não é dado logo, porque essa localização supõe por sua vez uma organização do espaço. Ela supõe depois relações particulares em cima-embaixo, etc. Existe, pois, toda uma construção nesse ato de inteligência que parece tão simples. Mas um ato de inteligência dessa espécie pode se construir antes da linguagem e não supõe necessária a representação ou o pensamento[25].

Decorre deste exemplo, uma outra questão importante mencionada por Piaget e colocada em forma de questão: por que o período da inteligência sensório-motora dura tanto tempo, indo até os 18 meses? Sugerindo equivalência à questão anterior, o autor a recoloca nos seguintes termos: "por que a questão da linguagem é tão tardia com relação aos mecanismos invocados?" Sua resposta é dada nos seguintes termos:

> Respondemos que a linguagem é solidária do pensamento e supõe, pois, um sistema de ações interiorizadas e supõe mesmo, cedo ou tarde, um sistema de operações. Chamaremos "*operações*" ações interiorizadas, quer dizer executadas não mais material, mas interior e simbolicamente, e ações que podem ser combinadas de todas as maneiras; em particular, que podem ser invertidas, que são reversíveis [...] Ora, essas ações que constituem o pensamento, essas ações interiorizadas, é necessário primeiro aprender primeiramente a executá-las materialmente; elas exigem primeiramente todo um sistema de ações efetivas, de ações materiais. Pensar é, por exemplo, classificar, ou ordenar, ou correlacionar; é reunir, ou dissociar, etc. Mas todas essas operações, é necessário primeiramente executá-las materialmente em ações para, em seguida, ser capaz de construí-las em pensamento. É, por isso, que existe um período sensório-motor tão longo antes da linguagem; é por isso que a linguagem é tão tardia, com relação ao desenvolvimento. É necessário um amplo exercício da ação pura para construir subestruturas do pensamento ulterior[26].

Em suma, a inteligência também está enraizada em dois atributos biológicos encontrados em toda criatura viva: a organização e a adaptação. Já o pensamento é organizado mediante a constituição de esquemas, que se formam através do processo de adaptação. Contudo, certas novidades que o sujeito encontra no ambiente não são assimiláveis aos esquemas preestabelecidos por serem muito diferentes daquilo que já está dominado. Assumi-las supõe acomodação, isto é, modificação do equipamento mental (enriquecimento ou criação de esquemas).

Assim, a tendência inata de uma criança de interagir com o seu ambiente é a *adaptação*. Essa interação promove o desenvolvimento de uma organização mental progressivamente complexa. Cada estágio nesta sequência de desenvolvimento fornece a base para o próximo estágio, permitindo adaptações progressivamente complexas e eficazes ao ambiente. Piaget também concluiu que um equilíbrio deve ocorrer entre a assimilação (conhecimento antigo) e a acomodação (nova aprendizagem) para que a adaptação seja bem-sucedida.

A adaptação do indivíduo ao ambiente, por seu turno, se dá por um processo contínuo de equilibração, isto é, por uma sucessão de regulações[27] que garantem a coordenação dos esquemas e tendem a estabelecer uma compensação total entre os processos de assimilação e acomodação. Os estágios de desenvolvimento correspondem a estados de equilíbrio circunstancial, que são rapidamente perturbados pela leitura de informações não imediatamente assimiláveis (processo de *desequilíbrio*).

Retornemos com a questão da interação sujeito e objeto, agora no plano do desenvolvimento cognitivo com a pergunta: como se dá a interação sujeito e objeto na aquisição de conhecimento?

A resposta pode ser dada, na perspectiva piagetiana, nos seguintes termos: na interação do sujeito, em um estágio de desenvolvimento específico, com o objeto do conhecer (por exemplo, a experiência com objetos, a vivência social ou a busca por resolver um problema), o sujeito entra nesse processo com a forma (suas estruturas mentais) e o objeto entra com a matéria ou conteúdo. A forma é o esquema de assimilação, enquanto o conteúdo, a acomodação do sujeito. Pela forma, o sujeito transforma o objeto e o assimila; já pelo conteúdo, o objeto exige mudança do sujeito, que é a acomodação.

Em decorrência, diante de uma situação nova as estruturas mentais do sujeito são lançadas em desequilíbrio, e os mecanismos reguladores são acionados, a fim de levarem o sujeito a superar essa situação de estranhamento e/ou contradição. Inicia-se neste momento o processo de equilibração, isto é, o esforço constante de manutenção de um equilíbrio dinâmico entre a estrutura psicológica e o meio. Sua ocorrência vai produzir um processo irreversível que, inevitavelmente, leva a um equilíbrio de forma superior, mais complexo e abrangente do funcionamento mental. Mas antes que isso ocorra, as estruturas mentais do sujeito desequilibradas diante de uma situação nova, por não disporem de uma estrutura suficientemente desenvolvida que possibilite o seu completo entendimento - ainda que possuidora de esquemas capazes de entendê-lo, em parte - desencadeia um processo de equilibração através do funcionamento dos invariantes funcionais (assimilação e acomodação) até o alcance de seu completo entendimento, de sua completa adaptação. (Veja Figura 1[28])

Nesse processo, o sujeito procura "encaixar" os objetos à estrutura que já possui e quando não consegue assimilar, porque os esquemas que possui são insuficientes, duas ações podem ser "acionadas": um esquema já existente pode ser modificado de modo que o objeto possa ser assimilado ou o sujeito pode, criar um esquema novo, no qual o objeto possa ser "encaixado". Nesse momento, inicia-se o processo de acomodação, modificando velhos esquemas ou criando esquemas novos. Assim, o processo de adaptação resulta na assimilação - em que o sujeito "encaixa" os objetos à estrutura que já possui – e na acomodação – em que o sujeito "muda" a própria estrutura para "encaixá-la" ao objeto. A adaptação vai se completando e um processo complementar vai colocando em ordem os elementos da estrutura mental (uma vez que houve a inclusão de novos elementos pela assimilação e a transformação de elementos já existentes em outros elementos pela acomodação), qual seja, a organização, que acontece internamente ao sujeito. Ao final do processo, um equilíbrio de forma superior ao existente anteriormente acontece, mas ele é circunstancial; está em equilíbrio até o próximo desequilíbrio.

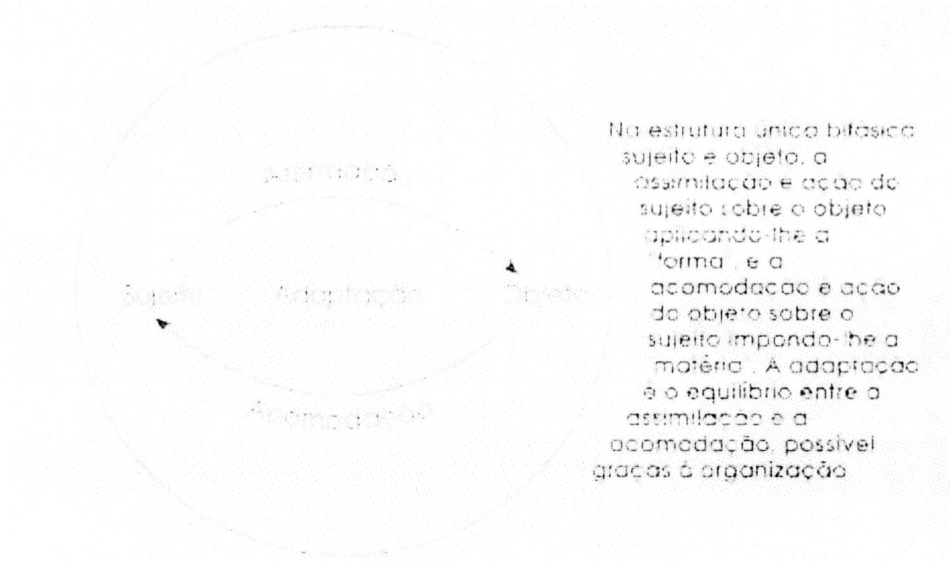

Figura 1: Interação sujeito e objeto
Fonte: Matuí, 1995

Piaget introduziu o conceito de equilibração majorante para indicar que o processo descrito acima não apenas reconduz simplesmente ao equilíbrio, mas majora, isto é, aumenta a potência dos esquemas e das estruturas de operações e que, portanto, o desenvolvimento cognitivo é fruto dessa majoração.

O processo de equilibração, cuja dinâmica com as complexas relações de interdependência entre seus elementos que sugerimos acima, é um fenômeno que tem, em sua essência, um caráter universal, já que, para todos os indivíduos humanos acontece da mesma maneira.

É importante observar também que Piaget enfatiza a interação sujeito-objeto no processo de desenvolvimento cognitivo. Entretanto, essa interação é sempre uma relação centrada na ação do sujeito e não no objeto. Com efeito, o central no modelo piagetiano é a ação interna do sujeito e de cada uma de suas estruturas, no sentido de transformar-se internamente.

Para Piaget e Garcia, o sujeito do conhecimento é o

> (...) indivíduo que assimila os elementos fornecidos pelo mundo exterior. Aquando deste processo de assimilação o sujeito seleciona, transforma, adapta e incorpora os referidos elementos às suas próprias estruturas cognitivas, e, para fazer isto, ele deve também construir, adaptar, reconstruir, transformar estas estruturas[29].

Para Seminério (1996), no modelo piagetiano, o estudo do sujeito do conhecimento deu origem à noção de sujeito epistêmico que reúne as propriedades universais do conhecedor - sendo aquele que constrói seu mundo e se constrói dialeticamente através da ação -, e que, segundo as palavras de Piaget: "O sujeito epistêmico (em oposição ao sujeito psicológico) é o que há de comum a todos os sujeitos, pois que suas coordenações de ação comportam um universal que é a própria organização biológica"[30].

Quando revisamos, na literatura especializada, os estudos sobre como se dá o desenvolvimento cognitivo podemos identificar vários fatores possíveis, tais como, a maturação, as experiências físicas e as transmissões sociais e culturais. A esse conjunto de fatores, Piaget acrescentou a equilibração, que é o processo endógeno de regulações que produz o desenvolvimento das estruturas cognitivas. Ele indicou que os fatores exógenos podem exercer um papel de ativadores, que imprimem um ritmo lento ao desenvolvimento, mas não determinam a forma dessas estruturas. Em suma, para Piaget, o desenvolvimento cognitivo segue uma sequência de estágios, fixos, lineares e universais, em que fatores internos preponderam sobre os externos.

Para concluir, procuramos esclarecer como no modelo piagetiano se relaciona o desenvolvimento cognitivo e os processos de ensino e de aprendizagem.

Os estudos de Piaget e seus colaboradores evidenciaram que a criança adquire as estruturas lógicas do pensamento sobretudo pelo efeito de sua própria ação sobre o meio. De acordo com esses estudos, a aprendizagem não é uma simples cópia da realidade, como pretendiam os empiristas, mas um processo em que existe sempre uma atividade organizadora do sujeito na interação estabelecida entre ele e o conteúdo por ser aprendido. Isto implica que nenhuma intervenção exterior à aprendizagem pode adiantar a formação de suas estruturas cognitivas. Como consequência, ela está subordinada ao desenvolvimento e tem pouco impacto sobre ele. Dessa forma, as crianças não podem aprender algo até que a maturação lhes dê os pré-requisitos; e isso significa que sua capacidade de aprender qualquer conteúdo cognitivo está sempre relacionado ao estágio etário de desenvolvimento intelectual em que se encontram. Logo, as crianças que estão em um determinado estágio não podem aprender os conceitos de um estágio superior.

Partindo desse pressuposto, o ensino deveria criar as condições para que a criança pudesse operar por si mesma. Na escola, em situações de aprendizagem, o foco deveria estar, sob essa perspectiva, qual seja, a de colocar os aprendizes em condições de aprender por si mesmos, em um exercício solitário de construção de seus próprios conhecimentos. Assim, o processo de ensino deveria visar à pesquisa pessoal em todos os níveis de formação, do maternal à universidade. O ensino, então, se caracterizaria pela pesquisa. Logo, a partir dessa perspectiva, a metáfora que descreve o sujeito piagetiano, em seu processo endógeno de aprendizagem, é a do pequeno cientista solitário.

Fragmentos de algumas lembranças

O que apresentaremos a seguir são fragmentos de textos de Lins que indicam sua discordância com as ideias de Piaget. Em seu texto, elaborado para o concurso de livre docência, Lins comenta não ser possível reconstituir sua reflexão sobre o entendimento e as divergências que teceu em relação às ideias de Piaget. Do que foi possível resgatar, ele recorda que para Piaget, primeiro, "as estruturas do pensamento eram formais, isto é, desprovidas de conteúdo"; segundo, considerava que "nosso sistema cognitivo não pode abrigar contradições e que a necessidade de remoção de contradições era o motor mesmo do desenvolvimento cognitivo"; e, terceiro que para Piaget "não é possível, através da intervenção direta e externa ao indivíduo promover o desenvolvimento intelectual (cognitivo)".[31]

Contrapondo essas questões, com respeito à primeira observação, Lins acreditava que o pensamento sempre tinha um conteúdo, não existindo, portanto, formas de estruturas formais ou "puras" e que este conteúdo é o que dá ao pensamento sua forma.[32] Ele questionava, por exemplo, "como explicar que uma criança que já demonstrou ser capaz de operar com a reversibilidade[33] operatória em uma situação não o faça em outra? E chama a atenção de que "este é o tipo de situação que as teorias piagetianas buscaram tratar com a noção de décalage"[34].

Além disso, Lins observa que havia outros dois tipos de problemas para os quais a teoria piagetiana não ajudava. Um deles era como caracterizar o que estaria acontecendo quando um aluno aprende algo novo; pois segundo sua leitura, não havia, naquele momento, nenhuma estrutura operatória nova posta em jogo, pelo aluno.

O outro problema, que Lins observava frequentemente, como professor, era que o "desequilíbrio" e a "reequilibração" se davam com relação a conteúdos e não com relação a estruturas operatórias propriamente.[35] Ele sugere que este foi um ponto crucial em sua trajetória intelectual e apresenta um exemplo:

> É comum que as frações sejam introduzidas na escola como dividir uma pizza em tantas fatias iguais e pegar uma parte delas. Isto funciona bem para frações próprias, mas quando confrontados, por exemplo, com a pergunta "quanto é 4/6 + 5/6"? o mais comum é que respondam 9/12, ao invés do esperado 9/6. Por quê? Duas explicações são possíveis, eu penso. Uma, a de que os alunos estão vendo ali duas somas independentes, em cima e embaixo, apenas que se usa um só sinal de adição; esta situação é plausível, porque na escola quando se soma vários números, os alunos escrevem um embaixo do outro mas apenas um sinal +. A segunda possibilidade é que eles estão pensando corretamente com o que lhes disseram: são ao todo ali 12 fatias iguais, das quais se pegou 9, isto é, 9/12. É apenas quando se introduz a ideia de fração unitária como unidade de medida que esta situação pode ser mudada. O que acontece aí? Eu afirmava então que aconteceu um desequilíbrio do conhecimento-conteúdo do aluno, e não das estruturas mentais em seu sentido piagetiano. Hoje digo que frações-pizza são um objeto e frações-medida são outro

> objeto, e que a lógica das operações com cada uma delas, sendo diferentes, leva naturalmente a que se produzam afirmações diferentes sobre aqueles objetos.[36]

Assim, Lins observou que a perspectiva piagetiana de que as estruturas do pensamento não têm conteúdo e que o conhecer, entendido como uma forma de reprodução, em pensamento, da coisa em si; divergiam do que ele encontrou como professor. O que ele constatou na prática de sala de aula o levou a acreditar que, nos termos piagetianos, "são conhecimentos que são desequilibrados, e não estruturas desprovidas de conteúdo".[37]

Faremos aqui um breve desvio na linha de apresentação das questões para novamente reproduzir uma citação apresentada no Capítulo 1, a qual sugere a importância dessas ideias em sua maneira de pensar. Nas palavras de Lins:

> Para explicar a relevância deste exemplo em minha trajetória intelectual, basta dizer que foi exatamente ele que se tornou paradigmático do que eu queria realizar em meus estudos de doutorado: ao invés de apenas caracterizar o erro, a falta, eu queria mostrar que existe ali a possibilidade e a necessidade do que hoje chamo de uma leitura positiva do que o aluno fez/disse, que consiste em saber do que, de que objetos, ela estava efetivamente falando. E mais, desenvolver um referencial teórico que permitisse fazer esta leitura positiva.[38]

Sobre o segundo e o terceiro ponto descritos acima, em que divergia de Piaget, Lins tratou-os muitos anos depois, na fase de refinamento de seu modelo teórico. Sobre o segundo deles, comentou:

> (...) ao postular que nossos sistemas cognitivos não podem abrigar contradições, a não ser passageiramente, e que a direção do desenvolvimento intelectual das pessoas é necessariamente o da racionalidade da lógica clássica, Piaget está, na verdade, instilando em um modelo teórico a solução para o problema das guerras, como Valery Walkerdine observou com grande clareza: se homens racionais forem os governantes, não haverá guerras, já que ela é percebida no senso comum como atos irracionais. Assim, *o Homo Piagetianus*, desenvolvendo-se plenamente, não faria guerra.[39]

Ainda no curso destas ideias, vale a pena mencionar a referência de Lins a Valery Walkerdine:

> Piaget estava profundamente comprometido politicamente com a erradicação da guerra e da competição, que ele rejeitava fortemente. Seu projeto dizia respeito à possibilidade do triunfo da razão sobre a emoção, enfatizando os processos naturalmente adaptativos dos organismos. Esta visão foi compartilhada por muitos pensadores liberais e progressistas que viam a possibilidade de uma sociedade racional e democrática, operando a partir do livre arbítrio e da razão. A ênfase no raciocínio natural e sua importância hoje deve ser entendida nesses termos.[40]

Sobre o terceiro ponto – que diz respeito ao fato de que, conforme Piaget, não é possível através da intervenção direta e externa ao indivíduo haver o desenvolvimento intelectual (cognitivo) -, não há maior detalhamento sobre o assunto. Todavia, a sua oposição a essa perspectiva, a nosso ver, fica clara, quando ele expõe concordar com a visão de Vigotski e citar a noção de Zona de Desenvolvimento Proximal, que sugere a possibilidade da intervenção externa do outro promover o desenvolvimento cognitivo de alguém.

Na seção seguinte, apresentaremos mais argumentos que sugerem o afastamento de Lins das concepções piagetianas

A noção de objeto como unidade estruturante do pensamento

Em 1996, Lins foi convidado a participar de uma mesa redonda no evento denominado *III Escola Latino-americana sobre Pesquisa em Ensino de Física* para falar a uma comunidade de educadores em Física. Para aquela ocasião ele produziu um texto intitulado *Notas sobre o uso da noção de conceito como unidade estruturante do pensamento*. O valor desse artigo na direção de nossos objetivos se dá mediante o seu esclarecimento sobre a noção de objeto, muito mais do que a divergência que foi naturalmente criada entre esta noção e a de conceito.

Sua proposta, naquele momento, foi discutir "certos aspectos de uma abordagem tradicional no estudo do pensamento humano", segundo os quais o pensamento pode ser estruturado por conceitos. Em sua concepção, Lins sugere uma possível origem para esse modo de pensar; e alega que essa posição é problemática, propondo alternativamente que o pensamento seja estruturado por objetos, no sentido que esclareceremos a seguir.

Antes, porém, gostaríamos de apontar que nossa análise deste artigo, nos levou a questionar como os dicionários definiam os termos pensamento e conceito. Foi interessante observar que pensamento é entendido como: "Poder de formular conceitos: o pensamento de Einstein revolucionou a física do séc. XX"[41]. Em dicionários de filosofia, a referência é Kant: "Atividade intelectual através do qual o espírito humano forma conceitos e formula juízos"[42]; ou "o conhecimento por conceitos chama-se pensamento".[43]

Já para conceito, encontramos "ação de conter, concepção, pensamento"[44]; ou "É a forma mais elementar do pensamento (...)"[45].

Notamos, assim, que há uma circularidade que remete pensamento a conceitos e vice-versa, o que nos sugere que vários pensadores entendem que os conceitos podem ser entendidos como unidade estruturante do pensamento.

Japiassu e Marcondes (1990) sugerem uma diferenciação da noção de conceito na matemática e nas ciências experimentais. No primeiro caso, eles escrevem: "Em seu estilo matemático, o conceito é uma noção de base cuja definição é rigorosa (ex. o conceito de círculo: figura gerada por um segmento de reta em torno de um ponto fixo)". No segundo caso, "o conceito é uma noção que diz respeito à realidade ou fenômenos experimentais bem determinados (ex.: o conceito de peso, o conceito de ácido, etc.)".[46]

Retomando a proposta do artigo, Lins, na direção de conceber o conceito na perspectiva da ciência, propõe uma possível origem de que o pensamento seja estruturado por conceitos; nos seguintes termos:

> [...] encontramos na ciência ocidental o protótipo do que tomamos hoje por "conceito": uma construção teórica dentro duma teoria. É assim que temos conceitos de massa, velocidade e número natural, por exemplo. Na tradição de nossa ciência, o papel dos conceitos é o de tematizar e firmar as noções básicas de uma teoria ou campo de investigação; podemos considerar que os conceitos de uma teoria indicam do que é que ela trata, quais são – em um sentido amplo – seus objetos.[47]

Na continuação, ele reforça a perspectiva apresentada anteriormente por Japiassu e Marcondes (1990) ao comentar que:

> A inserção de um sujeito em uma prática científica, ainda que de forma "ficcional", como muitas vezes se dá no plano do ensino-aprendizagem, passa necessariamente pela aceitação de que os objetos constituídos pelos conceitos são os objetos de que se trata naquela prática, o que equivale a dizer que nesta inserção o sujeito deve pensar com e sobre aqueles conceitos: com relação ao pensamento científico, é natural considerar que este seja estruturado por conceitos. Parte considerável da atividade científica consiste, na verdade, em articular novas ideias ou evidência experimental aos conceitos básicos da ciência em questão.[48]

Em outras palavras, nesse caso a atividade em questão está bem circunscrita: é a atividade científica. Nesse contexto, nos laboratórios de pesquisa, nas universidades; empreende-se um esforço de resolver problemas da maneira mais geral possível. Na verdade, o objetivo da ciência é o domínio total dos fenômenos, é caminhar na direção de dizer tudo. Ele, então diz:

> [...] o pensamento científico, enquanto paradigma de verdade e excelência, oferece uma visão do que seja o pensamento humano "pleno", e por este pensamento científico estruturar-se sobre conceitos, fica reforçada a tese de que todo pensamento o é.[49]

Com esta afirmação, ele nos apresenta então a possível origem para o fato de que o pensamento se estrutura por conceitos. Além disso, ele também sugere o caminho pelo qual a influência dessa visão, provinda das ciências, fez-se presente na educação científica e matemática, nos seguintes termos:

> Boa parte de nossas tradições nas pesquisas sobre cognição derivam, direta ou indiretamente, de um interesse particular na educação, nos processos de ensino-aprendizagem. Esse fato, de resto muito natural, pois toda cultura deve cuidar de sua própria reprodução – se quer sobreviver -, nos fez acreditar por muito tempo que modelos cognitivos deveriam naturalmente levar em sua posição de destaque o que nossa ciência – coroa da civilização – atingiu. E com isso os conceitos passam a ser um "auge" natural[50].

Então, para ele, um dos ambientes de disseminação dessa posição tem sido a Psicologia Cognitiva. Em particular, um dos grandes divulgadores desse ponto de vista é, para Lins, Piaget. Para sustentar seu ponto de vista, ele parte do comentário de Valerie Walkerdine, sobre o projeto piagetiano, conforme destacamos anteriormente neste Capítulo. Lins então observa:

> Mas razão em Piaget, e seguindo uma tradição então já bem estabelecida, é a razão da lógica clássica. Não é nenhuma coincidência que Piaget se refira exatamente às mesmas estruturas-mãe de Bourbaki como as fundamentais do pensamento lógico-matemático, e que, como diz Walkerdine [...], para ele, "matemática é pensamento". Por outro lado, a matemática é, por excelência, a ciência que lida com objetos "mentais", ideais, o que torna praticamente impossível concebê-la sem a noção de conceito, colocando esta noção na base de todo o pensamento humano, na visão piagetiana (e derivativas)[51].

Além disso, Lins chama atenção para um outro ponto relativo ao projeto piagetiano:

> Outro aspecto importante é que o projeto piagetiano, embora insistindo que a criança não é um pequeno adulto, as examina sempre pela falta, pelo que ele não é ainda, ficando o "pleno" reservado exatamente ao que nós (o ocidente racional e científico) somos. A investigação piagetiana dirige-se basicamente a estados, ficando reservado para a teoria discutir os mecanismos de passagem [...], enquanto a investigação vygotskyana, por exemplo, dirige-se tipicamente aos processos em mudança [...][52].

Sobre as pesquisas que assumem o modelo piagetiano, o autor apresenta o seguinte comentário:

> Um efeito da concepção piagetiana é a noção de "misconceptions", que se debate entre não poder aceitar a ideia de "conceito errado" (pois não seria um conceito), e o pressuposto de que o pensamento se estrutura através de conceitos. A solução habitual é procurar, subjacentes a "misconceptions", por proto-conceitos, entendendo-se por isso uma noção que envolve pelo menos alguns aspectos (corretos) dos conceitos (plenos), mas também outros elementos (incorretos) podendo, portanto, serem vistos como germes da formação de conceitos, e ao mesmo tempo "responsáveis" por erros[53].

Para os pesquisadores que utilizam o MCS como referencial teórico, o problema, ao assumir que o pensamento se estrutura por conceitos, reside no fato de não existir nenhuma alternativa que nos permita não ler as pessoas pela falta. Isto nos desviaria de uma de nossas questões centrais: entender por que as pessoas dizem o que dizem. É, nesse sentido, que uma posição alternativa se faz necessária. A questão que se põe, então, é: que elementos de outra natureza, que não conceitos, estruturam o pensamento? A resposta é dada por Lins nos seguintes termos:

> Podemos chamar esses elementos de objetos, não no sentido de "coisa-em-si", mas no sentido de "coisas sobre as quais sabemos dizer algo, e dizemos". Uma tal noção refere-se, naturalmente, ao fato de que eles existem sempre no interior de atividades; o significado de um objeto não é o conjunto de todas as coisas que possivelmente poderíamos dizer sobre ele (uma noção que beira perigosamente o idealismo), e sim o conjunto das coisas que efetivamente dizemos sobre ele. "Massa" pode ser vista como um objeto, por exemplo, no interior de uma atividade na qual enunciamos que "a massa de um corpo varia com a velocidade desse corpo". Se em outra atividade enunciamos (newtonianamente) que, "a massa de um corpo é constante", certamente o objeto é outro. Há uma tradição que diria que são apenas duas "interpretações" de uma mesma coisa (uma delas sendo apenas aproximadamente correta), mas não penso que essa noção de "interpretação" de uma "essência" seja necessária (ou correta). De fato, é no interior de atividades que os objetos são constituídos[54]. (destaque do autor)

A seguir, podemos observar a diferença entre conceitos e objetos a partir de suas características quando Lins observa:

> Enquanto a noção de conceito pensa em caracterizações estáveis de objetos (e de preferência uma caracterização justa, minimal, como no caso de nossos conceitos científicos), os objetos enquanto noção básica são constituídos de forma redundante, muitas vezes, e são instáveis, na medida em que dentro de uma atividade é possível – e comum – que novas demandas ou condições se apresentem, que vínculos antes distantes se tornem próximos[55].

Portanto, do ponto de vista do MCS, assumiremos que "o que estrutura o pensamento humano são objetos e que estes objetos têm sempre uma história, que faz com que eles possam ser o que são. Estes objetos e suas histórias seriam (pelo menos em grande parte) o "conteúdo das estruturas mentais"[56].

Notas de Teorizações (II): As origens do que somos estão perdidas

Ao longo de seus artigos, Lins sempre criticava com comentários breves a questão da inserção por pesquisadores pela busca das origens e da essência do nosso funcionamento cognitivo. Sobre estes temas ele disse: "Se há essências elas podem e devem ser buscadas, investigadas. Origens podem ser desveladas. Mas eu penso diferente, e nessa direção se desenvolveu meu modelo" (...)[57]. A partir dessa perspectiva, tentaremos, nesta seção, montar o quebra-cabeça dessas ideias de modo a esclarecer seu ponto de vista.

Como vimos na epígrafe deste Capítulo, Piaget afirmava que o sonho do epistemólogo genético é que um dia todos os mecanismos que ele postula fossem reduzidos às suas origens biológicas últimas. Em contraposição, Lins se referiu a Vigotski dizendo:

> [...] é preciso entender que as origens do que somos estão perdidas, que – como diz Vygotsky – todo o processo posto em marcha cria as condições para suas próprias transformações; é assim que uma vez que pensamento e linguagem se encontram, não é mais possível remeter a novos processos a supostas raízes animais, por um lado, e linguísticas, por outro[58].

Ele então, na continuação de sua reflexão, no artigo em que discute este ponto, menciona a obra do linguista estadunidense George Lakoff (1990) intitulada *Women, fire and dangerous thing*

(Mulheres, fogo e coisas perigosas), a qual considera uma das peças intelectuais mais sólidas que já encontrou. Sobre a obra ele diz:

> Lá ele apresenta um modelo para explicar de que modo é possível que nós humanos produzamos significados linguísticos. [...] a base de seu modelo é que somos como somos (fisicamente) num mundo que é como é (fisicamente). A partir desse pressuposto ele constrói seu modelo, inclusive atacando os objetivistas e se declarando apenas um realista. Enquanto um modelo para dar conta de explicar a possibilidade do surgimento das línguas, não há o que criticar, o modelo é simplesmente excelente. Mas quando ele passa a propor este mesmo modelo como base para explicar a cognição as coisas já não vão tão bem [...][59].

Não aprofundaremos a crítica de Lins aqui, mas apenas comentaremos que ela se estendeu, pontualmente, a outra obra que Lakoff escreveu com Rafael Nuñez sobre a produção de significado para conceitos da Matemática. Sobre isso, Lins comenta:

> O problema todo é que Lakoff parece ignorar – e não devemos aqui supor uma ignorância ingênua, mas antes ideológica – é que desde o instante em que sai de dentro da barriga da mãe (e quem sabe mesmo antes!) a pessoa já está imersa em um mundo que não é simplesmente um mundo de coisas, o eu-coisa de um lado, o mundo-coisa de outro. Os mundos onde nascemos já estão organizados pela linguagem e por sistemas de objetos (Baudrillard) para dizer o mínimo. E não é demais dizer que o próprio corpo que "é como é", segundo Lakoff, é constituído apenas no interior de culturas, desses mundos culturais e linguísticos. Novamente: as origens estão perdidas para sempre[60].

O ponto de vista de Lins é reforçado, mais uma vez, quando ele diz:

> [...] já nascemos num mundo organizado e com o humano no seu centro, e as origens desta organização, tomadas como "verdadeiras origens", estão perdidas, de modo que é na ordem deste mundo, humano, cultural, linguístico, que somos imersos primeiro e é isto que nos permite vir a conceber algum "o mundo como ele é"[61].

Porém, ao reforçar sua convicção de que "as origens estão perdidas" Lins indica a direção que seguirá em seu propósito quando diz "e só nos resta aprender o que está sendo"[62]. Ele indica ainda que sua teorização segue no sentido de elaborar uma ferramenta que permita "ler ao vivo" os processos de produção de significados, bem como compreender a dinâmica real destes processos (sempre) em transformação[63].

Sobre a ideia de essência, em Lins (1994b), há a observação de que, no MCS, "a noção de essência só pode ser entendida como na interpretação que Zizek[64] dá a Hegel", e a seguinte citação é apresentada:

> Para nós, para a consciência dialética que observa o processo na posteridade, a essência é a aparência como aparência..., isto é, o movimento de auto-ultrapassagem da aparência, o movimento por meio do qual a aparência é colocada como tal, como algo que justamente 'não passa de aparência[65].

Em Lins (1994c), novamente o pesquisador faz menção à noção de essência em uma crítica explícita às ideias do modelo piagetiano. Ele postula:

> [...] não basta dizer que "o aluno constrói seu próprio conhecimento"; é necessário ter um referencial teórico segundo o qual o resultado dessa construção seja tomado como autêntico, e não como uma simples "recapitulação" de um conhecimento correto, pronto para ser construído. Em outras palavras, devemos adotar uma posição epistemológica segundo a qual a criança também seja o arquiteto e o engenheiro, e não simplesmente o pedreiro de uma casa na qual não vai viver. O MTCS indica uma posição epistemológica na qual o ideal de racionalidade "intrínseca"[66] [...] é substituído por uma racionalidade negociada, pois as justificações não são uma explicação da *essência*, mas a expressão da expectativa de acordo.[67]

Os posicionamentos de Lins apresentados neste Capítulo vão encontrar nas ideias de Vigotski e Leontiev um solo fértil a partir do qual sua elaboração teórica se desenvolveu. O Capítulo seguinte será dedicado a trazer à tona a confluência de ideias entre esses autores, a partir da apresentação de alguns aspectos da teoria Histórico-Cultural e a da noção de Atividade proposta por Leontiev.

4

Vigotski, Leontiev e Lins: compartilhando um espaço comunicativo

> Através dos outros, nos tornamos nós mesmos.
>
> Lev Semionovitch Vigotski

> Enquanto em Piaget o olhar se dirige para estágios e mecanismos de passagem entre estágios, em Vygotsky o olhar se dirige a processos que uma vez postos em marcha são a causa de sua própria mudança.
>
> Romulo Campos Lins

O Modelo dos Campos Semânticos possui uma grande influência, em sua constituição, do pensamento expresso na teoria Histórico-Cultural e, em particular, nas ideias dos pesquisadores soviéticos Lev Semionovitch Vigotski e Aleksei Nikolaievitch Leontiev.

Porém, foi Vasili Vasilievich Davidov o primeiro dos três psicólogos com cujas ideias Lins teve contato, tendo sido um dos pensadores importantes na elaboração de sua tese de doutorado, como ele mesmo ressalta: "Tenho pouca dúvida quando afirmo que Davidov foi um dos dois[1] autores que mais influenciaram meu pensamento com relação à Educação Matemática e à cognição[2]."

Lins observou que em sua tese de doutorado não há referência a Vigotski ou outros psicólogos soviéticos e que foi a partir do artigo de Davidov intitulado *An experiment in introducing elements of algebra in elementary school* (Um experimento na introdução de elementos de álgebra no ensino fundamental) que ele entrou em contato com as ideias da psicologia soviética. Esse contato se deu: "em particular, com a forte inversão que ela [a concepção de Davidov] propõe, com relação a Piaget, na relação que se concebe entre aprendizagem e desenvolvimento[3]."

Porém, depois de sua tese, a sua imersão nas ideias de Vigotski o levou a afirmar certa vez, em uma comunicação oral que – aqui reproduzido de forma livre – seria mais vigotskiano do que propriamente linsiano. Isso ocorreu, segundo pensamos, graças à confluência entre sua procura de um referencial teórico que respondesse às suas questões e a proposta presente na Teoria Histórico-Cultural.

Sendo assim, mais uma vez - repetindo a proposta do Capítulo anterior - daremos uns passos para trás, com o intuito de retomar, em linhas muito gerais, alguns pontos centrais da vida e do pensamento do psicólogo russo Lev Semionovitch Vigotski[4] (1896 - 1934) de modo a subsidiar as menções que serão feitas aos seus estudos nos capítulos posteriores.

Na continuação do Capítulo, passaremos então por diversos pontos em que Lins sugere a divergência teórica entre Piaget e Vigotski, ao mesmo tempo em que demarcaremos sua filiação de acordo com suas escolhas teóricas. Por último, discutiremos a noção de atividade, proposta por Leontiev, por sua centralidade na construção do MCS.

Vigotski e o pequeno aprendiz solidário

Lev Semionovitch Vigotski nasceu em 05 de novembro de 1896 na cidade de Orsha, Bielorússia, um dos países da extinta União das Repúblicas Socialistas Soviéticas (URSS). Foi o segundo de uma família de oito filhos e recebeu uma educação judaica tradicional, cuja instrução inicial aconteceu com professores particulares e, mais tarde, frequentou uma escola particular, de orientação semita, na cidade de Gomel, graduando-se no ginásio, em 1913, com uma medalha de ouro.

Em sua juventude, seus passatempos eram jogar xadrez, colecionar selos e trocar correspondências em esperanto com seu primo e outras pessoas pelo mundo. Em seu grupo de amigos discutia temas como a filosofia da história de Hegel e o papel do indivíduo na história. Seu ingresso no ensino superior aconteceu na universidade de Moscou, cuja cota destinada a judeus era de três por cento, e onde alunos com medalha de ouro tinham admissão garantida. Porém, durante o seu processo de ingresso, o ministério da educação divulgou uma determinação declarando que estudantes judeus deveriam ser escolhidos por sorteio[5]; o que não evitou seu ingresso na instituição.

Na universidade matriculou-se no curso Direito[6] e simultaneamente ingressou na Faculdade de História e Filosofia da Universidade Popular Chaniavski (que não era oficialmente reconhecida). Em 1917, formou-se em Direito, com um trabalho de conclusão de curso intitulado "A tragédia de Hamlet, príncipe da Dinamarca". Graduou-se também na segunda universidade, apesar de não ter recebido nenhum título acadêmico; mas seus estudos em Filosofia, Psicologia e Literatura influenciaram sua vida profissional posteriormente. Além do alemão, Vigotski lia e escrevia em hebraico, francês, inglês e esperanto; tendo também aprendido no ginásio latim e grego.[7]

Em 1917, após graduar-se simultaneamente nas duas universidades supracitadas, Vigotski retorna a Gomel, cidade na qual sua família residia. No período de 1917 a 1923, segundo Veer e Valsiner (1996), na obra intitulada *Vygostky: uma síntese*[7], o psicólogo lecionou em várias escolas, dentre elas a Escola Trabalhista Soviética, a Escola Noturna para trabalhadores adultos, o Curso Preparatório para Pedagogos e o Colégio Pedagógico na cidade de Gomel. Neste último criou um laboratório de Psicologia onde ministrou um curso de Psicologia, cujo conteúdo foi publicado mais tarde, na revista, *Psicologia Pedagógica*[8]. No laboratório, ele desenvolveu várias investigações com crianças pré-escolares e escolares, cujas experiências foram parte do material básico de seu primeiro livro sobre Psicologia da Arte[9]. Entre os temas de suas aulas nas escolas estavam os assuntos de seu interesse, a Literatura, a Psicologia, a Pedagogia, a Língua Russa e a Lógica.

Entre os conteúdos de interesse estavam também a Filosofia, o Teatro, a Arte e a Crítica Literária e foi a partir desse contexto que ocorreu sua passagem para o campo da Psicologia. O ingresso na referida área aconteceu por volta de 1922, iniciando com seu "contínuo interesse por questões de arte e literatura, de onde os problemas de psicologia foram emergindo pouco a pouco".[10]

Entre as outras atividades que Vigotski desempenhou nesse período estavam palestras (sobre temas diversos, tais como, como Estética e História da Arte) e organização de reuniões literárias (em que se discutia obras de poetas e de escritores clássicos e modernos). Vigotski foi também, co-fundador de uma editora, chefiou a seção de teatro do departamento de educação popular da cidade de Gomel e fundou uma revista literária na qual publicou sua primeira pesquisa em Literatura e que mais tarde foi reeditada com o título *A Psicologia da Arte*.

Em 1919, o psicólogo bielorrusso contraiu a tuberculose, doença que o levou ao falecimento em 1934. Antes, porém, em 1924, Vigotski mudou-se para Moscou, trabalhando incialmente no Instituto de Psicologia, e, depois participou da fundação do Instituto de Estudos das Deficiências, ao qual esteve ligado ao longo de toda a sua vida. No instituto desenvolveu estudos de problemas médicos tais como o retardamento mental severo, a cegueira congênita e a afasia.[11]

Segundo Luria, seu interesse por assuntos médicos o levou a fazer o curso de Medicina, primeiro no Instituto Médico em Moscou e depois em Kharkov onde também ministrou um curso de Psicologia na Academia de Psiconeurologia da Ucrânia.

Em 1925, Vigotski escreveu *Psicologia da Arte*[12], obra em que aparecem juntos dois temas de seu interesse, a Crítica Literária e a Psicologia. Este fato sugere a maneira como o estudioso iniciou o seu processo de passagem para a Psicologia. Como observado em Veer e Valsiner (1996), "Vygotsky foi levado, assim, de sua teorização sobre Psicologia da Arte para o estudo da Psicologia Geral".[13]

A partir do painel ora apresentado, em nossa perspectiva, existem três pontos importantes para a compreensão do pensamento de Vigotski e de sua elaboração teórica: (i) a crise da Psicologia vigente na época; (ii) o momento histórico e social em que ele viveu; e, (iii) sua metodologia de investigação. No entanto, discutir estes pontos estão fora do nosso objetivo aqui estabelecido. Nosso interesse na obra de Vigotski está, em linhas gerais, em identificar a gênese de suas ideias, bem como, as influências que recebeu, e em explicitar seus principais constructos teóricos que influenciaram o educador matemático Romulo Campos Lins na elaboração de seu modelo epistemológico. Seguiremos, então, nessa direção.

Segundo Michael Cole e Sylvia Scribner "o que Vigotski procurou foi uma abordagem que possibilitasse a descrição e a explicação das funções psicológicas superiores, em termos aceitáveis para as ciências naturais". Como consequência desse projeto, segundo eles, o psicólogo "produziu uma crítica devastadora das teorias que afirmam que as propriedades intelectuais do adulto são resultado unicamente da maturação, ou, em outras palavras, estão de alguma maneira pré-formadas na criança, esperando simplesmente a oportunidade de se manifestarem". [14]

Assim, por ser contrário a várias concepções vigentes na época, ele se propôs a dar a sua resposta à crise da Psicologia e um dos pontos centrais em seu projeto foi investigar a transformação dos processos psicológicos elementares (tais como ações reflexas como a sucção do seio materno pelo bebê; reações automatizadas, como o movimento na direção de um som forte repentino; processos de associações simples entre eventos, como evitar o contato da mão com a chama de uma vela) em processos psicológicos superiores (tais como comportamento intencional, memorização ativa, ações conscientemente controladas, atenção voluntária, pensamento abstrato).

Em seu projeto, Vigotski tinha como finalidade desenvolver uma teoria histórico-cultural[15] entre muitas outras teorias da primeira metade do século XX que tentaram dar uma explicação à origem e ao desenvolvimento dos processos mentais humanos.[16]

Na Psicologia da época, era muito popular especular a respeito do desenvolvimento evolutivo na cultura humana, sugerindo que ela passava por uma longa série de desenvolvimentos desde a cultura primitiva até a forma mais suprema da civilização, ou seja, a cultura europeia do século XX. O entendimento naquele período era de que, para compreender qualquer fenômeno humano complexo, ter-se-ia que reconstruir suas formas mais primitivas e simples e acompanhar seu desenvolvimento até o seu estado atual. Dito em outras palavras, seria preciso determinar a origem e estudar a história[17] desses fenômenos. Vale aqui observar que Vigotski tinha um entendimento diferente dos psicólogos da época acerca do estudo histórico; em suas palavras:

> O conceito de uma psicologia historicamente fundamentada é mal interpretado pela maioria dos pesquisadores que estudam o desenvolvimento da criança. Para eles, estudar alguma coisa historicamente significa, por definição, estudar algum evento do passado. Por isso, eles sinceramente imaginam existir uma barreira intransponível entre o estudo histórico e o estudo das formas comportamentais presentes. *Estudar alguma coisa historicamente significa estudá-la no processo de mudança*: esse é o requisito básico do método dialético.[18] (destaque do autor)

Na elaboração de sua teoria histórico-cultural, Vigotski comparou vários aspectos psicológicos de animais e de seres humanos; do homem "primitivo" e do homem ocidental; de crianças e de adultos e, por fim, de pessoas deficientes e saudáveis. Para fazer isso, apoiou-se nos estudos e nos escritos de Karl Marx e Friedrich Engels; bem como dos psicólogos Ach, Adler, Baldwin, Binet, Karl Bühler, Pierre Janet, Wolfgang Köhler, Kurt Koffka e Werner; assim como em trabalhos do antropólogo Thurnwald; dos filósofos Lucien Lévi-Bruhl, Bacon e Spinosa; do sociólogo David Émile Durkheim e do naturalista, geólogo e biólogo Charles Darwin. Na URSS, entre os seus principais colaboradores mais conhecidos, estão Aleksandr Romanovich Luria (1902-1977) e Aleksei Nikolaievitch Leontiev (1903-1979)[19].

Durante a construção da teoria histórico-cultural, Vigotski e Luria fizeram amplo uso do trabalho de etnógrafos estrangeiros. Segundo Veer e Valsiner, ao que tudo indica, eles sentiram a necessidade de desenvolver seus próprios estudos etnográficos. Assim, foram feitas expedições a aldeias remotas na república soviética do Usbequistão chefiadas por Luria, das quais Vigotski não participou de nenhuma delas devido à sua saúde frágil por causa da tuberculose.

Segundo Veer e Valsiner, Vigotski apresentou, essencialmente, uma teoria do homem, sua origem e formação, seu estado atual entre outras espécies e um esquema para seu futuro:

> A imagem do homem que deriva dessa teoria é a do homem como um ser racional que assume o controle de seu próprio destino e emancipa-se para além dos limites restritivos da natureza. É uma imagem do homem parcialmente baseada no pensamento marxista e parcialmente baseadas nas ideias de vários filósofos, em particular, de Bacon e Spinosa.[20]

Para Veer e Valsiner, a compreensão da teoria histórico-cultural passa pela compreensão pessoal de Vigotski a respeito da origem do homem contemporâneo (o *Homo sapiens*) e sua posição relativa em comparação aos animais. Vigotski concordava com a ideia de que a evolução do homem a partir dos animais era um processo contínuo, mas afirmava que havia diferenças fundamentais entre animais e seres humanos, as quais se originaram com o início da cultura humana:

> Enquanto animais são quase totalmente dependentes da herança de traços de base genética, seres humanos podem transmitir e dominar os produtos da cultura. Dominando o conhecimento e a sabedoria incorporados na cultura humana, eles podem dar um passo decisivo no sentido da emancipação em relação à natureza. Os traços especificamente humanos, portanto, são adquiridos no domínio da cultura por meio da interação social com os outros. Argumentando desta maneira, Vygostky impunha um papel limitado à evolução biológica e à base genética do comportamento humano. O comportamento, em sua opinião, de fato possuía uma base genética, e essa base tinha sua origem na evolução biológica, mas ela estava restrita aos processos inferiores. Os processos superiores especificamente humanos desenvolviam-se na história humana e tinham que ser dominados de novo por cada criança humana em um processo de interação social.[21]

A distinção que Vigotski fazia entre a evolução biológica e história humana baseava-se nos escritos de Marx e Engels. Marx havia definido o homem como "um animal que fabrica instrumentos" e Engels havia elaborado esta concepção na obra intitulada *Dialética da natureza*[22]. Para eles, o uso de instrumentos e a linguagem eram características definidoras do homem. Por outro lado, vale observar que as ideias de Vigotski foram construídas, como mencionamos anteriormente, em parte baseadas no pensamento marxista e em parte baseada em outros pensadores da época.

Segundo Oliveira (1995), algumas das ideias marxistas que influenciaram e foram incorporadas por Vigotski são:

> - O modo de produção da vida material condiciona a vida social, política e espiritual do homem;
> - O homem é um ser histórico, que se constrói através de suas relações com o mundo natural e social. O processo de trabalho (transformação da natureza) é o processo privilegiado nessas relações homem/mundo;
> - a sociedade humana é uma totalidade em constante transformação. É um sistema dinâmico e contraditório, que precisa ser compreendido como processo em mudança, em desenvolvimento;
> - as transformações qualitativas ocorrem por meio da chamada "síntese dialética" onde, a partir de elementos presentes numa determinada situação, fenômenos novos emergem. Essa é exatamente a concepção de síntese utilizada por Vygostky ao longo de toda sua obra.[23]

Os estudos do psicólogo estoniano Wolfgang Köhler com chimpanzés, tinham sugerido que, em relação ao comportamento, não havia sido comprovada nenhuma diferença qualitativa entre animal e homem. Na ocasião, o pesquisador observou também, que aos chimpanzés faltava o inestimável instrumento técnico da fala e que eles eram muito limitados no mais importante material da inteligência, as chamadas representações. Isto implicava no fato de que "estes fatores confinavam os chimpanzés à situação imediata e impediam 'mesmo o mais tênue início de desenvolvimento cultural'", o que levou Köhler a concluir que eles não criam instrumentos para o amanhã porque não possuem a linguagem, isto é, têm um poder imaginativo limitado quanto ao tempo.[24]

Esta investigação deu a Vigotski a primeira pista, ainda que empírica, sobre a distinção qualitativa entre chimpanzés e seres humanos: os primeiros não dispunham do inestimável instrumento técnico da fala. Esta informação seria incorporada por Vigotski que considerou, mais tarde, o papel da fala como importante no comportamento inteligente. Ele incorporou também a descoberta de Köhler de que, no ponto de vista filogenético, a fala e o intelecto eram fenômenos inicialmente interdependentes.

Sobre o uso de instrumentos, Vigotski entendia que havia uma diferença qualitativa entre o uso pelos animais e pelo homem. Para ele, a história dos seres humanos era a história de artefatos, de órgãos artificiais e que estes artefatos possibilitavam que os seres humanos dominassem a natureza, assim como o instrumento técnico da fala permitiu-lhes dominar seus próprios processos mentais. Como consequência, o uso de instrumentos pelos homens era transformado em trabalho. Já nos animais, os instrumentos não desempenham um papel importante em sua adaptação ao meio ambiente.

Uma das ideias fundamentais da teoria histórico-cultural veio do filósofo e sociólogo francês Lévy-Bruhl, e proporcionou a Vigotski uma maneira útil de pensar a respeito da relação entre cultura e processos mentais: a ideia de que pessoas de diferentes culturas e épocas têm processos mentais superiores diferentes. Atento a isso, Vigotski deu o crédito a Lévy-Bruhl, reconhecendo que ele foi o primeiro a afirmar que os mecanismos do pensamento primitivo não coincidem com os do "homem cultural". Sobre isso, ele comentou:

> Ele foi o primeiro a levantar o problema do desenvolvimento histórico do pensamento. Mostrou que, por si só, o tipo de pensamento não é uma unidade constante, mas algo que muda e se desenvolve historicamente. Os investigadores que seguiram a estrada indicada por ele tentaram formular de maneira mais precisa os fatores de que depende a diferença entre os tipos históricos de pensamento do homem cultural e do homem primitivo, aquilo em que reside a peculiaridade do desenvolvimento histórico da psicologia humana.[25]

Entretanto, Veer e Valsiner observam que "dizer que pessoas de diversas culturas têm diferentes capacidades mentais superiores, mas não diferem essencialmente quanto às suas capacidades básicas, está a apenas um passo da declaração de Vigotski de que seus processos mentais superiores diferem, mas os processos inferiores são idênticos".

Lévy-Bruhl ainda forneceu muitas informações a Vigotski – a partir de observações etnográficas - de como os povos primitivos pensavam que o possibilitaram reconstruir o desenvolvimento histórico do pensamento humano e fazer comparações com a ontogenia[26] humana.

Nesse contexto, Richard Thurnwald foi um antropólogo e sociólogo austríaco cujos estudos também influenciaram a construção da teoria histórico-cultural. Considerado um etnocêntrico moderado, Thurnwald acreditava, por exemplo, que a mente moderna (entendida aqui como a mente do homem ocidental educado) era superior à mente pré-histórica e que essa superioridade não podia ser explicada por diferenças nas características biológicas, mas tinha origens culturais.[27] Para confirmar este ponto de vista, ele examinou várias culturas não-ocidentais, pois considerava haver pouca informação sobre a cultura e a mente do homem pré-histórico para se basear. Em seus estudos, ele analisava os diferentes tipos de comunidades em que as pessoas viviam, os vários tipos de tecnologia em uso, o papel das mulheres nessas comunidades, os tipos de economia, leis, música, arte, escrita e linguagem, sistemas de contagem e religião.

Nesse caminhar, segundo Veer e Valsiner, Vigotski aceitou alguns elementos do pensamento de Thurnwald, ao passo em que ignorou outros. Por exemplo, Vigotski aceitava a posição etnocêntrica de Thurnwald e concordava com a pressuposição de que "a cultura, como meio de controle e conhecimento do ambiente, não implica meramente perfeição tecnológica, mas também as capacidades cognitivas que coincidem com ela" o que seria uma das bases da teoria histórico-cultural[28]. Aceitava, também, o ponto de vista de que a inferioridade cultural desses povos não era necessariamente causada por fatores biológicos, pois sua anatomia e fisiologia não eram muito diferentes do homem ocidental educado. Porém, mesmo que Thurnwald tenha escrito que as evidências não eram todas conclusivas, "Vigostki interpretou-o como tendo afirmado que não existia nenhuma diferença biológica". Sobre isso, Veer e Valsiner chamam a atenção sugerindo que "este fato tem alguma importância, por ter sido a única evidência dada por Vigotski de sua afirmação de que os processos psicológicos inferiores – presumivelmente ligados de forma íntima à constituição biológica – eram idênticos para todos os seres humanos em diferentes culturas e épocas."[29]

Ainda segundo Veer e Valsiner, Vigotski selecionou alguns fenômenos culturais daqueles observados por Thurnwald, ao discutir as diferenças entre as várias culturas. Além de abordar o conceito de cultura do etnólogo, seu olhar se dirigiu para a linguagem, sistemas de contagem, escrita e aos temas relacionados à tecnologia para a comparação das culturas. A escolha se refere também ao fato de que "a tecnologia havia mudado radicalmente a aparência das culturas ocidentais, ao passo que nenhum progresso era evidente em outros aspectos da cultura".[30]

Para Veer e Valsiner, a investigação de Thurnwald deu a Vigotski uma maneira de pensar sobre cultura e sua relação com o pensamento e serviu como uma fonte para que produzisse conhecimento a respeito de outras culturas. Várias ideias defendidas por Thurnwald foram utilizadas por Vigotski em sua teoria, em particular, a ideia de que sistemas de signos (sistemas de contagem, escrita e fala) serviam a uma dupla função[31] e que eram semelhantes, em certo sentido, a instrumentos.

Sobre a relação entre signos e instrumentos, vários pensadores da época sugeriram que a fala poderia ser vista como um instrumento ou ferramenta do pensamento. Köhler, como mencionado anteriormente, havia concluído que, faltava aos chimpanzés "o inestimável instrumento técnico da fala". Pelo fato de serem desprovidos da fala e de representações duradouras, eles só eram capazes de resolver problemas quando o instrumento necessário era introduzido em seu campo visual.

Um tempo depois, Kurt Koffka (1886-1941), psicólogo alemão da Gestalt, sugeriu que poderíamos ver a fala humana como análogo ao uso de instrumentos pois as palavras usadas por crianças poderiam ser consideradas, em certo sentido, semelhantes à vara dada aos chimpanzés. Para Veer e Valsiner, esta "observação foi particularmente importante para Vigostki, porque foi feita em contexto filogenético e ligada a vários campos do desenvolvimento que eram de relevância vital para a antropologia marxista."[32]

A partir desta perspectiva, dos estudos etnográficos de Lévy-Bruhl e Thurnwald, e com informações oriundas de outros estudiosos, Vigotski procurou elaborar a ideia de que recursos culturais, principalmente a fala, eram, em vários sentidos, semelhantes a instrumentos.

Para Vigotski, a maneira como a inserção de signos (por exemplo, palavras, números, símbolos algébricos, obras de arte, sistema de escrita, esquemas, diagramas e mapas) mudava a estrutura psicológica era semelhante à maneira como os instrumentos mudavam as operações de trabalho. Assim, tanto o instrumento como o signo formam, para ele, uma ligação intermediária entre objeto e operação, entre objeto e sujeito. Tanto operações de trabalho quanto atos instrumentais são *atos mediados*, ou seja, envolvem um terceiro elemento que se coloca entre os seres humanos e a natureza. A diferença essencial entre atos psicológicos instrumentais e as operações de trabalho é que os signos visam a controlar a psique e o comportamento de outros e do próprio indivíduo, enquanto os instrumentos são empregados para dominar a natureza ou objetos materiais.

Segundo Veer e Valsiner, Vigotski deu a seguinte explicação peculiar do uso e significado dos instrumentos culturais na história humana:

> Os seres humanos inventaram, na história humana, um conjunto de instrumentos culturais, como o sistema quipo[33] inca, que podem ser considerados (...) signos. Com a ajuda desses signos, eles dominaram seus próprios processos psicológicos, melhorando imensamente, assim, o seu desempenho. Tal uso dos signos externos para dominar processos psicológicos internos significa que o homem domina a si próprio assim como dominou a natureza – ou seja, de fora. A história humana, então, é, por um lado, a história do domínio cada vez maior do homem sobre a natureza através da invenção de instrumentos e do aperfeiçoamento da tecnologia e, por outro lado, é a história do gradual controle do homem sobre si mesmo através da invenção da 'técnica cultural dos signos'.[34]

Para Veer e Valsiner um problema fundamental para Vigotski era apresentar uma explicação da origem da humanidade que reconhecesse as teorias de Darwin,[35]mas, ao mesmo tempo, destacasse os seres humanos como algo muito especial no reino animal. A maneira como Vigotski lidou com este problema em sua teoria histórico-cultural é apresentada por eles da seguinte maneira:

> Para ele, a antropogenia[36] pode ser dividida em dois períodos de tempo que se sobrepunham: o período muito longo da filogênese[37] e o período relativamente curto da história humana. Em sua opinião, durante a filogênese a evolução biológica havia levado ao desenvolvimento da espécie Homo sapiens que, consequentemente, tinha muitas características em comum com os animais superiores. Estas características comuns incluíam semelhanças não só na anatomia e fisiologia, mas também em processos comportamentais. Estes últimos baseavam-se no que Vygotsky denominou como processos psicológicos "naturais" ou "inferiores".[38]

Na continuação, eles comentam:

> A invenção dos instrumentos primitivos marcou o início da história humana e desencadeou todo um conjunto de desenvolvimentos biológicos e psicológicos, como o desenvolvimento da mão com um domínio maior do polegar e a expansão do cérebro humano a seu tamanho atual. Estes desenvolvimentos foram concomitantes ao desenvolvimento de sistemas de signos externos, como recursos

> mnemotécnicos[39] e a fala. O uso de vários sistemas de signos possibilitou o aumento do controle sobre a psique humana, e todas as pessoas contemporâneas fazem uso de muitos desses sistemas culturais em seu funcionamento mental. Quando os sistemas de signos eram incluídos no funcionamento mental, Vygotsky falava de processos psicológicos "instrumentais", "culturais" ou "superiores".[40]

Veer e Valsiner concluem sua explicação observando que, de fato, algumas mudanças evolutivas ocorreram durante a história humana e que "para Vigotski todas as pessoas contemporâneas faziam parte de uma única espécie e, como tal, variava, anatomicamente, fisiologicamente e, em certa medida, psicologicamente dentro de uma faixa muito estreita". Isto é, tinham em comum os processos "naturais" ou "inferiores". Porém, em relação ao funcionamento mental elas variavam de forma significativa dependendo dos vários sistemas de símbolos usados dentro das diferentes culturas. Esse aspecto levou Vigotski a concluir que "embora tendo cérebros idênticos e processos psicológicos inferiores idênticos, pessoas de diferentes substratos culturais podiam apresentar processos psicológicos superiores (como, por exemplo, o pensamento) profundamente diferentes". [41]

Segundo Veer e Valsiner, para Vigotski os sistemas de signos culturais são primeiro dominados em um ato manifesto e só mais tarde podem começar a funcionar internamente, após um processo complexo de internalização. Por exemplo, as crianças começam a contar nos dedos e só depois "na cabeça" porque elas primeiro usam recursos mnemônicos externos e só mais tarde passam aos recursos internos. Este entendimento

> "implicava que o pensamento humano e processos psicológicos superiores em geral, são primariamente atos manifestos conduzidos como materiais objetivos da cultura comum, e apenas secundariamente uma questão privativa. A origem de todos os processos psicológicos superiores, especificamente os humanos, não pode, portanto, ser encontrado na mente ou no cérebro de uma pessoa individual, mas deve ser procurada nos sistemas de signos sociais "extracerebrais" que uma cultura proporciona".[42]

Portanto, a ideia central da teoria histórico-cultural foi a de que os processos psicológicos inferiores seriam os mesmos para todas as pessoas, ao passo que os processos psicológicos superiores diferiríam entre pessoas pertencentes a diferentes culturas.

Passaremos, agora, a analisar mais detidamente algumas noções centrais da teoria com o objetivo de aprofundar nosso entendimento de alguns pressupostos básicos da teoria histórico-cultural.

Como vimos anteriormente, Vigotski introduziu na psicologia soviética da época uma concepção de consciência de origem social, opondo-se tanto às vertentes subjetivistas e idealistas como às que pretendiam encontrar nos reflexos a base explicativa dos processos psicológicos. Para ele, o sujeito não é nem anterior ao contato com o mundo de objetos e pessoas – isto é, constituído *a priori*, nem reflexo passivo do meio. O sujeito é constituído *na* e *pela* relação com a sua cultura, sendo ele próprio membro constituinte dessa cultura.

Em sua abordagem histórico-cultural, Vigotski indicou que as funções psicológicas superiores do indivíduo - isto é, aquelas especificamente humanas - têm suas origens na vida social, cuja formulação foi expressa em sua "lei genética[43] geral do desenvolvimento cultural":

> Qualquer função no desenvolvimento cultural da criança aparece duas vezes ou sobre dois planos. Primeiro aparece no plano social, e só então no plano psicológico. Inicialmente aparece entre pessoas como uma categoria interpsicológica, e, então, no interior da criança, como uma categoria intrapsicológica. Isso é igualmente verdade em relação à atenção voluntária, à memória lógica, à formação de conceitos e ao desenvolvimento da volição [...]. É desnecessário dizer que a interiorização[44] transforma o próprio processo e altera sua estrutura e funcionamento.[45]

Com efeito, Vigotski desenvolveu sua concepção de que a relação do homem com o mundo não é uma relação direta, mas uma relação mediada. Dessa forma, a atividade humana, tanto no plano interpsicológico quanto no plano intrapsicológico, pode ser entendida apenas se levarmos em consideração os "instrumentos técnicos" e os "instrumentos psicológicos" que fazem a mediação dessa atividade. Nesse sentido, Moll observa que: "Estas formas de mediação, as quais são produtos do meio sociocultural no qual existem, não são vistas como simplesmente facilitadoras de atividades que, de outro modo não aconteceriam. Em vez disso, são vistas como fundamentalmente formadoras e definidoras dessas atividades".[46]

O funcionamento mental superior mediado por instrumentos foi um tema que Vigotski desenvolveu fundamentado nas ideias de Engels, nos postulados marxistas e nas concepções de outros pensadores da época. Como vimos anteriormente ele buscou entender as características do homem a partir de estudo da origem e do desenvolvimento da espécie humana, considerando o surgimento do trabalho (transformação da natureza) e a formação da sociedade tendo o trabalho como a base da diferença do homem com outros animais: é o trabalho que, pela ação transformadora do homem sobre a natureza, une homem e natureza e cria a cultura e a história humana. No trabalho desenvolvem-se, por um lado, a atividade coletiva e, portanto, as relações sociais; por outro lado, há a criação e utilização de instrumentos.

Quando os homens começaram, por exemplo, a construir suas habitações, as ferramentas que utilizaram – seus instrumentos – foram feitos para atender a um certo objetivo. Assim, o instrumento carrega consigo a função para o qual foi criado e passa a ser um objeto social que vai mediar a relação do homem e seu objeto de criação. Logo, o instrumento é um elemento interposto entre o trabalhador e o objeto de seu trabalho, ampliando as possibilidades de transformação da natureza.

Vigotski então observou que o homem também utilizou vários meios auxiliares, análogos aos instrumentos para solucionar seus problemas psicológicos. Sobre isso, ele comenta: "A invenção e o uso de signos como meios auxiliares para solucionar um dado problema psicológico (lembrar, comparar coisas, relatar, escolher, etc.) são análogos à invenção e uso de instrumentos, só que agora no campo psicológico. O signo age como um instrumento da atividade psicológica de maneira análoga ao papel de um instrumento no trabalho".[47]

Entretanto, o psicólogo chama atenção para o fato de que esta analogia; não implica necessariamente em uma identidade desses dois conceitos similares. Há aspectos similares e comuns partilhados pelos dois tipos de atividade, mas há também diferenças fundamentais entre eles.

O que há de comum entre signo e instrumento é o fato de que ambos possuem a função mediadora que os caracteriza. Logo, para Vigotski, a partir da perspectiva psicológica, eles estão incluídos na mesma categoria dentro do conceito mais geral de atividade indireta (mediada[48]).

Por outro lado, a diferença mais essencial entre signo e instrumento, segundo Vigotski, consiste nas diferentes maneiras com que eles orientam o comportamento humano. No caso do instrumento, sua função "é servir como um condutor da influência humana sobre o objeto da atividade; ele é orientado *externamente*; deve necessariamente levar a mudanças nos objetos. Constitui um meio pelo qual a atividade humana externa é dirigida para o controle da natureza". O signo, por sua vez, "não modifica em nada o objeto da operação psicológica. Constitui um meio da atividade interna dirigida para o controle do próprio indivíduo; o signo é orientado *internamente*". Ele então conclui que "essas atividades são tão diferentes uma da outra, que a natureza dos meios por elas utilizados não pode ser a mesma".[49]

Assim, na continuação, Vigotski discute o que une essas duas atividades e trata do elo de seus desenvolvimentos na filogênese e na ontogênese. Sobre isso ele observa:

> O controle da natureza e o controle do comportamento estão mutuamente ligados, assim como a alteração provocada pelo homem sobre a natureza altera a própria natureza do homem. Ele observa que, na filogênese, podemos reconstruir uma ligação através de evidências documentais fragmentadas, porém convincentes, enquanto na ontogênese podemos traçá-la experimentalmente".[50]

Como exemplo, de um estudo experimental com criança, Vigotski sugere a análise do desenvolvimento do gesto de apontar. Assim, no estágio inicial do desenvolvimento da criança, o apontar é representado pelo movimento que sugere que ela está indicando um objeto. Quando sua mãe vem em ajuda e nota que o seu movimento indica alguma coisa, a situação muda fundamentalmente. O apontar torna-se um gesto para os outros. Como consequência, o significado primário de seu movimento malsucedido de pegar algo é estabelecido por outros.

Somente mais tarde, quando a criança associa o seu movimento à situação objetiva como um todo, é que ela, de fato, começa a compreender esse movimento como um gesto de apontar. Então, nesse momento, ocorre uma mudança na função do movimento: de um movimento orientado pelo objeto, torna-se um movimento dirigido para outra pessoa, um meio de estabelecer relações. Dessa forma, o movimento de pegar transforma-se no ato de apontar.

Como consequência dessa mudança, o próprio movimento é, então, fisicamente simplificado, e o que resulta é a forma de apontar que podemos chamar de um verdadeiro gesto. Conforme Vigotski, "ele só se torna um gesto verdadeiro após manifestar objetivamente para os outros todas as funções do apontar, e ser entendido também pelos outros com tal gesto. Suas funções e significados são criados, a princípio, por uma situação objetiva, e depois pelas pessoas que circundam a criança". A esse processo de reconstrução interna de uma operação externa Vigotski denominou de internalização.

De acordo com Vigotski, o gesto de apontar ilustra que o processo de internalização consiste numa série de transformações, a saber: a) uma operação que inicialmente representa uma atividade externa é reconstruída e começa a ocorrer internamente; b) um processo interpessoal é transformado num processo intrapessoal; c) a transformação de um processo interpessoal num processo intrapessoal é o resultado de uma longa série de eventos ocorridos ao longo do desenvolvimento. Assim, o autor conclui que "a internalização de formas culturais do comportamento envolve a reconstrução da atividade psicológica tendo como base as operações com signos".

Nesse sentido, Guilhermo Blanck apresenta um interessante comentário sobre internalização (ou interiorização, como prefere dizer) nos seguintes termos:

> Algumas interpretações precipitadas do conceito de interiorização da cultura pelo homem retratam algumas vezes o sujeito simplesmente como uma simples página em branco, sobre a qual a cultura é impressa ignorando, nesse processo, o papel da atividade social do sujeito. Para Vygotsky, a personalidade principia a formar-se no nascimento, desenvolvendo-se desde então de uma maneira dialética. Uma vez que o primeiro esquema de organização interno seja formado, é então a partir dessa estrutura que o sujeito ativamente começa a selecionar os elementos que serão por ele incorporados. Esse é o papel do sujeito na construção de sua própria configuração de personalidade. (Certamente, isso não significa que a seleção seja deliberada.) Entretanto, somos diferentes um dos outros não apenas porque somos marcados por aspectos diferentes do meio ambiente, mas porque interiorizamos de uma forma consoante com nossa estrutura de personalidade em desenvolvimento, a partir de um sentido pessoal e em um contexto de nossa atividade social específica, única e individual.[51]

De maneira complementar, o autor supracitado observa que "o processo de interiorização, não é apenas uma mera transferência de uma atividade externa para o plano interno, preexistente, de consciência, mas o processo no qual esse estágio interno é formado" e conclui que "Seres humanos são cultura interiorizada".[52]

Um dos problemas fundamentais da psicologia soviética na época era a relação entre aprendizagem e desenvolvimento. A base teórica para o estudo desta relação, foi apresentada por Vigotski ao observar que as teorias mais importantes referentes à relação entre desenvolvimento e aprendizagem na criança podiam ser agrupadas em três categorias fundamentais quanto ao tipo de solução proposta.

A primeira solução supõe que o processo de desenvolvimento é independente do processo de aprendizagem. A aprendizagem é entendida como um processo exterior e que, em certa medida, acontece em paralelo ao processo de desenvolvimento da criança e não participa ativamente deste processo e nem o modifica. Tal processo utiliza os resultados do desenvolvimento, em vez de adiantar o seu curso e de mudar a sua direção. Para Vigotski, Piaget é um representante desta concepção, que estudou o desenvolvimento do pensamento da criança de forma completamente independente do processo de aprendizagem. Assim, para os adeptos dessa concepção o curso do desenvolvimento e da maturação precede sempre o da aprendizagem, ou seja, a aprendizagem segue sempre o desenvolvimento. Sendo assim, uma implicação dessa perspectiva é que o processo educativo pode apenas limitar-se a seguir a formação mental.[53]

A segunda solução proposta para o problema da relação entre aprendizagem e desenvolvimento postula exatamente a posição oposta à anterior: aprendizagem é desenvolvimento. Esta perspectiva teórica considera "que existe um desenvolvimento paralelo dos dois processos, de modo que cada etapa da aprendizagem corresponda uma etapa do desenvolvimento"[54]. Nessa direção, o desenvolvimento e a aprendizagem, como observa Vigotski, sobrepõem-se constantemente, como duas figuras geométricas perfeitamente iguais e, como consequência o princípio fundamental desta concepção é a simultaneidade e a sincronização entre os dois processos.

A terceira solução proposta aponta que o desenvolvimento é um processo independente daquele da aprendizagem (conforme a primeira proposta), mas que a aprendizagem, no decurso da qual a criança adquire toda uma nova série de formas de comportamento é coincidente com o desenvolvimento (conforme a segunda posição apresentada). Ela busca, então, conciliar os dois extremos das teorias anteriores fazendo-os coexistir. Um representante desta concepção para Vigotski é a teoria do psicólogo Kurt Koffka para quem o desenvolvimento mental da criança se caracteriza por dois processos: a maturação, por um lado, que depende diretamente do desenvolvimento do sistema nervoso, e, de outro lado, a aprendizagem – que é em si mesma o processo de desenvolvimento. Esses eventos são conexos, mas de natureza distinta e se condicionam mutuamente.

Segundo Vigotski, para Koffka, na relação entre os dois processos, o desenvolvimento se refere a um âmbito mais amplo do que a aprendizagem. Conforme esse autor, essa relação pode ser expressa esquematicamente por dois círculos concêntricos em que o maior representa o desenvolvimento e o menor, o processo de aprendizagem.

Vigotski, no entanto, rejeitou as três perspectivas teóricas e apresentou uma solução para o problema. Ele sugeriu tomar como ponto de partida o fato de que "a aprendizagem da criança começa muito antes do aprendizado escolar"[55]. Para ele, quando a criança chega à escola, ela já tem uma aprendizagem anterior fora da escola. Ele exemplifica esta afirmação sugerindo que a criança que começa a estudar aritmética na escola, já teve experiências anteriores referentes à quantidade, necessitando, nessas circunstâncias, ter que lidar com operações aritméticas, simples e complexas. Outrossim, essa criança aprende a língua dos adultos ao fazer perguntas e receber respostas e adquire um conjunto de informações dadas por esses adultos. Logo, o autor pontua que a aprendizagem e o desenvolvimento não são processos cujo primeiro contato se dá somente na idade escolar, mas estão ligados entre si desde os primeiros dias de vida da criança.

O pesquisador então apresenta o problema de como ocorre a relação entre aprendizagem e desenvolvimento a partir de duas questões: 1ª) qual é a formulação geral da relação entre os processos de aprendizagem e desenvolvimento? 2ª) quais são as características específicas desta inter-relação na idade escolar?

Vigotski se propõe a responder às duas questões, iniciando pela segunda, pois ela permite esclarecer a primeira e sugere que a resposta foi fundamentada nos resultados de investigações que constituem na teoria da área de desenvolvimento potencial e em considerações recentes, na época.

Ele sugere, por exemplo, que quando se pretende definir a efetiva relação entre processo de desenvolvimento e capacidade potencial de aprendizagem, não seria desejável limitar a um único nível de desenvolvimento, sendo necessário determinar pelo menos dois níveis de desenvolvimento de uma criança. Só assim seria possível encontrar a referida relação.

Ao primeiro dos níveis, ele denominou de desenvolvimento efetivo da criança, o qual ele esclarece da seguinte maneira: "Entendemos por isso o nível de desenvolvimento das funções psicointelectuais da criança que se conseguiu como resultado de um específico processo de desenvolvimento, já realizado".[56]

Vigotski então observou que, quando se estabelece a idade mental da criança a partir de testes, o que se determina é o nível de desenvolvimento efetivo e ele não indica completamente o estado de desenvolvimento da criança. Assim, por exemplo, se submetemos duas crianças a testes, ambas com a mesma idade mental estabelecida de sete anos, e durante o processo elas são auxiliadas na resolução – por exemplo, pelo fornecimento de pistas -, poderão surgir diferenças substanciais entre elas: pode ocorrer que uma das crianças resolva facilmente os testes, superando em dois anos o seu nível de desenvolvimento efetivo, e pode acontecer que a outra supere em meio ano o seu nível de desenvolvimento efetivo. Logo, apesar da mesma idade mental, sob a perspectiva das futuras potencialidades de desenvolvimento, as duas crianças seriam radicalmente diferentes. A partir de observações dessa natureza, Vigotski comenta:

> O que uma criança é capaz de fazer com o auxílio dos adultos chama-se zona de seu desenvolvimento potencial. Isto significa que com o auxílio deste método podem medir não só o processo de desenvolvimento até o momento presente e os processos de maturação que já se produziram, mas também os processos que estão ocorrendo ainda, que só agora estão amadurecendo e desenvolvendo-se.[57]

Ele observa, ainda, que "o que a criança pode fazer hoje com o auxílio dos adultos, poderá fazê-lo amanhã por si só" e então conclui reforçando, com base no exemplo das crianças, que o estado de desenvolvimento mental da criança só pode ser determinado referindo-se pelo menos a dois níveis: o nível de desenvolvimento efetivo e a área de desenvolvimento potencial[58].

Vale ressaltar que Vigotski chamou a atenção para o fato de que, quando uma criança não consegue resolver um problema sozinha, mas o faz em colaboração com outras crianças, ou com a ajuda do professor, a solução não era vista como um indicativo de seu desenvolvimento mental. A esse respeito, ele comenta: "Esta 'verdade' pertencia ao senso comum e era por ele reforçada. Por mais de uma década, mesmo os pensadores mais sagazes nunca questionaram este fato; nunca consideraram a noção de que aquilo que a criança consegue fazer com a ajuda dos outros poderia ser, de alguma maneira, muito mais indicativo de seu desenvolvimento mental do que aquilo que consegue fazer sozinha".[59]

Nessa mesma direção, o papel da imitação no aprendizado não era visto também como um indicativo de desenvolvimento mental. A imitação era entendida como uma atividade mecânica, porém, segundo Vigotski, os psicólogos haviam demonstrado que uma pessoa só consegue imitar aquilo que está no seu nível de desenvolvimento. Assim, "para imitar, é necessário possuir os meios para se passar de algo que já se conhece para algo novo".[60]

Com base em suas investigações, Vigotski apresenta o que considera uma lei fundamental do desenvolvimento das funções psicointelectuais superiores na criança, mencionada anteriormente, configurada pelas funções especificamente humanas formadas no decurso da história do gênero humano e que se constitui um processo absolutamente único, apresentado nos seguintes termos:

> Todas as funções psicointelectuais superiores aparecem duas vezes no decurso do desenvolvimento da criança: a primeira vez nas atividades coletivas, nas atividades sociais, ou seja, como funções interpsíquicas; a segunda, nas atividades individuais, como propriedades internas do pensamento da criança, ou seja, como funções intrapsíquicas.[61]

Como modelo exemplar dessa lei, Vigotski apresenta o desenvolvimento da linguagem, que tem sua origem primeiro como meio de comunicação entre a criança e as pessoas a sua volta e só depois é convertida em linguagem interna, se transformando em função mental interna que fornece os meios fundamentais ao pensamento da criança.

Com respeito à aprendizagem, Vigotski constatou que ela influencia no desenvolvimento geral das funções psicointelectuais superiores na infância. Segundo ele, a característica essencial da aprendizagem é que ela cria a área de desenvolvimento potencial, isto é, "faz nascer, estimula e ativa na criança um grupo de processos internos de desenvolvimento dentro do âmbito das inter-relações com outros, que na continuação são absorvidos pelo curso interior de desenvolvimento e se convertem em aquisições internas da criança".[62] Assim, a "aprendizagem desperta vários processos internos de desenvolvimento, que são capazes de operar quando a criança interage com pessoas em seu ambiente e quando em cooperação com seus companheiros. Uma vez internalizados, esses processos tornam-se parte das aquisições de desenvolvimento independente da criança".[63]

Porém, o referido psicólogo observou também que considerada sob este ponto de vista, a aprendizagem não é em si mesma desenvolvimento. Entretanto, uma organização adequada da aprendizagem da criança pode resultar em desenvolvimento mental, e por em movimento vários processos de desenvolvimento que, de outra forma, seriam impossíveis de acontecer. Por esse motivo, a aprendizagem – em seu papel de fonte de desenvolvimento - é um momento necessário e universal para que se desenvolva na criança essas características humanas não naturais, mas formadas historicamente.

Portanto, respondendo à primeira questão proposta, Vigotski apresenta uma formulação geral da relação entre os processos de aprendizagem e o desenvolvimento nos seguintes termos: "o processo de desenvolvimento não coincide com o da aprendizagem, o processo de desenvolvimento segue o da aprendizagem, que cria a área de desenvolvimento potencial". Esta afirmação sugere que a "aprendizagem e desenvolvimento da criança, ainda que diretamente ligados, nunca se produzem de modo simétrico e paralelo"[64].

Em resumo, para Vigotski, a aprendizagem pressupõe uma natureza social e um processo através do qual as crianças entram na vida intelectual de todos aqueles que a cercam. Segundo ele, "um aspecto essencial do aprendizado é o fato dele criar a zona de desenvolvimento proximal. Além disso, o aprendizado desperta vários processos internos de desenvolvimento, que são capazes de operar somente quando a criança interage com pessoas em seu ambiente e quando em cooperação com seus companheiros. Uma vez internalizados, esses processos tornam-se parte das aquisições do desenvolvimento independente da criança[65]. Assim, o ensino constrói-se sobre funções psicológicas que ainda não amadureceram e, como consequência, conforme observou Vigotski, cada passo dado pela criança no processo de aprendizagem representa dois passos no desenvolvimento cognitivo. Com base nesse entendimento, ele afirmou que o ensino só é efetivo, quando aponta para o caminho do desenvolvimento e que o bom ensino é aquele que se adianta ao desenvolvimento.

Diante dessa perspectiva, quando consideramos os processos de ensino e aprendizagem na escola, os alunos não deveriam se constituir em um grupo passivo de ouvintes pouco interessados e "dominados" por um professor que detém e transmite o conhecimento, mas pelo contrário, ambos deveriam se constituir em um coletivo, um grupo de pessoas que interagindo entre si, possuem um objetivo comum. Nesse grupo, quando um aluno não é capaz de realizar uma tarefa sozinho, existe a possibilidade real de realizá-la a partir da colaboração do professor e dos colegas e, com ajuda deles, lograr êxito no processo. Assim, a metáfora que descreve o sujeito vigotskiano, em seu processo exógeno de aprendizagem, é a do pequeno aprendiz solidário.

A noção de atividade proposta por Leontiev

A teoria da atividade foi desenvolvida por Aleksei Nikolaievitch Leontiev em oposição à psicologia vigente na época, em particular, às concepções idealistas, que, baseadas no esquema estímulo-resposta viam o sujeito como passivo às influências externas, condicionado por sua organização congênita e seu aprendizado. Leontiev se opunha também à visão dos psicólogos que acreditavam que o psiquismo surgia do próprio sujeito, de seu cérebro; os quais não percebiam que os processos que mediam a relação do sujeito com o mundo real são sempre inicialmente externos e práticos, vindo a adquirir a forma de atividade interna, a atividade da consciência. Será a análise da atividade, que em se constituindo no ponto decisivo e no principal método do conhecimento científico da reflexão psíquica da consciência, a saída para a resolução do problema que Leontiev pretendia resolver. Ele observa:

> Mas o que é a vida humana? Ela é um conjunto, mais precisamente, o sistema de atividades que se substituem. É na atividade que ocorre a transição do objeto para sua forma subjetiva, para a imagem; ao mesmo tempo, na atividade, também é realizada a transição da atividade para seus resultados objetivos, para seus produtos. Tomada desse ângulo, a atividade aparece como um processo no qual as transições recíprocas entre os polos "sujeito-objeto" são contraídas.[66]

Na continuação, ele comenta:

> A atividade é uma unidade molecular, não uma unidade aditiva da vida do sujeito material, corporal. É um sentido mais rigoroso, ou seja, *no nível psicológico*, é a unidade da vida mediada pela reflexão psicológica, cuja função real consiste em guiar o sujeito no mundo objetivo. Em outras palavras, a atividade não é uma reação ou um conjunto de reações, mas um sistema que possui estrutura, suas transições e transformações internas, seu desenvolvimento.[67] (destaque nosso)

Segundo Wertsch (1988), Leontiev "acreditava que uma atividade não pode ser reduzida a outras unidades de análise, como vínculos estímulo-resposta, unidades, ações ou operações de processamento de informações"[68]. Assim, seu objetivo foi compreender o desenvolvimento do psiquismo como resultado da atividade do sujeito frente à materialidade circundante e não mais abstraídos ou deslocados desta. Ele procurou superar a noção de psíquico como isolada da vida real. Bem como, a noção de consciência como algo que permanece essencialmente a mesma no decorrer das transformações sociais e históricas. Este foi o objetivo que o conceito de atividade buscou alcançar.

Para entrarmos na concepção de atividade caracterizada por Leontiev devemos considerar, de antemão, sua advertência: "quaisquer que sejam as condições e formas em que a atividade do homem ocorra, qualquer que seja a estrutura que ele assuma, não pode ser considerada como separada das relações sociais, da vida da sociedade. Além de tais relacionamentos, essa atividade não existe".[69]

Partiremos da caracterização de atividade para analisar sua estrutura. A noção foi expressa por Leontiev nos seguintes termos:

> Por atividade, designamos os processos psicologicamente caracterizados por aquilo a que o processo, como um todo, se dirige (seu objeto), coincidindo sempre com o objetivo que estimula o sujeito a executar esta atividade, isto é, o motivo.[70]

Para Leontiev, de acordo com a formulação acima, nem todos os processos devem ser vistos como atividade, ele observa:

> Por esse termo designamos aqueles processos que, realizando as relações do homem com o mundo, satisfazem uma necessidade especial correspondente a ele. Nós não chamamos atividade um processo como, por exemplo, a recordação, porque ela em si mesma, não realiza, via de regra, nenhuma relação independente com o mundo e não satisfaz qualquer necessidade especial.[71]

Com o objetivo de entender a caracterização de Leontiev iniciamos observando que a atividade, no sentido proposto por ele, é um *processo psicológico consciente* do sujeito. É, portanto, uma atividade interna que possui uma correlação com a atividade externa.

Segundo Leontiev a ideia de atividade esteve ligada, em sua origem a um significado geral e coletivo do conceito. Mas, para ele, estritamente falando, "sempre lidamos com atividades particulares[72], cada uma das quais responde a uma determinada necessidade do sujeito, tende para o objeto dessa necessidade, desaparece quando essa necessidade é satisfeita e se reproduz novamente, talvez já em condições totalmente diferentes e modificadas".[73]

De sua definição, identificamos quatro condições caracterizadoras da atividade. A primeira condição é que *toda atividade nasce de uma necessidade*"[74]. Segundo Leontiev, "a atividade do homem está dirigida a satisfazer suas necessidades". Ele observa que existem características gerais comuns às necessidades tanto nos homens quanto nos animais. Segundo ele, "o traço principal e primeiro de toda necessidade é que esta tem um objetivo", isto é, a necessidade está sempre ligada ao desejo de algo, de um objeto material ou de um resultado. Assim, não se pode caracterizar uma necessidade se não se conhece seu objetivo, se não se expressa seu conteúdo: há necessidade de alimento, há necessidade de conhecimento, há necessidade de resolver um problema.

De fato, Leontiev observa que o encontro da necessidade com o objeto da atividade é um ato extraordinário. Para ele,

> o processo de desenvolvimento do conteúdo objetivo das necessidades, obviamente, não é unilateral; tem outro aspecto, é que o objeto da atividade em si é descoberto para o sujeito como se ele respondesse a uma ou outra de suas necessidades. Dessa forma, as necessidades estimulam a atividade e a direcionam por parte do sujeito, mas elas só podem cumprir essa função se forem objetivas".[75]

O segundo traço fundamental, sugerido por ele, "consiste no fato de que toda necessidade adquire um conteúdo concreto segundo as condições e a maneira como se satisfaz". Isto é, as necessidades caracterizam-se pelo seu conteúdo objetivo, e este se determina pelas condições do meio exterior.

O terceiro traço das necessidades, indicado por Leontiev, é que uma necessidade pode se repetir. Um bom exemplo desta característica pode ser observado quando olhamos para as nossas necessidades elementares diárias, tais como, as necessidades de comida e de água.

Leontiev chama ao quarto traço geral de todas as necessidades, de lei mais geral do desenvolvimento, que "consiste no fato de que estas se desenvolvem à medida que se amplia o círculo de objetos e de meios para satisfazê-las". Quando nossas necessidades básicas de alimentação, saúde e segurança são satisfeitas, podemos ampliar nossas demandas como, por exemplo, a necessidade de conhecimento e a necessidade de "consumir" arte. Porém, o psicólogo chama a atenção para o seguinte fato:

> Todavia, em si, a necessidade não pode determinar a orientação concreta de uma atividade pois é apenas no objeto da atividade que ela encontra a sua determinação: deve por assim dizer, encontrar-se nele. Uma vez que a necessidade encontra a sua determinação no objeto (se "objetiva" nele), o dito objeto torna-se motivo da atividade, aquilo que o estimula.[76]

Assim, como mencionamos anteriormente, a simples existência de uma necessidade não é suficiente para que se realize uma atividade. Isso leva a segunda condição da atividade: *deve existir por parte do sujeito um objetivo preciso que o estimula a executar a atividade para satisfazer uma necessidade determinada, o qual é denominado o motivo da atividade.* Nas palavras de Leontiev, o motivo da atividade é "aquilo que, refletindo-se no cérebro humano, excita-o a agir e dirige a ação a satisfazer uma necessidade determinada". Para ele, não existe atividade sem motivo e uma atividade "desmotivada" não passa de uma atividade com um motivo subjetivo ou oculto; uma vez que o conceito de atividade está necessariamente vinculado ao conceito de motivo.

A terceira condição da atividade é: *deve existir, para o sujeito, uma direção concreta determinada, um fim consciente, para onde o processo como um todo se dirige: o objeto da atividade.*

A quarta e última condição da atividade é: *o motivo e o fim têm que coincidir para que a atividade aconteça.*

Assim, em resumo, atividade, no sentido proposto por Leontiev, é um processo psicológico consciente do sujeito e, portanto, é uma atividade interna em que as seguintes condições devem ser satisfeitas:

(i) Surge de uma necessidade;

(ii) Existe por parte do sujeito, um objetivo preciso que o estimula a executar a atividade para satisfazer uma necessidade determinada, denominada o motivo da atividade.

(iii) Existe, para o sujeito, uma direção concreta determinada, um fim; denominado o objeto da atividade;

(iv) Motivo e fim devem coincidir na atividade.

Vejamos um exemplo que ajudará a elucidar essas condições, a partir de uma atividade humana específica: o trabalho. A atividade laboral foi entendida por Marx como um processo que ligava o homem à natureza, o processo de ação e transformação do homem sobre a natureza. Segundo Leontiev, o trabalho é caracterizado por dois elementos interdependentes: um deles é o uso e fabrico de instrumentos e o outro elemento é que ele acontece em condições de atividade comum coletiva, em que os homens entram em relação com outros homens. O trabalho é, portanto, mediatizado, desde sua origem, simultaneamente pelo instrumento e pelos outros membros da sociedade.

Consideremos a seguinte situação: no ano de 2020 o mundo foi tomado por um vírus letal e, uma pandemia surgiu criando uma crise mundial que colocou em risco as mais robustas economias do mundo e a vida das pessoas. Por conhecer pouco sobre o vírus e por constatar seu efeito catastrófico na sociedade, os governantes e representantes da sociedade civil sugeriram as únicas medidas possíveis para conter a proliferação da doença gerada pelo chamado coronavírus: o uso de máscara e o isolamento entre as pessoas. Entendeu-se, em pouco tempo, que a única possibilidade de se retornar a uma possível vida "normal", seria encontrando uma vacina que imunizasse as pessoas.

Frente a este problema social e científico, existem em vários lugares do mundo trabalhadores que se reúnem para resolver problemas dessa natureza. Eles são os pesquisadores que, em geral, constituem uma equipe multidisciplinar de especialistas que se reúne para resolver o problema.[77]

Na corrida contra suas concorrentes, uma empresa farmacêutica, resolveu contratar um pesquisador com grande potencial para obter a vacina: um médico infectologista com experiência no assunto.

Nesse cenário, gostaríamos de analisar se o trabalho para o qual o médico vai se candidatar trata-se, psicologicamente, de um processo que poderemos chamar de atividade. Mas, como observa Leontiev, não podemos responder diretamente a esta questão "pois a caracterização psicológica do processo considerado exige que aquilo que ele representa para o próprio sujeito seja precisado, o que requer já um mínimo de análise psicológica do processo"[78]. Para isso, analisaremos uma possível entrevista de contratação do pesquisador da situação ora trazida como ilustração. Assim, teríamos:

> Entrevistador: Senhor, nossa empresa está interessada em obter uma vacina para o coronavírus. Seu nome foi selecionado como nossa primeira opção, mas gostaríamos de saber se tem interesse em liderar a pesquisa em nosso laboratório?
>
> **Pesquisador**: Quando vocês fizeram o contato, entendi que esta é a hora para a qual sempre me preparei, anos de formação, de estudo, a vivência a partir de várias experiências com vírus e a oportunidade de ser útil. Tenho visto pela TV que as pessoas estão morrendo em todo o mundo, e gostaria de poder salvar pessoas. Tenho, sim, interesse.
>
> **Entrevistador**: Que bom, mas gostaria de saber se o valor sugerido para o pagamento pelo seu trabalho é satisfatório?
>
> **Pesquisador**: O meu interesse em vir para este laboratório é a possibilidade de que com a alta tecnologia que vocês possuem, eu possa, em pouco tempo, encontrar a vacina e salvar o maior número de vidas.
>
> **Entrevistador**: Perfeito! Mas o senhor entende para o que está sendo contratado?
>
> **Pesquisador**: Sim, chegar a uma vacina no menor tempo possível.

Observamos, assim, que, da perspectiva do pesquisador, existe uma necessidade que se coloca e que ele vai procurar satisfazê-la. O caminho possível, dentro de suas possibilidades; enquanto membro de um grupo de pesquisa especializado é criar uma vacina para imunizar as pessoas pelo mundo: este é o *objeto* do seu esforço, um fim a ser alcançado. Nesse momento, o motivo - salvar vidas – e o fim – ter uma vacina – por estarem alinhados, unem-se, caracterizando a atividade desse sujeito.

Em sua *atividade externa* suas ações podem ser isolar o vírus, analisar seu genoma, injetar o vírus numa cultura de células, e se reunir com o grupo de pesquisadores para obter informações sobre todo o processo. Suas operações são feitas utilizando microscópio eletrônico, analisando as informações no computador; e verificando amostras em tubos de ensaio.

Por outro lado, sua *atividade interna* pode ser composta de várias ações: ele considera que é preciso determinar os componentes do patógeno que vai integrar a vacina e gerar reposta do sistema imunológico; identificar qual antígeno daquele patógeno gera boa resposta imunológica e se essa resposta imunológica é capaz de eliminar o patógeno para o qual foi criada. O pesquisador precisa, então, tomar decisões sobre que técnica utilizar entre diferentes possibilidades: algumas usam vírus inativo e outras apenas o material genético do invasor para estimular resposta imunológica das pessoas; ou ainda, se será preciso criar uma nova técnica. Para tanto, ele seleciona informações relevantes; e avalia que quando a vacina for criada, precisará saber se ela não é tóxica; assim como verificar se ela induz, realmente, anticorpos neutralizantes em humanos.

Um mês após a contratação, a empresa contrata outro pesquisador – um virologista - para liderar a equipe de desenvolvimento da vacina e ao infectologista é dada uma nova função na equipe. Ele não irá mais trabalhar diretamente com a busca por uma vacina. A ele foi conferida a incumbência de, a partir da revisão da literatura sobre o tema, atualizar o grupo sobre as novas informações sobre o vírus geradas por outros pesquisadores. Além disso, ele deve analisar estudos anteriores sobre doenças causadas por vírus e que técnicas foram utilizadas. Essa passará a ser a sua participação na atividade a partir de então.

Em sua ação de revisar a literatura, ele observa, por exemplo, que a varíola foi a única doença pandêmica erradicada até hoje, em 1980; e que isso só foi possível porque não havia hospedeiro animal. Já os vírus, do tipo corona, têm sua origem em animais (morcegos, por exemplo). Por outro lado, ele observa que doenças como sarampo, caxumba, tétano, coqueluche e rubéola, também tiveram vacina, mas não foram erradicadas; ainda estão entre nós. Ele verifica se existe alguma comparação possível entre a Covid-19 com outras doenças pandêmicas como a gripe espanhola e o HIV/Aids, e conclui que não há similaridades entre COVID-19 e a HIV/Aids, pois os modos de transmissão são completamente diferentes e por este motivo requerem planos de contenção diferentes. No caso da gripe espanhola, ele observa que a pandemia gerada é mais comparável à do novo coronavírus pois ambas são transmitidas pelo ar e exigem ações muito parecidas dos indivíduos, dos governos e do sistema público. Sobre a gripe espanhola, ele conclui que houve indícios de que o vírus sofreu uma mutação que o tornou menos letal e que mesmo assim a pandemia durou três anos e matou entre 50 e 100 milhões de pessoas.

Dentro dos nossos interesses chamamos a atenção para o importante fato de que, ao olhar sua participação atual na equipe suponhamos que seu motivo continue o mesmo – salvar vidas -, mas sua finalidade passou a ser produzir informações relevantes ao grupo e não mais encontrar a vacina. Nesse caso, o motivo não coincide mais com o objetivo da atividade, isto é, com aquilo para o qual ela se dirige – ter uma vacina. Assim, apesar, de residir na atividade coletiva da qual faz parte, seu motivo não coincide com o fim da atividade.

Para diferenciar os processos psicológicos, nas duas situações vividas pelo pesquisador, envolvido em uma atividade de trabalho, Leontiev denominou o primeiro deles de Atividade e o segundo de Ação. Para ele, a "ação é um processo cujo motivo não coincide com o seu objetivo (isto é, com aquilo para o qual ele se dirige), mas reside na atividade da qual ele faz parte"[79]. A relação entre atividade e ação é descrita da seguinte maneira:

> A delimitação de ações orientadas a objetivos como componentes do conteúdo de atividades concretas naturalmente levanta o problema das relações internas que as vinculam. (...) *A atividade humana existe apenas na forma de ação ou cadeia de ações*. Por exemplo, a atividade de trabalho existe em ações de trabalho, atividade de estudo em ações de estudo, atividade de comunicação em ações de comunicação (atos), etc. Se subtrairmos mentalmente da atividade as ações que a executam, nada restará dessa atividade. Podemos expressar isso de outra maneira: quando um processo concreto - interno ou externo - se desdobra diante de nós, do ângulo de sua relação com o motivo, aparece como atividade do homem, enquanto subordinado ao fim, aparece como ação ou como conjunto ou cadeia de ações".[80] (destaque nosso)

Portanto, a mudança do pesquisador na atividade coletiva com a finalidade de produzir uma vacina manteve o seu motivo – salvar vidas - mas alterou a sua finalidade no grupo, transformando a atividade em ação.

Suponhamos, ainda em nosso exemplo, que a equipe de pesquisadores está a um passo para encontrar a vacina e que em breve ela estará em condições de testes. Enquanto isso, os representantes da indústria farmacêutica, ao analisar mais detidamente o currículo do médico infectologista descobrem que ele trabalhou um bom tempo em um projeto que faz dele uma peça central na fase de testes da vacina. Como sua participação na produção da vacina está chegando ao fim, eles resolvem propor outro trabalho na equipe:

Representante: Analisamos seu currículo e vimos que você tem experiência com a fase de testes de vacina até a sua produção.

Pesquisador: Sim, trabalhei um bom tempo coordenando equipes nesta fase com outras vacinas.

Representante: Gostaríamos que você chefiasse a equipe que vai garantir que a vacina é segura e pode ser liberada para a população. Você entende isso?

Pesquisador: Sim, minha motivação é acompanhar e analisar todas as fases de testagens da vacina e a garantia de ter uma vacina segura.

Observamos que, em relação à atividade anterior, o motivo e o objeto da atividade mudaram. Nosso infectologista agora está em outra atividade. Note que como atividade externa, nosso pesquisador estará envolvido com a fase de testagem, que ele conhece bem e que é dividida em várias etapas. A primeira etapa é chamada pré-clínica, em animais. A segunda é a fase clínica, dividida em três subfases: a primeira avalia possíveis efeitos colaterais e a dosagem da vacina; a segunda, a eficácia e a capacidade de gerar resposta imunológica e a terceira é um *test drive* da vacina. Nas duas primeiras fases, as testagens são feitas com um pequeno número de pessoas, enquanto que, na terceira, envolve milhares de pessoas e um acompanhamento para saber quando vai ocorrer o contato com o patógeno. Nessa última fase, metade dos voluntários toma a vacina e a outra metade um placebo. Concluído que a vacina é eficaz, passa-se para a sua produção.

A atividade interna, envolve um conjunto de ações relacionadas à necessidade gerada pelo sujeito, sua motivação e os objetivos envolvidos. Assim, ao compararmos a atividade anterior e a atual, podemos constatar uma cadeia de ações totalmente diferentes, tanto interna quanto externamente.

Existem outras informações importantes sobre a estrutura da atividade proposta por Leontiev, mas que fogem ao nosso interesse neste momento. No Capítulo seguinte, veremos que a noção de atividade participa da caracterização de significado e de campo semântico proposto no MCS e; nesse momento voltaremos a falar sobre o tema.

Notas de Teorizações (III): Dois pressupostos divergentes sobre o funcionamento cognitivo

A questão que orienta a discussão nesta seção é: como nos concebemos, enquanto seres humanos, em relação ao nosso funcionamento cognitivo? Para Lins, existe uma pressuposição amplamente aceita de que “somos todos iguais do ponto de vista do funcionamento cognitivo, já que somos todos iguais do ponto de vista da essência da máquina biológica”.[81] O questionamento a esta concepção o levou a elaborar uma distinção entre “ser biológico” e “ser cognitivo” que vai ser expressa a partir da oposição entre o pensamento piagetiano e vigotskiano[82]. Ele então propõe dois pressupostos:

(S1) Somos todos iguais (relativamente ao nosso funcionamento cognitivo); e

(S2) Somos todos diferentes (relativamente ao nosso funcionamento cognitivo).

Assim, uma explicação da perspectiva (S1) é: “Seriamos todos (essencialmente) iguais cognitivamente porque somos todos biologicamente iguais, e este pressuposto se constrói confinando o ser cognitivo aos limites da pele”.[83]

Lins sugere que este pressuposto não deve ser entendido em sentido absoluto, mas deve ser tomado seriamente. Ele observa que uma forma do pressuposto (S1) está por trás das teorias piagetianas e também por trás da aceitação da validade do método clínico desenvolvido por Piaget e seus colegas. Ele então comenta que o ensino chamado de tradicional também depende do pressuposto (S1) ao propor que

> Se eu aprendi por este método uma outra pessoa só não aprende se não tiver capacidade, jeito para a coisa. Nas teorias piagetianas esta falta de capacidade é interpretada em termos e estágios de desenvolvimento: a criança ainda não atingiu o estágio que lhe permitiria aprender isto ou aquilo. Em ambos os casos a pessoa é lida pela falta: "eu, que já me desenvolvi (já aprendi), e que sei que você é igual a mim, posso ver o que falta em seu desenvolvimento (conhecimento), ver o que você ainda não é".[84]

Ele então reforça o fato de que as teorias piagetianas e o ensino tradicional possuem este pressuposto em comum. E, com respeito, à investigação ele comenta:

> Adotando-se o pressuposto S1, o natural é que a investigação – quando é percebida como necessária – dirija-se principalmente a esclarecer o que somos, e não é necessário examinar muitíssimos casos: basta um exame cuidadoso de um número restrito de casos. Aqui se torna válido o método clínico de Piaget. No caso do ensino tradicional, a investigação não é nem vista como necessária, uma vez que já estão dados, na Matemática oficial que conhecemos tão bem (outro pressuposto!), os conceitos e seu encadeamento lógico: basta apresentá-los com clareza. Por outro lado, e já que somos iguais, devemos encontrar meios de explicar e estimular a diferença, a originalidade, uma vez que se deixados à mercê da natureza tendemos a nos reduzir à semelhança.[85]

Lins ainda observa:

> A identificação do ser biológico com o ser cognitivo, também tem um papel importante aqui. Trata-se de encontrar uma unidade cognitiva tratável e, portanto, previsível. Embora esta identificação possa parecer natural, até mesmo inevitável, há outras possibilidades. Uma delas pode ser vista quando os biólogos, depois de muito tempo enfrentando dificuldades em entender o comportamento das formigas, passaram a conceber o indivíduo funcional como sendo o formigueiro, e não a formiga.[86]

Ele então propõe que uma outra possibilidade, quando se fala de seres humanos, seria adotar um pressuposto diferente de (S1). Daí, para esclarecer o pressuposto (S2) Lins observa que "não se trata de dizer que não somos cópias uns dos outros (afinal de contas as impressões digitais são todas diferentes), nem de afirmar as idiossincrasias". Para ele, (S2) refere-se ao fato indicado por Vigotski de que, "dada a plasticidade do cérebro humano, a menos que algo/alguém intervenha, nosso caminho natural é divergirmos fortemente nas constituições de nosso funcionamento cognitivo".

Comparando os dois pressupostos, Lins observa que (S1) "afirma que nosso caminho natural é convergir em termos de desenvolvimento cognitivo enquanto (S2) afirma que é divergir". [87]

Ele então chama a atenção para o fato de que se adotamos o pressuposto (S2) deveríamos explicar e, portanto, investigar; como chegamos a ser tão parecidos? Observa que "embora não formulando esta questão diretamente, Vigotski encaminha uma resposta para ela, ao postular que o desenvolvimento intelectual se origina na interiorização de formas produzidas socialmente. Assim, (S2) é um pressuposto vigotskiano que, segundo Lins, entre outros vários pressupostos o levaram "a se interessar pelas formas segundo as quais os processos cognitivos tipicamente humanos se transformam".[88]

Em suas considerações Lins evidencia como os dois pressupostos levam a caminhos teóricos diferentes e divergentes para concluir que: "Enquanto em Piaget o olhar se dirige para estágios e mecanismos de passagem entre estágios, em Vygotsky o olhar se dirige a processos que uma vez postos em marcha são a causa de sua própria mudança".[89]

Uma distinção a mais entre "ser biológico" e "ser cognitivo" é apresentada por Lins nos seguintes termos: "O primeiro não desaparece imediatamente se todos os seres biológicos do mundo morrerem, mas o ser cognitivo deixa de existir se forem mortos, 'desinternalizados' todos os interlocutores antes internalizados". É com base nesta distinção que ele construiu o argumento que sugere o quanto as ideias de Piaget e Vigotski são incompatíveis. E, usando os pressupostos do modelo, observa:

> Mas assim que a distinção é feita, tanto é possível entender-se afirmações como a de Vygotsky sobre o encontro do pensamento com a linguagem, quanto é impossível achar-se que Vygotsky e Piaget estejam sequer falando das mesmas coisas (objetos), ainda que possam mesmo escrever as mesmas palavras (...).[90]

Esta afirmação ficará mais clara após discutirmos a noção de interlocutores no Capítulo seguinte.

Para concluir a discussão apresentada neste Capítulo e no anterior, parece oportuno sugerir que as críticas ao modelo piagetiano podem provocar no leitor o sentimento de que Lins desqualificou as ideias de Piaget. Este não é o caso. O que se passou foi, claramente, que a opção do pesquisador se deu, por um modo de produção de significados para o desenvolvimento cognitivo em detrimento de outro e que a divergência tão marcada caracteriza sua busca para entender o que ele realmente procurava no seu processo de teorização. Lins sempre externou sua profunda admiração pelo trabalho de Piaget e sua incontestável importância para a Psicologia Cognitiva e para a Educação, ao ponto de comentar que seu sonho era ter em mãos alguns de seus protocolos de pesquisa.

5

Sobre o Processo de Produção de Significado

Interlocutor é um ser cognitivo, não um ser biológico.
Deuses são interlocutores últimos.

Romulo Campos Lins

Neste Capítulo, serão apresentadas outras noções teóricas do *Modelo dos Campos Semânticos* (MCS) de modo a indicar a diferença existente na formulação desenvolvida por Lins para diferentes termos utilizados na literatura especializada e que também estão presentes em outros modelos epistemológicos e em diferentes áreas de investigação.

Na elaboração do MCS, várias noções foram sendo formuladas e refinadas ao longo do tempo até chegarem à sua versão final. Isto aconteceu, por exemplo, com as noções de significado, produção de significado e campo semântico. Esse processo pode ser observado a partir de uma leitura cronológica das publicações do autor no período de 1993 a 2012.

O termo "significado", tema central deste capítulo é polissêmico e, portanto, possui múltiplos sentidos semânticos na literatura em geral. Ele é estudado, por exemplo, em campos como a Filosofia da Linguagem, a Psicologia e a Linguística. Assim, dependendo do contexto, o foco pode estar no significado da palavra, no significado da frase, ou no significado do proferimento.

Na Filosofia, Paul Kleinman observa que:

> No final do século XIX, enquanto as teorias em lógica avançavam e as filosofias da mente mudavam drasticamente conceitos anteriores, ocorreu uma revolução na compreensão da linguagem. Esse evento ficou conhecido como a 'virada linguística'. Os filósofos passaram a dar foco ao significado da linguagem, seu uso e sua cognição e como a linguagem e a realidade se relacionam uma com a outra.[1]

No domínio da Psicologia, o psicólogo estadunidense Jerome Bruner em seu livro intitulado *Acts of meaning*, cuja tradução em português ficou *Atos de Significação* diz que o livro foi escrito tendo como pano de fundo a psicologia atual, "com suas confusões, seus deslocamentos e suas novas simplificações". Ele comenta sobre seu livro: "Eu o chamei de *Atos de Significado* para enfatizar seu tema principal: a natureza e a modelagem cultural da produção de significado e o lugar central que ela ocupa na ação humana"[2].

Na Linguística, que se ocupa do estudo científico da linguagem humana, em cuja origem esteve o linguista suíço Ferdinand de Saussure, denominado o "pai" da linguística moderna, a linguagem humana é constituída pela língua – que pertence ao coletivo – e pela fala – que é individual, um ato particular de cada pessoa. Para a Linguística, todas as palavras que possuem um sentido são consideradas signos linguísticos e estes, por sua vez, são formados, segundo Saussure, pela união de dois conceitos, a saber: significado e significante. O significado corresponde à ideia que se tem de determinada palavra, isto é, o próprio conceito do signo, ao passo em que o significante se refere à forma gráfica e fonética que compõe uma palavra, a qual é atribuída para determinado significado. Por exemplo, o signo "cachorro" tem um significado de um animal mamífero que late. Note que um mesmo significado pode ser representado por significantes distintos: *dog* (em inglês); *perro* (em espanhol) e *cane* (em italiano).

Charles Kay Ogden e Ivor Armstrong Richards publicaram em 1923 um livro de referência intitulado *O significado de significado: um estudo da influência da linguagem sobre o pensamento e sobre a ciência do simbolismo*, no qual apresentaram uma lista de dezesseis definições possíveis de "significado", compiladas dos trabalhos de vários estudiosos do assunto[3]. Já naquela época eles sugeriram a existência de muitas e diferentes compreensões para o termo significado.

Na área de Educação Matemática, Roberto Ribeiro Baldino indicou o surgimento de estudos sobre produção de significado na comunidade científica nacional com o seguinte comentário:

> As recentes tentativas de pensar a educação Matemática a partir da produção de significado, portanto, da linguagem é o fruto mais novo e mais recente da vertente marxista anti-humanista à qual se filia a maioria dos pensadores situados em relação à problemática estruturalista, como Derrida, Bourdieu, Foucault e Althusser. No campo da psicanálise, essa vertente deságua em Lacan, cuja obra foi herdada por seu genro, Jacques Alain Miller, ex-aluno de Althusser, atualmente na Universidade de Paris VIII, fundada em consequência do Movimento de Maio de 68. Dessa vertente essencialmente francesa, corre um regato para a Educação Matemática, paradoxalmente nascendo na Inglaterra, representado pela vasta e importante pesquisa de Valerie Walkerdine. Alguns autores brasileiros, com recentes doutorados nesse país, aderiram ao primado da produção de significados para pensar os temas da Educação Matemática.[4]

Entre os possíveis nomes a que Baldino se referiu estava o de Romulo Campos Lins cujo trabalho de investigação e de orientação em pesquisa, constituiu um grupo de pesquisadores que, espalhados pelo território brasileiro, investigam nessa vertente.[5]

Na produção acadêmica em Educação Matemática encontramos, com bastante frequência a utilização do termo significado e uma variedade de termos associados a ele, sem suficiente sustentação teórica. Em periódicos nacionais e internacionais encontramos, por exemplo, "atribuir significado", "negociação de significados", "atividades significativas", "produção de significados e sentido", "espaço de significação", "aprendizagem significativa", "construção de significados", "respostas significativas de alunos" e "ressignificação". Porém, na maioria deles não havia um esclarecimento sobre o que os autores queriam dizer com esses termos.

Em 1993, Lins já havia apresentado um alerta a respeito desse estado de coisas, como mencionamos anteriormente, ao defender a posição de que os educadores matemáticos deveriam sempre manter explícitas as suas posições epistemológicas, por exemplo, indicando as teorias a partir das quais eles usam termos teóricos – como conhecimento e significado, por exemplo – de forma que, assim, seja possível ao leitor identificar o ponto de vista adotado pelo autor."[6]

Além disso, um aspecto importante a destacar é que segundo a perspectiva linsiana, quando falamos de significado e produção de significado - principalmente quando estamos nos referindo a Matemática -, admitimos que significados não-matemáticos estejam em discussão de maneira legítima e não apenas os significados matemáticos. Uma das razões que justificam esta posição foi expressa por Lins nos seguintes termos:

> [...] quando se encontram com textos do matemático – livros- didáticos, por exemplo – as pessoas de fato produzem significados que não são os do matemático, mas que as tornam capazes de falar a partir daquele texto (resolver equações, por exemplo)[7].

A importância dessa afirmação reside na frequência com que esse fato ocorre na prática. De fato, nas salas de aula de Matemática é possível presenciarmos professores e alunos, produzindo significados "não-matemáticos" quando estão falando de Matemática. E não há razão para evitar a riqueza de informações advindas dessas enunciações.

Por outro lado, há pesquisadores em Educação Matemática, que não compartilham desse ponto de vista e possuem interesse apenas no significado matemático. Por exemplo, Godino e Batanero desenvolveram na última década do século XX um modelo teórico denominado *Teoria do Objeto e do Significado*[8] o qual tinha como objetivo discutir a natureza dos objetos matemáticos e seus significados, tendo sido elaborado no âmbito da Didática da Matemática e caracterizado por seus autores da seguinte maneira:

> A Didáctica da Matemática estuda os processos de ensino /aprendizagem do conhecimento matemático - nos aspectos teórico-conceituais e da resolução de problemas - procurando caracterizar os factores que condicionam os referidos

> processos. Se interessa por determinar o significado que os alunos atribuem a termos e símbolos matemáticos, conceitos e proposições, bem como a construção desses significados como consequência da instrução.[9]

O que pretendem estes pesquisadores é expresso nos seguintes termos: "O estudo teórico da significação de uma perspectiva matemática, psicológica e didática, ou seja, a formulação de uma teoria explícita dos objetos matemáticos, pode ser útil para estabelecer conexões entre diferentes abordagens de questões de pesquisa em Didática da Matemática".[10]

O interesse desses pesquisadores está em estudar o significado dos objetos matemáticos que são classificados por eles em institucional, pessoal e temporal. Em oposição a essa perspectiva, o MCS tem como proposta ampliar o olhar do pesquisador para identificar os diferentes significados sendo produzidos.

A partir da próxima seção, apresentaremos as caracterizações de significado, o que se entende por produção de significado, bem como por processo comunicativo, núcleo e campo semântico em íntima relação com as perspectivas epistemológicas tomadas anteriormente. E, com estes constructos à disposição, retornaremos à noção de internalização proposta por Vigotski para discutir a leitura desenvolvida por Lins.

Significado e Produção de Significado

O termo significado tem um papel central na teorização do *Modelo dos Campos Semânticos*, porque, a a partir dele, são articuladas as outras noções fundamentais que configuram a visão de conjunto. Um fato interessante é que este termo foi sendo elaborado ao longo dos artigos até a sua forma final, passando por um processo de busca do autor por uma elaboração precisa. Uma formulação inicial aparece em Lins (1993), quando escreve: "*significado* é a relação entre *crença-afirmação* e uma *justificativa* para ela".[11] Em Lins (1994), o autor ainda mantém a formulação anterior ao dizer: "*significado* é a relação que se estabelece entre uma *crença-afirmação* e uma *justificação* para ela *no momento da enunciação*".[12] Nota-se que estas formulações eram, na verdade, a concepção de produção de conhecimento.

Em Lins (1996), ao defender a ideia de que objetos estruturam o pensamento, o autor apresenta a compreensão de que objetos são "coisas sobre as quais sabemos dizer algo e dizemos" e não no sentido de "coisa-em-si". Na sequência ele observa que o significado de um objeto é "o conjunto das coisas que efetivamente dizemos sobre ele [objeto]"[13].

Assim, em sua versão refinada, a noção de significado de um objeto, foi descrita nos seguintes termos:

- Significado é o conjunto de coisas que se diz a respeito de um objeto.[14] Ou,
- Significado de um objeto é aquilo que efetivamente se diz a respeito de um objeto, no interior de uma atividade.[15] (grifo do autor)

Como consequência, Lins observou também que "produzir significado é, então, falar a respeito de um objeto".[16] E, ainda como decorrência, podemos dizer que objeto é "aquilo para que se produz significado".[17]

Em Silva (1997), a partir da proposição de Lins enunciamos que "significado é aquilo que o sujeito pode e efetivamente diz sobre o objeto no interior de uma atividade".[18] Já em Silva (2003), com base na compreensão de produção de significado anterior, apresentamos uma outra formulação ligeiramente modificada[19]. A ideia foi esclarecer ao leitor que o termo "falar", para Lins, tinha um alcance muito maior do que simplesmente exprimir-se por meio de palavras. Assim, a reformulação ficou: "dizer que um sujeito *produziu significado* é dizer que ele produziu *ações enunciativas* a respeito de um objeto no interior de uma atividade"[20]. Com essa reformulação pretendeu-se reforçar a ideia de que ações enunciativas se refere a gestos, registro escrito, linguagem de sinais, qualquer forma de enunciação e, também, fazer e dizer. Sobre esses últimos termos, Lins (2004b), traz o seguinte comentário:

> [...] o modelo não faz diferença entre dizer e fazer. Ou dizer é entendido como fazer algo, ou fazer é entendido como um ato enunciativo. E fazer inclui por exemplo, gestos, arranjos ou manipulações de objetos físicos, desenhos e diagramas de todos os tipos. [21]

Existem duas considerações importantes a serem feitas sobre a noção de significado. A primeira diz respeito ao papel desempenhado pela noção de atividade. Esta noção, tomada no sentido proposto por Leontiev, pretende indicar no MCS que existe um sujeito da enunciação que está imerso em uma atividade. Isto quer dizer que ele está potencialmente[22] produzindo significados e operando a partir de um determinado contexto sociocultural em que está em jogo, um processo psicológico consciente, o qual é orientado por necessidades, ações conscientes, motivos, fins a serem alcançados.

A importância de se observar o sujeito no interior de uma atividade – participando ou não dela – é a possibilidade de podermos entender de maneira mais efetiva a sua produção de significados; entender, por exemplo, por que esse sujeito diz o que diz, e por que diz certas coisas e não outras.

Vale observar ainda que Lins tomará um caminho próprio para ler o sujeito no interior da atividade, a partir das noções-categorias que serão apresentadas neste Capítulo acrescida de outras noções que serão introduzidas no Capítulo 6.

A segunda consideração que desejamos explicitar sobre a noção de significado é que produzir significados não se refere a tudo o que o sujeito poderia ou deveria dizer de um objeto numa dada situação e, sim, o que ele efetivamente diz sobre aquele objeto no interior daquela atividade. Assim, os objetos são constituídos enquanto tais a partir do que o sujeito diz que eles são.[23]

A afirmação sobre o que o sujeito "pode dizer" foi inspirada numa situação de pesquisa vivenciada por Lins, a qual o estimulou a introduzir este termo em sua caracterização de significado.

De fato, em seu projeto de pesquisa sobre educação algébrica, Lins entrevistou dois alunos que estudaram na mesma escola estadual na cidade de Rio Claro, no estado de São Paulo, Brasil. Seus pseudônimos eram FEE (uma garota de 13 anos completos) e FAB (um garoto de 12 anos e 7 meses de idade). Eles discutiam o problema[24] "laranjas e caixas", proposto por Lins na entrevista, cujo enunciado era:

> Para calcular quantas laranjas cabem em cada caixa, dividimos o número total de laranjas pelo número de caixas, ou seja, laranjas por caixa = número de laranjas / número de caixa: (a) Se contando o número total de laranjas e o número de laranjas em cada caixa, como você calcularia o número de caixas usadas? (b) Se eu lhe disser o número de laranjas em cada caixa e o número de caixas, como você calcularia o número total de laranjas?

Lins então solicitou a FAB, que falasse sobre o seu encaminhamento da resolução, isto é, que pensasse em voz alta. Segundo o pesquisador, FAB disse alguma coisa sobre sua resolução, mas não foi muito longe falando. Segundo o pesquisador[25] o menino por um tempo não disse nada e a seguinte estratégia é colocada em ação: "Após cerca de 15 segundos, o entrevistador pede que ele pense que deve explicar a um primo por que ele fez o problema dessa maneira." A interação entre os dois é relatada nos seguintes termos:

> Houve uma troca interessante depois disso. FAB riu e disse que não podia ser porque seu primo era jovem demais para ir à escola; decidimos adotar "um amigo" em vez de primo. A troca mostrou que a situação proposta foi, em grande medida, tomada por FAB como real.[26]

Lins então comenta que nos dois minutos seguintes, houve um intercâmbio durante o qual o entrevistador tentou fazer com que FAB aceitasse a possibilidade de uma justificativa "fora da escola". Ele solicita a FAB "uma explicação geral, que você acha que o professor não quer e pode ser qualquer explicação, mesmo escolar, mas não precisa". Uma parte do diálogo entre eles é descrito a seguir:

Lins: Imagine que seu amigo esteja lá, ao seu lado, e ele pergunte: 'Escute, FAB, como você sabe disso? Como você pensou em ... resolver o problema?

FAB: Bem, eu pensei que tivesse as laranjas com a caixa.

Lins: Hum. Tente me mostrar ... Como você imaginou isso? Tente ... você quer fazer um desenho, qualquer coisa com as mãos, para falar, o que quiser.

FAB: (desenhando formas redondas no papel) Eu imaginei ter uma pilha de laranjas.

Lins: Hum.

FAB: Então ... eu peguei uma caixa (desenha um quadrado 'u') ... que continha ... uma certa quantidade (desenha algumas formas redondas dentro da 'caixa') Então pensei: 'Se dividir essa quantidade de laranjas (aponta para as formas fora da caixa) pela quantidade que está dentro (aponta para a caixa) ... que entra aqui, vou descobrir [27].

Sobre o diálogo, Lins (2002b) assim comenta, esclarecendo seu entendimento da situação:

> A mudança de direção, de um professor de matemática (eu) para um colega dele, torna legítimo para FAB apresentar sua explicação, que, - suponho – ele não acreditaria ser legítimo para um professor, e daí o silêncio inicial. E observo que a tentativa de fazê-lo falar na direção de um primo é tomada de forma tão real que ele se refere à condição real de um primo seu.[28] (grifos do autor)

Assim, o "poder dizer" presente na formulação de significado diz respeito ao que o sujeito se vê podendo dizer o que diz numa dada direção (que chamaremos na seção seguinte de interlocutor). Dessa perspectiva o poder ou não poder dizer não está associado, para o sujeito, ao que é certo ou errado. No diálogo anterior, Fab não achava legítimo dizer o que podia dizer na direção do professor, mas, para ele, era plausível dizer na direção do colega. Assim, o "poder dizer" está intimamente relacionado à questão da legitimidade.

Observamos então que significado é tudo que o sujeito *pode e efetivamente diz* no interior de uma atividade foi inspirado na produção de significados de FAB.

A importância da leitura da produção de significado daqueles a quem queremos entender é mencionada por Lins (1996) da seguinte maneira: "o ponto chave é que produzimos significados para pertencer a uma prática social ou, em escala maior, a uma cultura, tanto quanto produzimos enunciações pela mesma razão"[29]. E a importância de se investigar a produção de significados é sugerida pelo seu alcance e que é expresso por Lins (1999) quando diz: "Para mim, o aspecto central de toda aprendizagem humana – em verdade, o aspecto central de toda cognição humana – é a produção de significados"[30].

Passaremos, agora, à apresentação do processo comunicativo e de como ele é entendido pelo MCS.

Sobre a noção de espaço comunicativo

A questão que introduz a discussão nesta seção, relativa ao processo comunicativo, pode ser formulada nos seguintes termos: é possível a comunicação no sentido da transmissão de uma mensagem de uma pessoa para outra?

Para Lins (1999) existem duas visões que respondem positivamente a essa questão e, como ele observa, "são dominantes, tanto no mundo acadêmico quanto no senso comum". Tanto a noção tradicional, vinda da teoria da informação, como a visão objetivista "assumem a existência de uma comunicação efetiva, no sentido da transmissão de uma mensagem".[31]

Podemos apontar, por exemplo, David K. Berlo como um representante da primeira posição baseada na noção tradicional de comunicação, vinda da teoria da informação. Em seu livro *O Processo da Comunicação* (1979), ele se propõe a tratar da forma como as pessoas se comunicam. Ao abordar os "ingredientes da comunicação", Berlo parte de Aristóteles que, segundo Pena[32], representou "a rigor a primeira tentativa de descrever o processo completo de comunicação...". Aristóteles, em sua "Retórica", comenta: "[...] um discurso comporta três elementos: a pessoa que fala, o assunto de que fala e a pessoa com quem se fala; e o fim do discurso se refere a essa última, que eu chamo de ouvinte"[33].

Assim, Aristóteles identifica três elementos básicos do processo comunicativo: o emissor, a mensagem e o receptor. Para Berlo, "a maioria dos atuais modelos de comunicação são similares ao de Aristóteles, embora um tanto mais complexos".[34] O autor propõe, então, um modelo de comunicação composto de seis elementos: a fonte, a mensagem, o codificador, o canal, o decodificador e o receptor.

No capítulo em que Berlo discute a fidelidade da comunicação, ele coloca a seguinte questão: "quais os fatores na fonte, no receptor, na mensagem e no canal, que determinam a efetividade da comunicação, a fidelidade do processo?"[35] Ele então discorre sobre o tema para concluir que a fidelidade de todo processo, isto é, a efetivação da comunicação, vai depender de um número considerável de fatores que atuam em cada uma das etapas. Nesse sentido, ele opera com a hipótese de que haverá transmissão efetiva de informação do emissor para o receptor caso não ocorram problemas nas etapas do processo, isto é, se codificado, transmitido e decodificada corretamente, o processo de comunicação levará informação do emissor ao receptor.

Outra visão que responde positivamente à questão colocada acima é expressa por Lins nos seguintes termos:

> Por outro lado, temos a noção de que a comunicação efetivamente acontece porque as mensagens emitidas referem-se ao mundo que é objetivo: por exemplo, se digo "o gato esta deitado sobre o tapete", cada elemento dessa mensagem corresponde diretamente ao elemento da realidade (objetiva), e por isso posso compreendê-la. Esta visão é fortemente criticada por lingüistas como George Lakoff, mas mesmo assim persiste no senso comum: entendemos as mensagens porque elas se referem às coisas como elas efetivamente são.[36]

Para Lins, esses dois modos de entender o processo comunicativo compreendem a não efetivação da comunicação como um acidente e sua efetivação como natural. Para ele, uma oposição a esse ponto de vista é representada pelo filósofo franco-argelino Jacques Derrida (1991), para quem a comunicação, como apresentada por Berlo, é que seria um acidente, pois a norma seria a não-comunicação.

Porém, na visão de Lins, as duas posições divergentes são ainda problemáticas: uma, por acreditar na comunicação efetiva e a outra, por não explicar "por que os processos comunicativos não são tão divergentes que simplesmente se desfazem à primeira tentativa de contato"[37]. Segundo ele, seria então necessário formular uma terceira explicação sobre o processo comunicativo que evitasse as limitações das duas posições anteriores. Ele afirma:

> [...], temos a sensação de que está ocorrendo algo que nos conecta, algo que nos dá razão para permanecer neste processo. É disto que precisamos dar conta, em primeiro lugar, mas penso que não precisamos, para resolver este problema, postular a existência de comunicação no sentido tradicional, de transmissão.[38]

A partir desta perspectiva, Lins formula uma nova proposta para o processo comunicativo cujos elementos constitutivos são: autor, texto e leitor[39]. O autor é aquele que, no processo, produz a enunciação: um professor em uma aula expositivo-explicativa, um artista plástico expondo seus trabalhos ou um escritor apresentando sua obra. O leitor é aquele que, no processo, se propõe a produzir significados para o resíduo das enunciações como, por exemplo, o aluno que, assistindo a uma aula expositiva e explicativa, busca entender o que o professor diz; um crítico de arte, que analisa a obra de um artista plástico; ou uma pessoa que, lendo um romance, busca entender a história do autor. Já o texto, é entendido como qualquer resíduo de enunciação para o qual o leitor produza algum significado, expresso por Lins (2001) da seguinte maneira:

> [...] por um texto [...] vou me referir não apenas ao texto escrito, mas a qualquer resíduo de uma enunciação: sons (resíduos de elocução), desenhos e diagramas, gestos e todo tipo de sinais corporais. O que faz do texto o que ele é, é a crença do leitor de que ele é, de fato, um resíduo de uma enunciação, ou seja, um texto é delimitado pelo leitor; além disso, ele é sempre delimitado como tal no contexto de uma demanda de que algum significado seja produzido para ele.[40]

Em outro momento, Lins esclarece a relação entre texto e resíduo de enunciação dizendo:

> A presença do resíduo de enunciação sinaliza a presença da demanda de produção de significados e vice-versa. Em geral não vale a pena distinguir "texto" e "resíduo de enunciação". Vale sim, a pena, neste caso em que nos referimos a demanda de produção de significado.[41]

Nessa direção Oliveira (2002) comenta que "um resíduo de enunciação é texto para quem produz significado" e acrescenta:

> Por isso dizemos que textos não possuem essências; e, portanto, não há o que muitos chamam de interpretações para um texto – há, sim, diferentes significados produzidos para um mesmo resíduo de enunciação. E é exatamente na/pela produção de significados para resíduos de enunciação que objetos são constituídos pelo sujeito que produz significados. Sob a nossa ótica, expressões como "os significados contidos no texto" não fazem sentido; *textos não possuem significados*! (destaque da autora)

Dessa forma, apresentados os elementos constitutivos do processo comunicativo, olhemos, agora para o processo, a começar pela perspectiva do autor:

> Quando o autor fala, ele sempre fala para alguém. Porém, por mais que um autor esteja diante de uma platéia, este alguém não corresponde a indivíduos, pessoas nessa platéia e, sim, ao leitor que o autor constitui: é para este 'um leitor' que 'o autor' fala.[42]

Lins (1999) então propõe que a este "um leitor" chamemos de interlocutor. Assim, o interlocutor deve ser identificado como sendo uma direção na qual o autor fala e não com pessoas, com "rostos" com quem falamos; mas com modos de produzir significados. Ele então comenta:

> O interlocutor é uma direção na qual se fala. Quando falo na direção de um interlocutor é porque acredito que este interlocutor diria o que estou dizendo e aceitaria/adotaria a justificação que me autoriza a dizer o que estou dizendo.[43]

Assim, para Lins, "o interlocutor é um ser cognitivo, mas não um ser biológico". Ele observa o fato de que "quem fala não espera que um interlocutor responda, mas a mera existência do interlocutor (a impossibilidade da solidão) instaura a dialogia. É assim que a "fala interior" também é dialógica. Toda fala é dialógica".[44] E ainda acrescenta:

> "Eu" (ser cognitivo) posso ser um interlocutor (ser cognitivo) para mim mesmo, embora o "eu-interlocutor" seja um outro "eu". Quem sabe a consciência não seja apenas um bem-vindo efeito de um certo defeito que afeta a nós, seres humanos, que é um suposto inevitável grau de fragmentação esquizoide".[45]

Em Lins (2012) o encontro do sujeito cognitivo com um resíduo de enunciação se dá da seguinte maneira:

> O sujeito cognitivo se encontra com o que acredita ser um *resíduo de enunciação*, isto é, *algo* que acredita que foi dito por *alguém* (um autor). Isto coloca uma demanda de produção de significado para aquele algo, demanda que é atendida (esperançosamente) pela produção de significado de o autor em que se tornou o leitor. O autor-leitor fala na direção de um autor que aquele constitui; o um autor é o *interlocutor* (um ser cognitivo).[46] (destaques do autor)

Note que o uso do artigo definido o e do artigo indefinido um que antecede as palavras autor e leitor foram usados por Lins como uma maneira de reforçar o que queria dizer colocando a ênfase ou não no substantivo. Como observou Oliveira (2002) "Isso quer dizer que, quando dizemos um leitor/autor estamos nos referindo a algum leitor/autor (ser cognitivo) e quando dizemos o leitor/autor temos a intenção de especificar aquele leitor/autor dentro de uma classe (ser biológico)".

Nesse interim, o processo de produção de significado do autor na direção de um interlocutor pode ser dado pelo seguinte esquema:

AUTOR → ENUNCIAÇÃO → INTERLOCUTOR

Porém, como o autor tem a expectativa de que a enunciação venha a se constituir em um texto para algum leitor, podemos expressar isto com o seguinte esquema, proposto por Lins[47] (1999):

O AUTOR ⟶ TEXTO - - - -▸ **UM** LEITOR

Por outro lado, na perspectiva do leitor, ele "sempre constitui um autor, e é em relação ao que este 'um autor' diria que o leitor produz significado para o resíduo de enunciação, e que neste momento se constitui (ou transforma) em texto".[48] O esquema[49] fica, então, assim:

UM AUTOR ⟶ TEXTO - - - -▸ **O** LEITOR

Sobre o leitor, Lins observa: "é apenas na medida em que o leitor fala, isto é, produz significados para o texto, colocando-se na posição de autor, que ele se constitui como leitor".[50] Em resumo, ele comenta:

> Quem produz a enunciação é o autor. O autor fala sempre na direção de um leitor, que é constituído (produzido, instaurado, instalado, introduzido) pelo o autor. Quem produz significado para um resíduo de enunciação é o leitor. O leitor sempre fala na direção de um autor, que é constituído (produzido, instaurado, instalado, introduzido) pelo o leitor. [51](destaques do autor)

Sendo assim, poderíamos dizer que, em uma situação de diálogo entre duas pessoas, por exemplo, o processo ficaria: o autor produz uma enunciação para cujo resíduo um leitor produziria significados. O leitor, através de uma outra enunciação, constitui aquilo que um autor disse em texto, produzindo uma nova enunciação na direção de um autor, e assim sucessivamente.

Sobre esse processo Lins observa que "uma vez que a produção de significados acontece numa enunciação", então,

> o leitor só se institui como tal na medida em que é autor, o autor. Não foi "o autor" que morreu, e sim "o leitor". Mas cada o autor é um. Ao ler, o leitor é o autor, ele não é co-autor nem intérprete nem *nada* de um possível "o autor original" [...]. A morte do leitor não proclama a substancialidade do autor, não declara que o texto carrega, leva, transmite significado. A morte do leitor institui a todos como autores.[52] (detaques do autor)

Assim, neste processo, não ocorre a comunicação efetiva; o que ocorre, no esquema acima, é expresso por Lins nos seguintes termos:

> [...] uma vez que nos colocamos incessante e alternadamente na posição de o autor e de o leitor em cada um destes processos, terminamos por fundir as duas imagens, e os pontilhados desaparecem, restando a sensação psicológica de comunicação efetiva.[53]

A sensação psicológica de comunicação efetiva a que Lins se refere pode ser ilustrada pela sobreposição dos dois últimos esquemas, o que geraria um terceiro esquema em que os tracejados desapareceriam. Este novo esquema corresponderia à visão tradicional de comunicação como transmissão de uma mensagem do emissor ao receptor:

O AUTOR → TEXTO → O LEITOR

Logo, segundo esse entendimento o sentimento de comunicação efetiva é fruto apenas de uma sensação psicológica. Porém, o que ocorre então para que entendamos uns aos outros? A resposta é apresentada novamente por Lins nos seguintes termos:

> A convergência se estabelece apenas na medida em que [autor e leitor] compartilham interlocutores, na medida em que dizem coisas que o outro diria e com autoridade que o outro aceita. É isto que estabelece um espaço comunicativo: não é necessária a transmissão para que se evite a divergência.[54]

Assim, seu entendimento de espaço comunicativo, vai alterar concretamente a noção de comunicação tradicional, como ele mesmo observa:

> No MCS a noção de comunicação é substituída pela noção de *espaço comunicativo*, que é um processo de interação no qual (dizer isto, para o MCS é redundante) interlocutores são compartilhados. Numa inversão conceitual, "comunicação" não corresponde mais a algo do tipo "duas pessoas falando uma para a outra", e sim a "dois sujeitos cognitivos falando na direção de um mesmo interlocutor.[55]

Um exemplo sobre compartilhamento de um espaço comunicativo seria imaginar uma mesa redonda em que estivessem presentes Piaget, Vigotski e Leontiev e cujo tema em discussão fosse "Instrução e desenvolvimento cognitivo da criança". Por tudo que sabemos até aqui, Piaget e Vigotski não compartilham os mesmos interlocutores. Por outro lado, a fala de Leontiev, quando da sua enunciação sobre o tema, iria numa direção em que possivelmente as coisas que ele diria seriam o que Vigotski diria e com a autoridade que ele aceitaria. Podemos dizer que entre eles se estabeleceria um espaço comunicativo.

É importante observar que o que é enunciado pelo autor não é necessariamente constituído em texto pelo leitor, isto é, não se torna algo para o qual ele (leitor) produzirá significado. E, portanto, não passará de resíduo de enunciação; termo que é descrito por Lins como: "Algo com que me deparo e que acredito ter sido dito por alguém". Ele observa que: "Dizemos resíduo e não detrito" porque, para ele, "o resíduo é o que resta de um processo." São exemplos de resíduos de enunciação: o conteúdo de um livro, uma partitura, sons, desenhos, gestos, imagens. Mas também é resíduo de enunciação "a borra de café ou chá no fundo da xícara, o resultado do lançamento de moedas e varetas, a disposição dos planetas no céu, o fato de um carro ter placa de uma cidade da qual nunca se ouviu falar, a tempestade que devastou a casa de uma pessoa poucos dias depois de ela ter abandonado a religião que professava, e assim por diante." [56]

Sobre esse argumento parece oportuno um exemplo da vida real para aprofundar o entendimento sobre os elementos constitutivos da comunicação e de como ela acontece. Aos 12 anos de idade, a menina Joana César inventou um alfabeto cifrado para esconder segredos do irmão mais velho. Ela decidiu, na época, ir para a rua e escrever pelos muros da cidade do Rio de Janeiro, espalhando pelos diferentes lugares, frases escritas em código, que antes, anotava em um diário. Por exemplo, no diário estava registrado o fato de que havia se apaixonado por um amigo do irmão.

Nas muretas da via expressa que liga a Zona Sul do Rio de Janeiro à Barra da Tijuca, nos viadutos da Gávea, da Lagoa, do Leblon, em um acesso do túnel Rebouças e em frente do Jardim Botânico havia mensagens escritas num alfabeto enigmático produzidos por ela. Sem produzir significado para o texto produzido por Joana na direção de "ler" sobre seus segredos pré-adolescentes, seus relatos íntimos, escritos em letras grandes e disponível a todos; suas "frases" não passavam de um resíduo de enunciação para os cariocas.

Certo dia, o professor de Matemática Carlos Tomei da PUC/RJ soube que se tratava de uma mensagem em código e lançou um desafio a dois colegas. A proposta seria usar um algoritmo para decifrar as mensagens com o uso de simulações computacionais. Paulo Orestein, um dos desafiados, passou a tentar produzir significados para aqueles resíduos de enunciação. Desencadeou-se aí o processo de produção de significados para aqueles textos escritos nas paredes pela cidade.

Uma busca na internet levou Paulo a um blog que permitiu ver fotos de Joana escrevendo em um viaduto; e ele concluiu que ela escrevia da esquerda para a direita. Ele ainda recebeu uma dica sobre a natureza do alfabeto, pois Joana disse: "A única coisa que digo é que todas as letras estão dentro da própria letra". Assim, Paulo passou a revisar os estudos e métodos conhecidos para decifrar códigos. Supondo que Joana escrevera as mensagens em português, Paulo fez um algoritmo para que o computador comparasse a distribuição dos símbolos nos muros com a frequência dos pares de letras no idioma.

Paulo tinha informação de que, de acordo com a literatura técnica, 1500 caracteres de texto cifrado compunham a amostra mínima para quebrar um código de segurança. Então ele foi para a rua para registrar mais informações. Percorreu o Rio de Janeiro e fotografou todas as mensagens cifradas que pode encontrar. Compilou, em um trabalho braçal, 1692 caracteres do alfabeto de Joana em cinco folhas quadriculadas e atribuiu aleatoriamente uma letra do alfabeto a cada símbolo usada por ela.

Depois de fazer vários refinamentos no algoritmo que havia escrito, modificando várias vezes o programa desenvolvido os primeiros resultados começaram a aparecer. A resposta veio, de início, numa sequência sem nexo:

ITRAGUEXOFNJFNJDVQMT

Até que apareceu o seguinte texto:

ASTRONAUTADOTADODEUMAPICAGIGANTESCA

Paulo, aos poucos, foi conseguindo um texto razoavelmente legível até decifrar o alfabeto de Joana. Por exemplo, na mureta da via expressa na saída da PUC, Joana relatou a perda da sua virgindade: "Não imaginava o tamanho da dor que esse sentimento de ser não mais garotinha". Paulo, o autor-leitor, produziu significados para o texto de Joana. Mas ao não revelar o código de Joana para as outras pessoas, a maioria dos cariocas continuou não produzindo significados para aqueles resíduos de enunciação.

Por outro lado, Joana, declarou em entrevista que fazia relatos libidinosos em seus textos, mas que eles não se limitavam a isso. Explicou que eles eram parte de um conjunto de relatos de desejos, angústias e frustações. Para ela, os muros do Rio funcionavam como um enorme divã.

E a respeito de sua experiência, Paulo fez a seguinte enunciação sobre o que vivenciou: "Foi a primeira vez que consegui fazer algo com matemática que teve impacto na vida real e que ninguém mais conseguiu. Esse é um problema que não dá para resolver sem matemática".

Porém, Joana contestou sua afirmação ao lembrar, no encontro que teve com ele em um bar para conversarem sobre a decifração do código, o dia em que um bêbado praticamente saiu lendo seus textos depois que ela lhe deu algumas dicas. Ela disse ao matemático: "Se o seu olhar fosse completamente livre, talvez você conseguisse entender o alfabeto sem a matemática". Assim, Joana sugeriu, ao estilo linsiano, que existem diferentes modos de produzir significados para um mesmo texto[57].

É com essa perspectiva de processo comunicativo que vamos ler aqueles a quem queremos entender. Passaremos a examinar uma outra noção importante do MCS – a de núcleo.

A noção de núcleo no processo de produção de significados

A noção de núcleo no MCS foi inspirada na noção de estipulação de Nelson Goodman, um filósofo estadunidense. As principais ideias desse filósofo que nos interessam foram analisadas e discutidas pelo psicólogo e também estadunidense, Jerome Bruner em seu livro "*Realidade mental, mundos possíveis*" (1997) onde faz uma leitura das ideias de Goodman. Para Bruner, em linhas gerais, Goodman defende uma filosofia construtivista nos seguintes termos:

> Sua tese central, o "construtivismo", é a de que, ao contrário do senso comum, não existe um "mundo real" único que preexista e que seja independente da atividade mental humana e da linguagem simbólica humana; o que chamamos de mundo é um produto de algumas mentes cujos procedimentos simbólicos constroem o mundo.[58]

Um dos temas de Goodman foi a construção e multiplicidade de mundos[59] sobre o qual Bruner comenta:

> O mundo da aparência, o próprio mundo em que vivemos, é "criado" pela mente. A atividade de elaboração do mundo é, para Goodman, um conjunto diverso e complexo de atividades, e sejam quais forem as outras formas pelas quais ele se expressa, as mesmas envolvem a "elaboração não com mãos, mas com mentes, ou melhor, com linguagens ou outros sistemas de símbolos [...]". Os mundos que criamos, segundo ele, podem surgir da atividade cognitiva do artista (o mundo de Ulisses e de Joyce) ou das ciências (seja visão geocêntrica do mundo da Idade Média ou da física moderna), ou da vida comum (como no mundo do juízo comum dos trens, couves e reis). Tais mundos (ele insiste) foram construídos, mas sempre a partir de outros mundos, criados por outros, os quais tomamos como dados. Não operamos em algum tipo de realidade primitiva independente de nossas próprias mentes ou das mentes daqueles que nos precederam ou nos acompanham.[60]

Assim, para Goodman, o real é uma construção mental na qual certas partes – as estipulações – ficam intocadas, de modo a produzir o efeito psicológico que descrevemos como realidade. A noção de estipulação, isto é, de tomar algo como dado, inspirou a noção de núcleo a partir da ideia de estipulações locais proposta por Lins (1997).

Para Lins, no processo de produção de significados, existem algumas afirmações que a pessoa faz e que, tomando-as como absolutamente válidas, não sente necessidade de justificá-las. A essas crenças-afirmações, chamaremos de *estipulações locais*; e ao conjunto das estipulações locais constituídas no interior de uma atividade denominaremos núcleo. Em suas palavras:

> Os elementos de um núcleo funcionam como estipulações locais: localmente são "verdades absolutas", coisas que assumimos sem que haja a necessidade de uma infinita cadeia regressiva de justificações. O que é importante e revelador é que esse "localmente" se refere ao interior de uma atividade, e que no processo dessa atividade esse núcleo pode se alterar pela incorporação de novas estipulações (elementos) ou pelo abandono de algumas estipulações até ali assumidas.[61]

Ainda na direção de esclarecer a noção de núcleo, Lins observa:

> Um núcleo pode ser constituído por um diagrama, por um desenho, por uma balança, por um conjunto de princípios (axiomas, por exemplo), por uma situação "realista" ou ficcional. O que importa é que é em relação aos objetos do núcleo que vai ser produzido significado, seja para que texto for. Núcleos não se referem especificamente a "conteúdos" ou "áreas de conhecimento": em relação ao mesmo núcleo de balança de dois pratos, é possível produzir significado para uma equação, para a noção de justiça ou para fenômenos físicos diversos.[62]

É importante ter em mente que núcleo, no sentido proposto no MCS, não se refere a algo estático, um conjunto de coisas, e sim, a um processo que se constitui no interior de uma atividade. Em uma outra atividade, um novo núcleo se constitui e esse é o processo.

Da observação da constituição de um núcleo numa dada atividade podemos identificar a maneira de operar dos sujeitos bem como a lógica das operações ligadas ao processo de produção de significados para um texto. Pois, como observa Lins (1997), as *operações* são o que o sujeito faz com os objetos e a *lógica das operações* é o que garante que ele pode fazer. Ainda, segundo Lins (1997), "toda operação é realizada segundo uma lógica" e ele vê como essencial a investigação dessas lógicas se queremos entender as formas de pensar de nossos alunos, de nossos sujeitos de pesquisa.[63] Sobre isso ele comenta:

> Posto de uma forma simples, estamos nos referindo a um conjunto de estipulações, dentro de um núcleo, que se refere diretamente ao que pode ser feito com os objetos que estamos constituindo pela produção de significados.[64]

Vejamos um exemplo dessa questão. Suponha que uma pessoa seja caixa em uma loja e que ela esteja envolvida na atividade de "dar troco corretamente". Num certo dia, a única máquina registradora da loja estragou e não havia calculadora disponível. Logo, o responsável pelo caixa pode fazer as contas (operar) de diferentes maneiras. Assim sendo, suponha que um cliente pague pela compra que fez no valor de R$ 82,50 com uma nota de R$ 100,00. Nessa oportunidade, a caixa pode operar, com base no que aprendeu na escola, segundo a seguinte lógica: posso tirar do total pago (o número 100) o valor total a pagar (o número 82,50) e o resultado da subtração é o troco.

Uma outra lógica, que poderia vir da sua prática diária de dar troco, é a que chamaremos de completamento. A lógica dessa operação é a de que se iniciarmos pelo valor a pagar (R$ 82,50) e completar até os R$ 100,00 dados pelo cliente, o que restará é o troco. No caso atual, a pessoa tira uma moeda de cinquenta centavos da caixa registradora (e diz para si mesma, oitenta e três), pega uma nota de dois reais (e diz para si mesma, oitenta e cinco), pega uma nota de cinco reais (e diz para si mesma, noventa reais) e finaliza pegando no caixa uma nota de dez reais. Temos assim, uma operação com duas lógicas diferentes.[65]

A elaboração da noção de núcleo associada à de atividade constituíram-se os processos que permitiram a Lins elaborar a noção de campo semântico; termo que passou por vários refinamentos, como passaremos a discutir.

A Noção de Campo Semântico

O termo campo semântico tem sua origem na Linguística e foi proposta pela primeira vez pelo linguista alemão Jost Trier em 1931. Na acepção corrente, o campo semântico é formado por palavras diferentes cujos significados possuem uma certa relação entre si, uma vez que possuem alguma característica semântica[66] em comum. Por exemplo, o termo levar está associado a transportar, carregar, retirar, guiar, transmitir, receber.

De maneira mais abrangente, os estudos sobre campos semânticos em Linguística possibilitaram confirmar, por exemplo, que algumas línguas distinguem apenas três cores, ao passo que outras tratam como diferentes doze ou mais matizes; o que sugere seu grande alcance de aplicação como teoria.

Na Educação Matemática este termo é usado por alguns pesquisadores na construção de seus pressupostos teóricos. Por exemplo, o educador matemático Paolo Boero fez uso do termo em um sentido próprio no artigo intitulado *The crucial role of semantic fields in the development of problems solving skills in the school environment* (O papel crucial dos campos semânticos no desenvolvimento de habilidades de resolução de problemas no ambiente escolar)[67].

A esse respeito, no entanto, Lins apresentou uma caracterização própria para campo semântico, em um longo processo de formulação que marcaremos como iniciando possivelmente em 1987, como veremos a seguir, e que encontra sua última redação expressa em 2012[68]. Assim, vamos seguir a trilha desse processo até sua versão final.

Segundo Lins, em 1987 ele apresentou duas comunicações científicas importantes. A primeira, em janeiro, no I Encontro Nacional de Educação Matemática (ENEM) na Pontifícia

Universidade Católica (PUC) de São Paulo cujo título foi *Construção do conhecimento matemático na sala de aula através da resolução e da transformação de problemas*. A segunda comunicação em julho, foi intitulada *La transformación de problemas y la construcción de conocimientos matemáticos por los alumnos* e apresentada na Sétima Conferência Interamericana de Educação Matemática (CIAEM) na República Dominicana. Conforme Lins, o segundo artigo já possuía um olhar distintamente teórico e investigativo, a partir do qual discute a noção de campos de problemas "caracterizado como resultante de um processo real", em oposição aos Campos Conceituais do psicólogo francês Gerard Vergnaud. Nos comentários que faz sobre esses dois artigos, ele comenta que:

> [...][eles] mostram um processo de afastamento de minhas ideias das ideias de Piaget, mas não ainda uma ruptura completa, que se daria mais tarde. Neste artigo do CIAEM aparecem também as noções de "Cultura Matemática" e de "horizonte matemático"; a primeira talvez esteja na origem da noção posterior de Campos Semântico, especialmente como ela era concebida por mim na fase do doutorado e no início do refinamento teórico, e a segunda certamente está na origem da noção, central em meu modelo teórico, de "limite epistemológico".[69]

Seu comentário reforça as evidências de como o MCS foi sendo construído como uma oposição teórica as ideias de Piaget – principalmente quando Lins encontra em Vigotski as respostas às suas questões – e, também, em oposição à teoria cognitivista denominada Modelo dos Campos Conceituais de Vergnaud. Isto pode ser reforçado também pelo seu comentário a partir da crítica feita por J. Biggs e K. Collis às teorias que se baseiam em estágios:

> A crítica que estes autores realizam das teorias estagistas foi o que me levou a examinar seu trabalho [a Taxionomia SOLO]; naturalmente esta crítica baseada naquilo que acreditam, em particular que se deva examinar a estrutura da resposta ao invés de se trabalhar com estágios hipotéticos de desenvolvimento. Isto se ligava a meu interesse, por exemplo, em Campos de Problemas reais (em oposição aos Campos Conceituais estagistas de Vergnaud).[70]

Em 1990, em seu artigo intitulado *A Framework for understanding what algebraic thinking is,* (Um quadro de referência para entender o que é pensamento algébrico) apresentado na *Fourteenth International Conference for the Psychology of Mathematics Education* (PME – XIV) no México, mais um passo foi dado na direção de sua caracterização para campo semântico. Sobre isto ele comentou: "Ali eu propunha uma distinção entre pensamento numérico e pensamento analógico, que depois seria muito refinada e geraria a noção de campo semântico como eu a entendo" [71].

Em 1992, em sua tese de doutorado Lins investigou uma caracterização para pensamento algébrico. Em seu estudo ele usou as noções de objeto, significado e campo semântico sem ainda apresentar uma caracterização para cada um desses termos. Por exemplo, na discussão final da tese, ele assim comenta: "A questão central que forneceu o fio seguido em nossa investigação é a de *significado*. Nós identificamos duas maneiras em que a questão do significado está relacionada ao nosso estudo do *pensamento algébrico*." E, na continuação, a ideia de campo semântico aparece no texto como um comentário: "A possibilidade de interpretar um problema ou situação dentro de diferentes campos semânticos, certamente oferece uma perspectiva mais rica para organizar o mundo e para produzir conhecimento".[72]

O que impressiona, quando comparamos o que se apresenta na tese e as caracterizações atuais dessas noções é a manutenção da validade de tudo que foi dito na tese em relação às noções atuais. As ideias do que essas noções eram e viriam a ser surgiram, em sua forma embrionária, na tese.[73]

Em 1993, no artigo intitulado *Epistemologia, história e educação matemática: tornando mais sólidas as bases da pesquisa*, já mencionado algumas vezes, iniciou-se, na nossa perspectiva, a publicação do modelo teórico. Nesse momento, a noção de campo semântico é descrita nos seguintes termos:

> *Campo Semântico* é uma coleção de conhecimentos cujas *justificações* estão todas relacionadas a um mesmo *modelo nuclear* – como é o caso da balança de dois pratos - ou todas são produzidas a partir de um mesmo conjunto de princípios – como é o caso das *justificações* que caracterizam, por exemplo, o Pensamento Algébrico".[74] (destaques do autor)

Nota-se que ele se refere à balança de dois pratos fazendo menção ao exemplo elucidativo que ele apresentou (e que será apresentado no capítulo seguinte) quando o aluno associa uma equação a uma balança de dois pratos e a segunda consideração está relacionada à sua caracterização de pensamento algébrico presente na sua tese de doutorado. Além disso, observamos que sua caracterização de campo semântico acima ainda está intimamente relacionada à noção de conhecimento.

Em 1994, no artigo denominado *O Modelo Teórico dos Campos Semânticos: uma análise epistemológica da álgebra e do pensamento algébrico* a noção de campo semântico foi descrita nos seguintes termos: "um Campo Semântico é um *modo de produzir significados*.[75]

Em 2001, no artigo intitulado *The production of meaning for algebra: a perspective based on a theorical model of semantic fields* (A produção de significados para a álgebra: uma perspectiva baseada no Modelo Teórico dos Campos Semânticos), o autor se aproxima da versão final de sua teorização ao comentar:

> Diremos que uma pessoa está operando dentro de um determinado campo semântico sempre que está produzindo conhecimento (significado) em relação a um determinado núcleo [...]. Alternativamente, podemos dizer que um campo semântico é a atividade de produção de conhecimento em relação a um dado núcleo.[76]

Essa formulação ainda traz, associada a si, a noção de conhecimento. Não que isso traga alguma dificuldade adicional, mas a questão é que produzir conhecimento é parte de se produzir significado. Por outro lado, o termo significado é mantido em sua caracterização desde 2001.

Em 2012, no livro intitulado *Modelo dos Campos Semânticos* e *Educação Matemática: 20 anos de história*, ele apresenta sua última redação para a noção: "Campo semântico é um processo de produção de significado, em relação a um núcleo, no interior de uma atividade"[77].

Essa formulação foi a última etapa do processo de refinamento dessa noção. Assim, alternativamente, diremos que uma pessoa está operando em um campo semântico toda vez que ela estiver produzindo significado em relação a um núcleo no interior de uma atividade.

Nesse processo de elaboração teórica, Lins se preocupava em explicitar o fato de que um campo semântico é um processo e não algo estático. Sobre isso, ele comentou:

> O fato de que houve e há muitas pessoas que ao entrarem em contato com o modelo, em particular com a noção de campo semântico, o concebem de forma estática, como se fosse um "campo" cheio de coisas, "na cabeça" da pessoa, e que quando ela for resolver um problema pode "chamar", "invocar", são, eu penso, um sintoma importante de uma inclinação forte do senso comum para se fundar em noções de realidades objetivas e de essências. Ou, posto de outro modo, de uma resistência do senso comum a toda a forma de relativismo que não seja pálido, que não seja apenas uma referência a "aparências", a "interpretações" ou a idiossincrasias, mas sempre com referência direta ou indireta a alguma essência da qual elas são aparências, interpretações ou particularidades mais ou menos relevantes.[78]

Esta preocupação é reforçada quando, dez anos depois, ao falar de campo semântico, o autor comenta: "Mas um campo não pode ser processo? E, ele mesmo responde: "Pode sim, tanto que é." E, a partir do seu olhar vigotskiano, acrescenta: "Sendo um processo, ao ser colocado em marcha cria as condições para a sua própria transformação"[79]. Assim, uma das importantes funções da noção é explicitada nos seguintes termos:

> Do ponto de vista da teorização, "campo semântico" serve para articular "produção de conhecimento", "significado", "produção de significados" e "objeto". A referência a "no interior de uma atividade" serve para evitar o caso em que se esteja falando de futebol e de equações "ao mesmo tempo" e terminemos fazendo referência a um campo semântico no qual pareça que se está produzindo significado para gol em relação a uma balança de dois pratos. Não que isto não possa acontecer, mas é melhor ter a possibilidade da leitura mais fina. É isto que o MCS oferece: um quadro de referência para que se possa produzir leituras suficientemente finas de processos de produção de significados.[80]

A outra função de campo semântico no MCS será discutida no capítulo seguinte como sendo a unidade de análise que consideramos em pesquisas que investigam a produção de significados dos informantes a quem se deseja entender a enunciação.

Na continuação, veremos que as noções de internalização e de Zona de Desenvolvimento Proximal (ZDP) serão amplamente utilizadas por Lins em seu processo de teorização. Por este motivo, estas ideias serão objeto de discussão a partir de agora.

Internalização no Processo de Produção de Significado

O conceito de internalização[81] na psicologia soviética, segundo Leontiev (1984), está vinculado ao nome de Vigotski e aos pesquisadores que seguiram sua direção no estudo deste processo. Para Leontiev, foi a introdução na psicologia do conceito de internalização que desempenhou o principal papel do desenvolvimento das ideias psicológicas concretas sobre a origem das operações internas do pensar[82].

Esse conceito, como o próprio Vigotski (1981) chamou a atenção já havia sido abordado por outros estudiosos anteriores a ele. Segundo Moll (1996), Vigotski compartilhou a ideia de processos intrapessoais com o psicólogo francês Pierre Janet, por exemplo. Leontiev (1984) caracterizou a internalização, no sentido proposto por Vigotski, nos seguintes termos:

> [...] a interiorização é chamada de transição a partir da qual resulta que processos externos, devido à sua forma, bem como objetos materiais externos, se transformam em processos que ocorrem no plano mental, no plano da consciência; ao mesmo tempo, são submetidos a uma transformação específica, ou seja, são realizados, verbalizados, reduzidos e o principal é que se tornam capazes de continuar um desenvolvimento que transcende as possibilidades de atividade externa.[83]

No livro *A formação social da mente*, que reúne as ideias de Vigotski sobre o assunto, encontramos a menção à internalização em três momentos. No primeiro momento, ele comenta:

> O primeiro exemplo significativo dessa ligação entre essas duas funções da linguagem [a fala egocêntrica e a fala social] é o que ocorre quando as crianças descobrem que são incapazes de resolver um problema por si mesmas. Dirigem-se então a um adulto e, verbalmente, descrevem o método que, sozinhas, não foram capazes de colocar em ação. A maior mudança na capacidade das crianças para usar a linguagem como um instrumento para a solução de problemas acontece um pouco mais tarde no seu desenvolvimento, no momento em que a fala socializada (que foi previamente utilizada para dirigir-se a um adulto) é internalizada.[84]

Logo depois, continua:

> Ao invés de apelar para o adulto, as crianças passam a apelar a si mesmas; a linguagem passa, assim, a adquirir *uma função intrapessoal* além de seu *uso interpessoal*. No momento em que as crianças desenvolvem um método de comportamento para guiarem a si mesmas, o qual tinha sido usado previamente em relação a outras pessoas, e quando elas organizam sua própria atividade de acordo com uma forma social de comportamento, conseguem, com sucesso, impor a si mesmas uma atitude social. A história do processo de *internalização da fala social* é também a história da socialização do intelecto prático das crianças.[85] (destaques do autor)

No segundo momento, Vigotski, analisando os protocolos dos experimentos conduzidos quando as crianças são submetidas à resolução de tarefas, comenta: "Ocorre o que chamamos de internalização; os signos externos, de que as crianças em idade escolar necessitam, transformam-se em signos internos, produzidos pelo adulto como um meio de memorizar".[86]

No terceiro momento, ao discutir a internalização das funções psicológicas superiores, ele conceitua: "Chamamos de *internalização* a reconstrução interna de uma operação externa."[87]

Para esclarecer a caracterização, Vigotski apresenta um exemplo sobre o desenvolvimento do gesto de apontar pela criança, o qual reproduzimos assim: considere uma criança cujo gesto de apontar é uma tentativa, sem sucesso, de alcançar um objeto que se encontra fora do alcance. Sua mãe ao observá-la, nota que seu gesto indica alguma coisa e vai ao seu encontro. A mãe passa, então, a estar entre a criança e o objeto e esta, por sua vez, percebe que poderá chegar ao objeto com a ajuda da mãe. Neste momento ocorre uma mudança: o apontar da criança torna-se um gesto para o outro – a mãe. "O movimento de pegar transforma-se no ato de apontar". A operação externa – esticar o braço para alcançar o objeto – levou a uma reconstrução interna: para pegar o objeto é preciso apontar.

A esse processo Vigotski chamou de internalização e que segundo ele, consiste numa série de transformações: a) uma operação que inicialmente representa uma atividade externa é reconstruída e começa a ocorrer internamente; b) Um processo interpessoal é transformado em intrapesssoal; c) A transformação de um processo interpessoal é o resultado de uma longa série de eventos ocorridos ao longo do desenvolvimento[88].

Em Lins (1994) encontramos, talvez, a sua única divergência do pesquisador com as ideias desenvolvidas por Vigotski e seus colaboradores. Ele comenta:

> Mesmo Vygostky e seus colegas, adotando a posição – naquele momento radical – de que os próprios mecanismos cognitivos caracteristicamente humanos são formados socialmente, não abandona a postulação de que indivíduos e social são distintos: há um indivíduo que se forma no social. O esqueleto desta postulação é a distinção *interno/externo* aplicada ao indivíduo; é precisamente por isso que o problema que Vygostky caracteriza como central no desenvolvimento cognitivo é o de *internalização*, e propõe para atacar este problema, o conceito de Zona de Desenvolvimento Proximal (ZDP).[89] (Destaques do autor)

Para Lins, a forma como a distinção entre interno e externo está posta, isto é, a questão da internalização, é complexa. Ele então faz menção a Wertsh e Stone (1991), que observaram que "um dos problemas mais persistentes da psicologia é como conceituar a relação entre atividade interna e externa". Lins assim observa:

> Vygotsky trabalha com a ideia de que os mecanismos cognitivos são uma forma internalizada de mecanismos que se apresentam no social, e postula que é na interação com colegas mais adiantados ou com adultos que o desenvolvimento cognitivo da criança acontece. Chamemos a estes agentes que propiciam o desenvolvimento cognitivo do sujeito de *interlocutores*.[90] (Destaque do autor)

Ele então apresenta algumas questões preparatórias na direção da resposta que pretende dar à questão:

> Mas o que se dá na interação entre o sujeito e interlocutores? O que é que interlocutores têm que o sujeito ainda não tem, e que depois de um tempo vai haver possivelmente internalizado? Obviamente a resposta não pode ser "informação" pois *o texto* está igualmente disponível a todos os envolvidos. Mais: quando o *texto* está disponível ao sujeito, e há um fracasso em assimilar este texto – assimilar no sentido de esquemas – o que não está sendo produzido é *significado*.[91] (Destaques do autor)

Na sequência, Lins apresenta seu ponto de vista:

> O que é internalizado são precisamente *modos de produzir significados*, isto é, o que é internalizado são *campos semânticos*[92]. O que esta afirmação implica é que através da interação o sujeito possivelmente apre(e)nde dos interlocutores que certos modos de produção de significados são legítimos, que tem sentido,[92] para ele, o sujeito; e ao engajar-se na prática de produzir significado dentro desses campos semânticos o sujeito se insere no social a que pertencem os interlocutores, *ao mesmo tempo que abre a possibilidade de orientar a si próprio dali para frente nas atividades em questão.*[93] (destaques do autor)

Sobre a última parte em itálico na citação anterior, Lins comenta:

> Dei destaque a esta última observação, por ela representar exatamente a outra ponta da ZDP de Vygostky: quando o sujeito já pode fazer sem os interlocutores aquilo que antes não podia. Ao internalizar um *modo de produzir significado*, o sujeito passa a ser capaz de ser o *seu próprio interlocutor.*[94]

Ele então reforça seu ponto de vista afirmando que:

> Poderíamos, aqui, introduzir as noções de *interlocutor interno* e *interlocutor externo*, mas é exatamente neste ponto que a distinção interno/externo mostra-se desnecessária: a atividade cognitiva "autônoma" do sujeito funciona da mesma forma que a atividade cognitiva "heterônoma", isto é, através da interação com *interlocutores*, sejam eles "internos" ou "externos".[95] (Destaques do autor)

Para tornar claro este último ponto, Lins examina a noção *Scaffolding* criada pelo psicólogo Gerome Bruner (1991) para caracterizar o papel dos interlocutores. Ele comenta:

> A palavra "Scaffold", em inglês, quer dizer andaime, e o que se intenciona com "Scaffolding" é a atividade de oferecer ao sujeito um andaime que lhe permita atingir gradualmente lugares os quais não atingiria sozinho. Frente a esta noção, devemos nos perguntar se o sujeito pode ser um agente que propicia seu próprio desenvolvimento cognitivo. A partir da perspectiva Vygostkyana, a resposta é

> *sim*, pois caso contrário não haveria desenvolvimento cognitivo de ninguém.[96] (Destaques do autor)

Então Lins conclui seus argumentos dizendo:

> O resultado é que o papel dos *interlocutores* é o mesmo, sejam "internos" ou "externos", e a distinção mostra-se – neste nível – desnecessária; em ambos os casos *o sujeito fala para modos de produção de significado, pergunta a eles e para eles olha em busca de sinais de que está falando adequadamente*. E, dada a posição que assumimos, de que os interlocutores "internos" são formas internalizadas dos interlocutores "externos"; concluímos que *o sujeito fala sempre para o outro, para o social, dentro da cultura a que pertence*. Podemos entender, assim, que interlocutores não são pessoas, indivíduos, mas precisamente *modos de produzir significado, campos semânticos*; quero dizer com isso que não é necessário – e na verdade é até um complicador – pensarmos em *interlocutores* como "rostos com quem falamos.[97] (Destaques do autor)

Em seu último texto sobre o MCS, redigido em 2012, Lins reforça seu ponto de vista quando comenta:

> Interlocutores são legitimidades. O que internalizamos, nos processos de humanização e do que se costuma chamar de desenvolvimento intelectual, são interlocutores, são legitimidades. A Zona de Desenvolvimento Proximal de Vygostky, por exemplo, pode ser explicada, nos termos do MCS: o *processo* no qual a pessoa passa a ser capaz de fazer algo com a ajuda/presença de uma pessoa mais "experiente" para ser capaz de fazer algo "sozinha", é o processo no qual a pessoa passa a precisar" *emprestar a legitimidade de um terceiro para poder dizer o que diz naquele lugar e momento*", para "fazer de maneira autônoma *por ter internalizado interlocutores, legitimidades*" (é melhor ainda dizer "por ter sido internalizado por interlocutores, legitimidades").[98] (Destaques do autor)

Sobre a Zona de Desenvolvimento Proximal, ele ainda chama a atenção para o fato de que:

> Na ZDP, segundo o MCS, o que se internaliza não é conteúdo, não são conceitos, e sim legitimidades: a pessoa já era capaz de fazer, mas não sabia que nesta ou naquela situação aquilo era legítimo, que nesta ou naquela situação aquele modo de produção de significado era legítimo.[99]

Assim, no MCS existe uma relação íntima entre o processo de internalização, ZDP, interlocutores e legitimidades, sugerindo que, sob a perspectiva linsiana a distinção entre externo e interno é desnecessária.

Notas de teorizações (III): olhando para as relações entre as noções-categorias

Estamos, agora, em condições de aprofundar as relações que existem entre as diferentes noções-categorias propostas pelo MCS e que reforçam sua coerência interna. Além disso, acrescentaremos ao texto algumas reflexões linsianas no processo de teorização que merecem menção e que surgiram no processo de emergência do *Modelo*. Recordamos, por exemplo, a noção de *conhecimento*, expressa em 2012 nos seguintes termos:

> Um conhecimento consiste em uma crença-afirmação (o sujeito enuncia algo em que acredita) junto com a justificação (aquilo que o sujeito entende como lhe autorizando a dizer o que diz).[100]

Chamamos a atenção para o fato, até agora implícito, de que há uma íntima relação entre conhecimento e interlocutores e que deixamos para explicitá-la neste momento. Para Lins, "nenhum conhecimento vem ao mundo ingenuamente". Segundo ele "aquele que o *produz*, que o *enuncia*, já fala em uma direção (o *interlocutor*) na qual o que ele diz, e com a justificação que tem, *pode ser dito*. Essa direção representa uma legitimidade que internalizou o sujeito (...)"[101]. Dito em outras palavras, "(...) se falamos nesta direção (que é o que faz com que nunca estejamos cognitivamente sós), é porque ela é *legítima*".[102]

Como vimos na definição tripartida de conhecimento, a verdade sempre foi parte constitutiva da concepção de conhecimento em Filosofia. Nesse âmbito, para os epistemólogos, não se pode conhecer o que não é verdadeiro, além de que, o verdadeiro estava sempre se referindo à proposição. Mas a formulação linsiana de conhecimento coloca a questão da verdade sob uma outra perspectiva, como podemos constatar no seguinte comentário:

> Se eu quisesse falar de verdadeiro só poderia me referir, em primeiro lugar, a conhecimento, mas a própria enunciação que o faz existir garante que ele é verdadeiro para alguém e, uma vez que o ser cognitivo não se identifica com o ser biológico, ele não é nunca verdadeiro para um indivíduo isolado. O que se dá é um rompimento com as noções absolutas de verdade – sempre problemáticas -, ao mesmo tempo que não concede um relativismo absoluto – também igualmente problemático. Este é um relativismo cujos limites são

> postos por práticas sociais e por culturas, através do compartilhamento de interlocutores, de estipulações (locais ou não) e de espaços comunicativos.[103]

Assim, para Lins "Todo conhecimento produzido é verdadeiro (para quem o produz), simplesmente porque a legitimidade da enunciação foi antecipada. Mas, como ele observa, "não se trata de um relativismo absoluto, já que a enunciação é sempre feita na direção de um interlocutor, isto é, há sempre pelo menos dois sujeitos cognitivos que compartilham um conhecimento."[104]

***

Percebemos como as conexões entre as noções-categorias do MCS são articuladas em vários textos produzidos por Lins. Por exemplo, ao comentar:

> Justificações (...) ao me permitirem dizer algo, são o que garantem a legitimidade de minha enunciação (...). Ao produzir significado, minha enunciação é feita na direção de um interlocutor que, acredito, diria o que estou dizendo com a justificação que estou produzindo. Isto quer dizer que a legitimidade de minha enunciação não é função de algum critério lógico ou empírico que eu pusesse em jogo, e sim do fato de que acredito pertencer a algum espaço comunicativo. Eu já havia indicado que compartilhar um espaço comunicativo é compartilhar interlocutores e isto, junto com a elaboração que fiz da produção de significados na direção de interlocutores, garante que toda produção de significados é dialógica no sentido cognitivo. Insistindo na diferença: o ser biológico pode estar sozinho, mas não o ser cognitivo.[105]

***

Nesse cenário, a relação entre núcleo e campo semântico, como vimos na caracterização de campo semântico, é expressa novamente por Lins em 2012 da seguinte maneira: "Núcleo de um campo semântico é constituído por estipulações locais, que são, localmente, verdades absolutas, que não requerem, localmente, justificação"[106].

Sobre as estipulações locais, Lins explora as possibilidades ao comentar que podem existir situações em que o que é tido como estipulação local, precise de *justificação* para ser dito. Ele exemplifica:

> Na atividade de resolver a equação $3x + 10 = 100$ na aula de Matemática, diremos que "se os dois lados têm o mesmo peso a balança fica equilibrada". Mas na aula de Física é preciso explicar que os braços da balança, sendo de mesmo comprimento, e os pesos iguais, o momento resultante é nulo, de modo que o sistema permanece em repouso (se estava assim). No primeiro caso, "se

> os dois lados têm o mesmo peso a balança fica equilibrada" é uma estipulação local, no segundo não.[107]

Vemos assim como a atividade em que o sujeito está envolvido é importante na compreensão da sua produção de significados. Na continuação, Lins discute a possibilidade de uma afirmação se transformar numa estipulação local:

> Pode acontecer de uma afirmação produzida no interior de um campo semântico vir a tornar-se, por motivos diversos, parte do núcleo. É o caso, comumente de teoremas. A princípio eles demandam demonstração. Depois aos poucos, os teoremas mais usados (mais centrais, mais importantes, mais usados pelo autor x, ...) passam a ser usados como se fossem axiomas.[108]

Nosso entendimento dessa consideração é o fato interessante de que, para um matemático, por exemplo, que estudou durante toda a sua vida um determinado assunto, muitas crenças-afirmações que no início precisavam de justificação passam a ser, em termos cognitivos, uma estipulação local para ele. E assim, vai ampliando seu núcleo, em sua atividade de investigação, para tratar das coisas novas que vão surgindo. Nessa direção, Lins comenta:

> Aliás, a Matemática do matemático (provavelmente Bourbaki dissesse "teorias axiomáticas") opera exatamente assim: o núcleo é (supostamente) composto uma vez, e para sempre (com relação a uma certa teoria), por certos conjuntos, relações entre eles e axiomas a que estas relações satisfazem. Na prática, como foi dito, os "teoremas mais importantes", assim como os "novos" objetos que vão sendo definidos, vão talvez se agregando ao núcleo. Isto torna razoável que falemos tanto de uma Matemática do matemático quanto de *atividade matemática*. Nesta última é que teoremas podem virar quase-axiomas.[109]

Lins então aborda sobre a diferença entre o *expert* e o aprendiz, em termos da constituição de um núcleo:

> Parece mesmo que este comportamento (deixar o núcleo "absorver" teoremas e novos objetos) é característica muito mais do expert do que do novato, que opera radialmente em relação ao núcleo: demonstra o teorema de Lagrange mas não o usa para demonstrar um próximo teorema, preferindo voltar aos axiomas. É claro que em muitos casos os axiomas e as demonstrações não são nada disto para o aluno. Por isto é sempre preciso *ler* o aluno, saber *onde ele está.*[110] (Destaque do autor)

Ainda na sua redação sobre o MCS de 2012, Lins volta a comentar sobre a diferença entre o sujeito/ser cognitivo e o sujeito/ser biológico: "O sujeito biológico é o outro. Não é na direção de um outro que o sujeito cognitivo fala, mesmo que um sujeito biológico esteja a sua frente. Falamos sempre na direção de um sujeito cognitivo, um interlocutor."[111] E novamente, reitera sua perspectiva ao afirmar: "Se todos os sujeitos biológicos morrerem, isto não implica que eu como sujeito biológico, morra por causa disto. Se todos os sujeitos cognitivos morrerem (para mim, um apagamento), isto implica que eu, como sujeito cognitivo, morro".[112] A partir desta reflexão, ele acrescenta algumas considerações que liga o sujeito cognitivo ao pertencimento e à produção de significado, nos seguintes termos:

> O instinto de sobrevivência do ser biológico manifesta-se na alimentação e na reprodução. O instinto de sobrevivência do ser cognitivo se manifesta na pertinência (a culturas, práticas culturais, práticas sociais); "ser internalizado" que dizer, precisamente, "ser pertencido*". Produzir significado é a estratégia que permite, na luta pela sobrevivência cognitiva, a pertinência.*[113] (Destaque do autor)

Assim, mais uma vez ele marca a diferença entre ser biológico e ser cognitivo. Para mim, o ponto alto dessa diferença e de acordo com nosso interesse na pesquisa no fato de que produzimos significados como parte de nosso pertencimento a cultura em que estamos imersos e na nossa sobrevivência cognitiva.

***

No artigo intitulado *O Modelo Teórico dos Campos Semânticos: Uma análise epistemológica da álgebra e do pensamento algébrico* publicado em 1994, Lins apresenta uma leitura comparativa entre seu modelo teórico e outros modelos em Educação Matemática. Em particular, sua análise se baseou na diferença com os modelos teóricos de Piaget, Collis e Vergnaud. Segundo ele, existem vários modelos que "são fundados, em última instância, na noção de conjuntos, seja diretamente ou através de outras noções; estruturas, categorias e, hoje, alegorias, são essencialmente desenvolvidos a partir da noção de conjuntos"[114].

Para Lins, uma maneira de explicitar a diferença entre esses modelos seria examinando as noções de *campo*, *sistema* e *estrutura* a partir da análise em cada caso dos *objetos* e de *relações* envolvendo estes objetos. Ele comenta:

> No caso das *estruturas*, tanto a pertinência de *objetos* quanto as *relações* entre eles estão bem definidas, no sentido de que um *objeto* pertence ou não à *estrutura* e as relações estão de tal forma constituídas que um desequilíbrio em um ponto da *estrutura* repercute em toda ela; é esta última característica que permite que se tome contradições como "combustível" do desenvolvimento cognitivo.[115] (Destaques do autor)

Sua menção a contradições como combustível do desenvolvimento cognitivo é uma clara referência ao modelo piagetiano. Na continuação, ele discute a noção de sistema:

> Um *sistema*, por seu lado, pode ser entendido como "*uma estrutura real*", isto significando que a propagação de desequilíbrios tem que enfrentar uma certa inércia: um desequilíbrio em algum ponto do sistema não reflete necessariamente em todos seus outros pontos[116]. É nesse sentido que digo que as *relações* em um *sistema* são não-permanentes, embora a pertinência de *objetos* esteja bem definida; *relações* aplicam-se ou não dependendo da cadeia intermediária de relações envolvidas.[117] (destaques do autor)

Então, para indicar a diferença entre campo, estrutura e sistema, Lins escreve:

> Com relação aos *campos* tanto a pertinência quanto as relações são não-permanentes, o que implica que *objetos* não podem fazer parte constitutiva de *campos*, e é neste sentido que o MTCS é um modelo não-essencialista, pois propõe que *objetos* são sempre - e incessantemente – *constituídos, e não aproximados, abordados.*[118] (Destaques do autor)

Ele, então, apresenta um resumo dessa diferença no seguinte quadro:

Quadro 2 – A diferença entre campo, sistema e estrutura

	Objetos	**Relações**
Campo	Pertinência difusa	não-permanentes
Sistema	Pertinência 0 - 1	não-permanentes
Estrutura	Pertinência 0 - 1	permanentes

Fonte: Lins (1994b, p.31)

A alusão a esta diferença foi apresentada uma única vez e ele não retornou à essa discussão posteriormente. Ao nosso ver, a importância dessas considerações reside no fato de que, como ele observou, em um campo semântico os objetos são sempre constituídos e nunca aproximados ou abordados. Em seus termos, Lins argumenta que "quando falamos de produzir significado, estamos sempre falando de constituir objetos".[119] Ademais, é preciso atentar para o fato de que as relações entre os objetos são não-permanentes pois estamos falando de processo: o processo de produção de significado.

***

No artigo intitulado *Epistemologia e Matemática*, Lins (1994a) apresenta uma reflexão que nos auxilia ampliar nosso entendimento sobre como a linguagem participa da constituição do MCS e que apresentaremos na íntegra e na forma de um excerto:

As palavras

> De todas as coisas que podem ser ditas características dos seres humanos, parece-me que as palavras se destacam. Tanto na comunicação interpessoal, quanto na comunicação intrapessoal, o papel dos signos, mas em particular das palavras, não é segundo para nenhuma outra invenção do homem. (Vygotsky, 1994)

E de que forma as palavras participam de nosso modo humano de ser? Não só em permitir a comunicação, o que é certo: é com palavras que se constrói o próprio recorte que identificamos como mundo, o real.

Eu digo que minha língua é minha pátria. É na língua que eu vivo, é dela que falo, é a ela que respondo. A cada momento a língua limita o que eu posso dizer, tanto quanto é o universo dentro do qual posso criar. (Carroll, 1987; Pinxten, não datado) A língua oferece categorias a cada instantes inescapáveis. Mas nem tão inescapáveis, pois ela se transforma.

Dizer que existe o que não pode ser dito leva a alguns problemas: basta tentar falar de algo para o qual não se tem nome. Mas é preciso ir além dessa formulação simples – de que o que existe é o que tem nome - para que se possa apreciar de fato a tese que apresento. Não se trata de dizer que não exista uma realidade última: trata-se, sim, de destacar esta questão como inútil, pois mesmo as abordagens epistemológicas, que postulam a existência de uma realidade última, concordam que ela seria inacessível em sua constituição absoluta. Apresentada do ponto de vista de quem fala – nós humanos – a visão de um mundo de coisas sem nome é bem mais que fantasmagórica: é uma verdadeira vertigem, vertigem esta que só é suspensa quando falamos.

Slavoj Zizek aborda este problema de forma bastante precisa, buscando elementos em Hegel e em Lacan (Zizek, 1991a, 1991b). A partir do famoso paradoxo da corrida entre Aquiles e a tartaruga, Zizek ilumina a relação entre o suposto objeto-em-si e a linguagem:

> "Como não reconhecer, nesta relação paradoxal do sujeito [Aquiles] com o objeto [tartaruga], a cena do famoso sonho em que nos aproximamos incessantemente do objeto que, não obstante, guarda distância? Como já sublinhou Lacan, o objeto é inacessível, não porque Aquiles não possa adiantar-se à tartaruga (ele bem pode ultrapassá-la e deixá-la para trás), mas porque não pode unir-se a ela". (Zizek, 1991a, p. 25)

Se o objeto-em-si insiste em nos escapar, de que forma é construído o que tem permanência? Simplesmente pela enunciação de um nome, enunciação cujo primeiro efeito é cessar a corrida vertiginosa atrás daquilo a que não nos podemos unir, e cujo segundo efeito é fazer com que estejamos irremediavelmente perdidos do objeto-em-si e irremediavelmente unidos ao objeto-palavra., já que, sendo eu quem fala, não é possível desvencilhar-me do que falo.

Como resultado, é a partir da fala que falamos, e não a partir de objetos-em-si, e esta é a tese que identifica de que modo mundos são constituídos na linguagem.

***

6

O Modelo dos Campos Semânticos: uma teorização posta em ação

> O MCS só existe em ação. Ele não é uma teoria para ser estudada, é uma teorização para ser *usada*.
>
> Toda leitura é autoria. Ler é dizer "o que está aqui é ...".
>
> Romulo Campos Lins

Neste capítulo apresentaremos duas situações em que indicaremos as possibilidades de análise a partir dos pressupostos teóricos do MCS com o objetivo de sugerir suas potencialidades em ação. Na primeira, apresentaremos o que Lins chamou de "exemplo exemplar" o qual parte de uma situação ficcional, mas que na prática diária do professor pode ser visto como possível e corriqueiro e por meio do qual se pode desenvolver uma análise do que está acontecendo com os estudantes que têm dificuldades para resolver uma equação. Nesta oportunidade e como consequência, sugeriremos a distância que existe entre ter e não ter disponível uma perspectiva teórica que permita uma leitura do que acontece à nossa frente numa sala de aula.

Na segunda situação apresentaremos, em linhas gerais, uma pesquisa em uma sala de aula e realizaremos uma análise do que aconteceu naquele espaço de modo a sugerir a possibilidade de uma leitura – nos termos linsianos - "ao vivo" da produção de significados dos participantes.

Entre as duas situações e suas análises, optaremos por discutir alguns aspectos teóricos que emergem quando o MCS é posto em ação e, cuja compreensão configura noções-categorias que auxiliam no entendimento do papel dessas noções.

Um exemplo "exemplar"

A situação "ficcional" que apresentaremos a seguir foi reelaborada a partir do que Lins apresentou em algumas de suas de suas produções[1] para esclarecer a sua audiência sobre os pressupostos do MCS. Originalmente foi apresentada em um contexto de ensino no qual alunos, que poderiam ser de uma turma do 7º ano do Ensino Fundamental, estavam envolvidos na atividade de resolver equações.

Uma atividade de ensino em sala de aula

Os alunos de uma turma de 7º ano do Ensino Fundamental estão envolvidos na atividade de resolver equações. Consideraremos que eles já tenham estudado números negativos. A professora Suely propõe, inicialmente, que os alunos resolvam a seguinte equação:

$$3x + 10 = 100.$$

Sem maiores dificuldades os alunos apresentam a solução correta $x = 30$. Mesmo assim, a professora vai ao quadro para resolver a equação e diz:

Professora Suely: Eu tenho 3 vezes x, mais 10 igual a 100. Eu sei que x é a incógnita. Somando a ambos os lados da igualdade -10, a igualdade continua verdadeira, porque esta é uma propriedade da igualdade numérica. Então ficamos com $3x = 90$. E, multiplicando ambos os lados da igualdade por 1/3 para isolar x, obtemos como resposta $x = 30$.

Feliz com o êxito da turma, a professora propõe outra equação, apenas para a fixação do conteúdo estudado, como de praxe no ensino tradicional. A equação cuja solução deve agora ser encontrada é:

$$3x + 100 = 10.$$

Ao observar a turma, a experiente professora percebe que algo estranho está acontecendo e ao abordar alguns alunos, ela constata que, da perspectiva dela, eles nem sequer parecem estar diante de uma equação idêntica à anterior. Vários alunos dizem não saber resolver aquela equação. Ela ainda ouve o sussurro de Daniel conversando com Ana:

Daniel: Isto não faz sentido... A professora enlouqueceu?

Ana: O quê? O que não faz sentido?

A questão que se coloca de imediato é: o que pode estar acontecendo? Como entender as dificuldades dos alunos?

Do nosso ponto de vista, um dos maiores desafios da profissão de professor é identificar e agir nas *dificuldades de aprendizagem* de nossos alunos e, se possível, no momento em que são explicitadas. Infelizmente, a formação do professor no interior das Licenciaturas e nos cursos de

Pedagogia não os habilita, em geral, a atacar esta questão central e frequente em nossas salas de aula. Um dos possíveis caminhos será apresentado a seguir.

Nesse momento, existem dois caminhos possíveis e divergentes que gostaríamos de explicitar para enfrentar o problema didático que se instalou. Vale observar, que o caminho que o professor opta para solucionar essa questão didática é fruto de suas concepções de ensino e aprendizagem.

Um dos caminhos que descreveremos é do ensino tradicional que o pesquisador Roberto Ribeiro Baldino denominou, em seus trabalhos, de Ensino Tradicional Vigente (ETV). Outro caminho possível será aquele que denominaremos perspectiva linsiana (obviamente, outros modelos teóricos darão outras respostas para a situação apresentada).

A solução do Ensino Tradicional Vigente

O primeiro caminho tomado em muitas salas de aula desde os anos finais do Ensino Fundamental até a universidade, parte do princípio de que o professor é o detentor do conhecimento e quem tem como incumbência transmitir seus conhecimentos aos alunos que, passivamente aprendem ouvindo. Ensinar, em geral, significa transmitir conhecimento daquele que o detêm para o aprendiz passivo e atento (pelo menos no início). Assim, considerando a situação acima, o possível "problema de aprendizagem", se for considerado, será debitado na conta do aluno, que não tem pré-requisito, é fraco ou, está desatento. Mas, se o aluno não entendeu, cabe ao professor explicar, repetir a explicação, convencer, mostrar ao aluno o caminho para resolver a equação proposta. Ao aluno que tem dúvidas, resta a incumbência de ouvir, prestar mais a atenção, buscar entender a explicação dada, enfim, se esforçar!

A professora Suely, ao tomar esse caminho apresentará ao aluno a resolução da equação e, se ele ainda não entender, com muita boa vontade, ela apagará o que escreveu no quadro e repetirá o que havia dito da maneira mais clara e pausada possível- sim, da mesma maneira -, dizendo:

Professora Suely: Eu tenho 3 vezes x, mais 100 igual a 10. Eu sei que x é a incógnita. Somando a ambos os lados da igualdade -100, a igualdade continua verdadeira, porque esta é uma propriedade da igualdade numérica. Então ficamos com 3x = -90. E multiplicando ambos os lados da igualdade por 1/3 para isolar x, obtemos como resposta x = - 30.

Chamamos a atenção para o fato de que, numa sala de aula real, se os alunos que não entendem a explicação da professora sugerissem que a aula não deveria continuar sem que todos entendessem, o caos se instalaria. Pois, para essa professora, além de novamente repetir a explicação, não haveria mais o que fazer e dizer.

A Perspectiva Linsiana

Para ilustrarmos o segundo caminho, que chamaremos de perspectiva linsiana, assume a sala de aula o professor Romulo que tem à sua disposição o Modelo dos Campos Semânticos para entender o que está acontecendo. Ele entende, por exemplo, estar frente a um problema didático e epistemológico, apontado nas seguintes perguntas: por que alguns alunos resolvem a primeira equação e não conseguem resolver a segunda? Por que alguns alunos produzem significados para o texto "3x + 10 = 100" e não produzem para "3x + 100 = 10"? Colocado o problema, surge para ele uma nova questão: por onde começar a investigação sobre o que está acontecendo?

Com vistas a saber o que seus alunos conhecem sobre equações, a estratégia do professor Romulo será deixá-los falar sobre equações a fim de analisar suas produções de significados. Porém, ele observa que de nada adiantaria questionar sobre a resolução da segunda equação para os alunos que não sabem resolvê-la, pois eles teriam pouco ou nada a dizer. Assim, sua estratégia será saber de alguns deles, como resolveram a primeira equação e, com base em suas justificações, encontrar evidências de suas maneiras de operar a partir dos significados produzidos, observando os objetos que estão sendo constituídos, suas crenças-afirmações, o núcleo a partir do qual eles estão operando, suas falas na direção de interlocutores. Ele então pergunta:

Professor Romulo: Pessoal, quem pode me dizer como resolveu a equação 3x + 10 = 100?

Ao serem questionados, Daniel, Ana e Claudio pedem para falar. Eles então dizem:

Daniel: Ora professor, de um lado tem 3x mais 10 quilos e do outro tem 100 quilos, então tá equilibrado. Se eu tirar 10 quilos de cada lado, continua equilibrado. Daí sobra 3x = 90. Se eu divido 90 quilos em 3 partes iguais, continua equilibrado, e uma parte é 30 quilos. A resposta é x igual a 30.

Enquanto Daniel falava, o professor Romulo observou que ele fazia gestos com a mão que sugeria uma balança de dois pratos.

Por sua vez, Ana diz:

Ana: Eu fiz assim: eu tenho um todo de valor 100 que tem três partes iguais de um valor que eu não conheço e de uma parte de valor 10. Se do todo eu tiro uma de suas partes, 10, o que sobra da outra parte é 3x desse lado é 90. Então, se três partes é 90, uma é 30.

A explicação de Claudio veio logo a seguir, sugerindo sua maneira de operar:

Claudio: Eu pensei assim: x é um número secreto. Multiplico por 3 e somo 10 ao resultado da multiplicação. O resultado final é 100. Então eu tenho 3x + 10 = 100, desfazendo isso fica 3x = 100 – 10 e 3x = 90 e desfazendo de novo, fico com x = 30.

O professor Romulo constata, de imediato, que os três alunos produziram diferentes significados a partir do mesmo resíduo de enunciação "3x +10 =100". Isto é, este texto foi constituído em objeto de três modos diferentes e, para cada um deles, as transformações efetuadas na equação foram distintas. O professor, buscando ler o que disseram seus alunos espera que, conhecendo as justificações de cada um seja possível supor quais deles teriam dificuldade em resolver a segunda equação.

Presenciando as justificações de Daniel, seus gestos e sua fala, o professor Romulo observou que ele estava querendo dizer que "se retirarmos dez quilos de cada lado continua equilibrado". Os significados produzidos por aquele aluno estão relacionados ao fato de que, se tirar dez quilos de cada lado de uma balança de dois pratos, ainda assim, ela continua equilibrada. Nesse caso, a equação é entendida como uma balança em que a igualdade tem o significado de equilíbrio. Por esse motivo, possivelmente, ele tenha incorporado "quilo" à sua fala. Essa era a maneira como ele operava.

O que ocorre na fala de Daniel pode ser entendido a partir de uma observação feita por Lins (1994b): "quando se encontram com textos do matemático (...) as pessoas de fato produzem significados que não são os do matemático, mas que as tornam capazes de falar a partir daquele texto"[2].

Observando a justificação de Daniel, o professor Romulo observa que operando desta maneira, ao olhar a equação 3x + 100 = 10, este aluno poderia não produzir significados para esse texto. Ele poderia questionar o fato de que, se de um lado tem 3x + 100 e do outro tem 10 não poderia haver equilíbrio. A evidência dessa possibilidade é sugerida quando Daniel diz: "Isto não faz sentido... A professora enlouqueceu?".

Pensando nas justificações de Ana, o professor Romulo se fixa na afirmação: "Se do todo (100) extrairmos uma das partes (10), o que sobra é a outra parte (3x)". Ele então entende que suas justificações são produzidas com relação a um núcleo de todo e parte, em que afirmações do tipo são aceitáveis: - O todo é sempre maior que a parte; - A soma das partes constitui o todo. Simplesmente estas não são afirmações que devam ser justificadas por ela; são estipulações locais. A igualdade para ela tem o significado de mesmo valor.

Já os significados produzidos por Claudio sugerem que ele opera da seguinte maneira: x é um número; eu multiplico por 3 e somo 10, obtendo 100, isto é, $3x + 10 = 100$. Agora desfazendo o efeito de somar 10, se eu subtrair 10, obtenho $3x = 90$. Se multipliquei por 3, agora divido por 3 e obtenho $x = 30$. Nesse caso a igualdade tem outro significado, o de indicar um resultado. A maneira de operar de Claudio lembra a ideia de máquina estado-operador.

Após ouvir Daniel, Ana e Claudio, o professor Romulo então pergunta para eles: quem não conseguiu resolver a equação $3x + 100 = 10$. Assim, ele tem o objetivo de verificar suas suspeitas sobre quem teve dificuldade em resolver a segunda equação operando segundo as lógicas que emergiram nas suas falas. As respostas dos alunos foram:

Daniel: Professor, não sei fazer; essa equação está certa?

Ana: Eu não consegui resolver.

Claudio: Eu também não consegui.

O professor Romulo então recorda a concepção de dificuldade proposta pelo Modelo dos Campos Semânticos. Para Lins (1993), uma dificuldade deve ser entendida de duas maneiras *excludentes*: ou ela caracteriza-se como um *obstáculo epistemológico* ou como um *limite epistemológico*. Um *Obstáculo Epistemológico* no MCS seria o processo no qual um aluno operando dentro de um campo semântico, poderia potencialmente produzir significado para uma afirmação, mas não produz.

Já um *Limite Epistemológico* no MCS seria a impossibilidade de um aluno produzir significado a partir de uma afirmação (por exemplo, resolver a equação $3x + 100 = 10$), a qual é, muitas vezes, decorrente de sua maneira de operar. Esse é o caso de Daniel que, ao se defrontar com a equação $3x + 100 = 10$, não produziu significado a partir desse texto. A dificuldade para ele, pode ser sugerida a partir do questionamento: como de um lado tem $3x + 100$ e do outro tem 10 e está equilibrado? Assim, a ideia de balança não se aplica a esta equação, pois na sua forma de operar não se trata de uma situação envolvendo números, mas sim pesos (em quilos). Dito em outras palavras, Daniel constitui o peso da balança como objeto em vez de um número. Caso ele não mude o seu modo de operar, ele não conseguirá resolver esta equação, o que caracterizaria um limite epistemológico.

No caso de Ana, suas justificações são produzidas com relação a um núcleo de todo e parte. Suponhamos que ao defrontar-se com a equação $3x + 100 = 10$, ela tentasse justificar da mesma maneira que fez anteriormente para a primeira equação. Então ela poderia dizer algo do tipo: - "Um todo de valor 10 é igual a três partes iguais de um valor que eu não conheço e de uma parte de valor

100". É de se esperar que, para ela, essa justificação não tivesse o menor significado. Logo, o caso de Ana também caracterizaria um limite epistemológico.

O caso de Claudio é diferente pois, se ele reproduzisse a maneira como resolveu a 3x + 10 =100 para resolver a equação 3x + 100 = 10, não deveria, potencialmente, encontrar dificuldades; ele precisaria considerar que: - tem que desfazer o efeito de somar 100. Como ele não conseguiu resolver esta equação, esta situação caracteriza um obstáculo epistemológico.

Vale destacar, nessa altura, que a dificuldade, no sentido que descrevemos acima, pode ser identificada no momento que observamos a maneira de operar de nossos alunos, tendo como constructos as noções-categorias apresentadas pelo MCS. Eles tornam possível a leitura "fina" que Lins procurou estabelecer em sua construção teórica. Por esse motivo, é muito importante a interação do professor com os alunos, dando-lhe voz, pois assim a possibilidade de intervenção em sua dificuldade pode ser alterada por alguém, mais experiente, como Vigotski sugeriu. Com isso em mente, Lins sugeriu:

> Não sei como você é; preciso saber. Não sei também onde você está (sei que está em algum lugar); preciso saber onde você está para que eu possa ir até lá falar com você e para que possamos entender, e negociar um projeto no qual eu gostaria que estivesse presente a perspectiva de você ir a novos lugares[3].

A ideia presente nesta citação sugere fortemente a interação e o fato de levar o outro a sério. Nesse momento, aquele que sabe desce do pedestal e aceita o diálogo; o monólogo já não é mais possível porque o processo comunicativo, como o entendemos, é outro. A transmissão de conhecimento não é possível. E, como vimos no exemplo, professor e alunos estão falando para interlocutores distintos.

Podemos notar com o exemplo que, as dificuldades de aprendizagem de nossos alunos só podem ser identificadas e trabalhadas no sentido de removê-las a partir da interação, dando espaço para que digam o que sabem. Para tanto, a nossa escuta ativa deve buscar identificar, por exemplo, objetos sendo constituídos, as estipulações locais, o núcleo que está constituindo, a fala para interlocutores. Nesse momento, os processos de ensino e de aprendizagem se tornam interdependentes e com grande possibilidade de efetivação. É para esta direção que o pesquisador deve estar voltado.

Assim, trabalhando com nossa hipótese, nossa análise da resolução das equações, sugere que se retornássemos para a sala de aula da professora Suely, para a observação da sua enunciação na tentativa de transmissão de conhecimento para os alunos Daniel, Ana e Claudio; seria muito pouco provável que alguma aprendizagem ocorresse. Enquanto a professora falava para interlocutores na direção produção de significados matemáticos - somar a ambos os membros da equação pelo simétrico de 10, multiplicar o resultado por 1/3 para obter a resposta, e operar com a ideia de igualdade numérica - os alunos falavam em outras direções, constituindo outros objetos. Nesse sentido, a igualdade por exemplo, foi entendida como "estar equilibrado", "mesmo valor" ou "resultado".

Por último, observamos que a hipótese apresentada na proposição do problema de que os alunos já tinham estudado números negativos, foi proposital no sentido de colocar em xeque o discurso de professores, formados no ETV e que tentam reduzir a dificuldades de aprendizagem de seus alunos ao discurso insatisfatório do pré-requisito, a partir de frases do tipo: - não sei por que eles não entenderam, eles têm os pré-requisitos? Ou, eles deveriam saber resolver este problema porque eles têm os pré-requisitos? Porém, a análise que desenvolvemos sugeriu que a ideia de pré-requisito não teve a menor relevância na discussão, porque o problema em questão era de outra natureza.

Esta consideração tem o objetivo de chamar a atenção para a importância da compreensão do processo comunicativo como proposto pelo *Modelo* e, em contrapartida, as limitações que se impõem à leitura do professor que entende o processo comunicativo como transmissão de conhecimento.

Na discussão acima utilizamos de maneira decisiva para a compreensão do que estava acontecendo as noções de *operação* e *lógica das operações*, introduzidas no Capítulo 5. Por esse motivo reproduzimos o entendimento de Lins (1997) acerca de lógica das operações:

> Posto de uma forma simples, estamos nos referindo a um conjunto de estipulações, dentro de um núcleo, que se referem diretamente ao que pode ser feito com os objetos que estamos constituindo pela produção de significados. Por exemplo, haveria uma "lógica das operações com todo e partes", que corresponderia ao que pode ser feito com um todo e suas partes: juntar duas ou mais partes, separar uma ou mais partes de um todo, repartir o todo ou uma parte em partes (iguais ou não), comparar partes. Quando significado é produzido em relação a um núcleo de todos e partes, por exemplo, para a equação "3x + 10 = 100", o que pode ser feito com esse objeto, depende exatamente daquela "lógica das operações com todo e partes", mas, se produzíssemos significado para a mesma equação em relação a uma balança de dois pratos, operaríamos segundo uma "lógica das operações com balanças de dois pratos"[4].

Ele então comenta sobre as consequências desses dois modos de operar:

> Se estamos operando num campo semântico constituído considerando-se um núcleo de balança de dois pratos, a afirmação, 3x + 10 = 100 implica 3x = 90 decorre o fato de que "podemos tirar 10 de cada lado e manter o equilíbrio", mas, se estamos operando num campo semântico constituído com base em um núcleo de todo-partes, a mesma afirmação decorre do fato de que "se do todo (100) retiramos

> uma das partes (10), o que sobra são as outras partes (3x)". *São operações diferentes, e com lógicas diferentes*, embora em ambos os casos o cálculo que segue seja a subtração "100 – 10"[5].

Este é um ponto muito importante para a prática docente em sala de aula. Em termos práticos, podemos sugerir que numa sala de aula com 30 alunos é possível que todos estejam operando de maneiras diferentes e segundo lógicas próprias a partir de um mesmo enunciado matemático.

A situação ficcional que apresentamos sugere, também, entre outras coisas, que nossa impotência ou não como professores frente a problemas didáticos presentes no dia a dia da sala de aula é decorrente da nossa maneira de ver e conceber os processos de ensino e aprendizagem. E, ainda, que a partir dos pressupostos teóricos do *Modelo* foi possível entendermos as dificuldades dos alunos ao considerarmos os significados produzidos por eles para a equação $3x + 10 = 100$. Por último, chamamos a atenção de que é de se esperar que o professor opere em campos semânticos por meio dos quais seja possível resolver todas as equações. No entanto, ele deve ter em mente que, muitas vezes, isto não ocorre com seus alunos.

Antes de discutirmos mais uma situação em que o modelo é posto em ação, discutiremos, a seguir, algumas questões teóricas que ajudarão na leitura da pesquisa que apresentaremos após a próxima seção.

O Modelo dos Campos Semânticos em ação na pesquisa

O Modelo dos Campos Semânticos utilizado como referencial teórico em pesquisas em Educação Matemática tem contribuído para a formação do professor-pesquisador, segundo nossa perspectiva e experiência, ao oferecê-lo uma maneira peculiar de olhar e ler os seus informantes numa pesquisa e o que se passa em sala de aula, indicando assim um caminho para a tomada de decisão na atividade de pesquisa e na atividade letiva. Ele proporciona uma leitura bastante fina e aprofundada na direção de entender por que nossos informantes (sujeitos históricos, autores de livros didáticos, alunos) estão dizendo o que estão dizendo, isto é, sua produção de significado.

A descrição que faremos, a seguir, foi desenvolvida considerando as pesquisas que utilizaram o MCS como referencial teórico e que foram desenvolvidas no interior da linha de pesquisa que sobre os processos de ensino e aprendizagem da matemática.

As pesquisas desenvolvidas a partir dos pressupostos teóricos do MCS tem sido, ao longo dos anos, e em sua totalidade, de natureza qualitativa, no sentido proposto, por exemplo, por Bogdan e Biklen (2013)[6]. Para eles: "Os bons investigadores estão conscientes dos seus fundamentos teóricos, servindo-se deles para recolher e analisar dados. A teoria ajuda à coerência dos dados e permite ao investigador ir além de um amontoado pouco sistemático e arbitrário de acontecimentos”[7].

Entre os tipos de pesquisa qualitativa nos trabalhos desses pesquisadores identificamos o estudo de caso, entrevistas clínicas, observação participante, pesquisa de campo e a pesquisa documental; todas com vistas a investigar o processo de produção de significados de escolares e estudantes universitários ou de sujeitos históricos.

As pesquisas longitudinais que consideram a produção de significados dos estudantes observados a longo prazo em sua formação devem fazer parte de investigações futuras dos pesquisadores que utilizam o MCS. Nessa direção a proposição de Marli André (1995) sobre pesquisa qualitativa do tipo etnográfico possui potencial para essas investigações. Ela observa que nas pesquisas em educação, não se faz etnografia no sentido estrito, porque o foco de interesse dos educadores não é o mesmo dos etnógrafos. Enquanto os primeiros se preocupam com o processo educativo, os últimos têm o foco de interesse na descrição da cultura, o que, segundo André (1995), “faz com que certos requisitos da etnografia não sejam – nem necessitem ser – cumpridos pelos investigadores das questões educacionais”. Ela, então, observa que o que tem sido feito é uma adaptação da etnografia à educação e conclui que os educadores fazem, então, “estudos do tipo etnográfico e não etnografia no sentido estrito”[8].

As investigações com base no MCS têm sido desenvolvidas, em sua maioria nas salas de aula das escolas e das universidades, com escolares e estudantes universitários, ou fora desses espaços, nas chamadas entrevistas clínicas, em que o pesquisador entrevista um ou mais estudantes fora do ambiente de sala de aula, mas com o objetivo de que os “resultados” qualitativos da pesquisa retornem para aqueles espaços. O foco dos pesquisadores que adotam o MCS tem se dado, em geral, na compreensão do processo de produção de significados de seus informantes e na dinâmica desse processo. Portanto, uma das principais características das pesquisas com base no MCS é o interesse em olhar para processos, em oposição a olhar para estados ou produtos.

As investigações com base no MCS têm sido de natureza descritiva e analítica, isto é, os pesquisadores fazem uso de grande quantidade de dados descritivos, depoimentos, diálogos; e em grande parte dos estudos, são coletadas as ações enunciativas dos estudantes. De posse do material, desenvolve-se uma análise a partir do que chamamos de noções-categorias do MCS que serão descritas abaixo.

Boa parte das pesquisas já desenvolvidas envolve trabalho de campo. Nesse tipo de pesquisa, a coleta de informações é feita de diferentes maneiras, mas o que muitas delas têm em comum é uma descrição minuciosa das ações enunciativas dos sujeitos envolvidos em atividades de produção de significados para a Matemática.

Um recurso frequente de coleta de dados é a filmagem dos estudantes resolvendo tarefas – tomadas como demanda de produção de significados – ou respondendo a questões em uma entrevista. Assim, a videografia, isto é, o registro em vídeo, tem sido um aliado no armazenamento de informações para posterior análise.

A parte mais árdua do material coletado é, certamente, a sua transcrição, que busca identificar o máximo de informações possíveis, que vão desde expressões faciais, registros escritos em um quadro (lousa) ou detalhes de ações enunciativas que num primeiro momento, podem não informar aparentemente nada numa primeira análise, mas que, com repetidas visualizações, acabam por indicar importantes informações em relação ao material coletado como um todo. Isto é possível porque a filmagem registra informações em maior densidade e por possibilitar rever os episódios diversas vezes.

De maneira complementar às filmagens de sessões de entrevistas, a observação participante e um caderno de anotações (físico ou virtual) tem sido outra maneira de coleta de informações e registro frequentemente adotados. Em outros estudos, a coleta de informações a partir da gravação de áudio e/ou do registro escrito dos estudantes em situação de investigação também foi utilizada e possibilitou uma análise das ações enunciativas dos sujeitos.

A aquisição de informações dos significados produzidos por estudantes também pode ser obtida a partir de conversas dos estudantes em um *chat*. Nesse caso, a dificuldade que mencionamos anteriormente, sobre a transcrição das ações enunciativas dos participantes, pode ser em muito facilitada; visto que, seus registros escritos ficam registrados.

As investigações desenvolvidas até o momento, em sua grande maioria, focam os processos de ensino e aprendizagem para a Matemática, em diferentes níveis de formação dos estudantes e têm seguido a direção de participar do projeto linsiano de entender por que os alunos dizem o que dizem. Com base nesses estudos, acontece uma ampliação da compreensão da maneira de operar daqueles a quem queremos ensinar e, em grande escala, pretende orientar ações que visam repensar as estruturas dos currículos, a produção de tarefas para a sala de aula, as metodologias de ensino e formas de avaliação.

Sobre leitura positiva e leitura plausível

Outra característica metodológica do MCS diz respeito às leituras possíveis que podem ser feitas da produção de significados. Uma dessas leituras foi designada por Lins como *leitura positiva*. A origem desse tipo de leitura surgiu, como já mencionado anteriormente, da sua oposição ao modelo piagetiano. Sobre a maneira como Piaget analisava a produção de significados de seus sujeitos de pesquisa. Uma das questões que influenciou toda a perspectiva de Lins como pesquisador e que marcou o início de uma ruptura com o pensamento piagetiano, como vimos na introdução, envolvia responder ao que estaria acontecendo quando uma criança escreve 1/2 + 2/3 = 3/5.

Diferentemente da concepção piagetiana de olhar para o que falta à criança que assim opera com essas frações e, desse modo, alocá-la em um determinado estágio de desenvolvimento cognitivo, Lins questiona-se sobre o porquê a criança operou daquele modo. Essa outra perspectiva, é expressa nas palavras de Lins da seguinte maneira: "[...] ao invés de apenas caracterizar o erro, a falta, eu queria mostrar que existe ali a possibilidade e a necessidade do que hoje chamo de uma leitura positiva do que o aluno fez/disse, que consiste em saber do que, de que objetos, ele estava efetivamente falando"[9].

Assim, em sua origem, o que estamos chamando de leitura positiva é uma oposição a esse ponto de vista de leitura do outro focado na falta e, desse modo, o objetivo da leitura proposta pelo MCS não é olhar para o erro quando as pessoas realizam uma tarefa, ou para o que lhes falta para resolvê-la corretamente; o foco do pesquisador, nesse momento, está em entender por que ele/ela disse o que disse ou, fez o que fez na tarefa, tomada como demanda de produção de significados. Com isso estamos também dizendo, como consequência, que leitura positiva não tem juízo de valor.

Uma leitura positiva foi aplicada na análise das enunciações de Daniel, Claudio e Ana, no exemplo apresentado anteriormente, em que o olhar do professor-pesquisador se voltou a observar de que objetos eles estavam efetivamente falando e os diferentes modos de operar ao invés de focar no que eles não sabiam.

Uma premissa dessa postura é acreditar que, quando as pessoas produzem significados, seja para qual texto for, elas o fazem por inteiro, isto é, o que dizem/fazem é sempre o que elas podem dizer/fazer no interior daquela atividade. Em termos teóricos, o caminho para uma leitura positiva é buscar fazer uma leitura do outro a partir de suas legitimidades, seus interlocutores, buscando compartilhar o mesmo espaço comunicativo.

Vale observar que Lins foi bastante influenciado na sua ideia de leitura positiva pelo estudo histórico que desenvolveu em sua tese de doutorado. Em particular, identificou na obra de Jacob Klein, intitulada *Greek Mathematical Thought na the the origins of Algebra* alguém que desenvolveu uma leitura positiva dos textos matemáticos históricos em oposição a uma leitura histórica denominada em Lins (1993) de progressivista[10], em que sucesso e fracasso são exaltados impondo ao passado um olhar do presente. Sobre a obra de Klein, Lins comenta: "o que ele faz em seu livro é, do começo ao fim, uma leitura positiva do trabalho dos matemáticos do passado, denunciando sempre como inadequada e incorreta a leitura que impõe ao passado o nosso presente, nossas conceitualizações"[11]. Nesse sentido, o estudo histórico que desenvolveu teve uma importância formativa de sua maneira de entender a força desse tipo de leitura na direção dos seus interesses.

Outra leitura possível da produção de significados daqueles a quem queremos entender, surgiu posteriormente, e foi chamada por Lins de *leitura plausível*. A partir da indagação de pesquisadores sobre semelhanças e diferenças entre leitura positiva e leitura plausível, Lins esclarece que:

> As noções de leitura plausível/leitura positiva têm sido, por vezes, usadas como equivalentes, mas eu prefiro fazer uma distinção. A leitura plausível se aplica de modo geral aos processos de produção de conhecimento e significado; ela indica um processo no qual o todo do que eu acredito que foi dito faz sentido. Outra maneira de dizer que faz sentido em seu todo, é dizer que o *todo* é coerente (nos termos de quem eu constituo como um autor do que estou lendo)[12]. (Destaques do autor)

Ele ainda observa:

> *Isto não* quer dizer que "toda fala é coerente". Assim como há situações nas quais *eu* não consigo produzir significado para um resíduo de enunciação, há falas para as quais eu não consigo produzir uma coerência plausível. Mais ainda, o MCS não se interessa em saber qual das situações é um acidente e qual é a norma (como em uma discussão entre J. Derrida e J. Austin sobre sucesso e fracasso na comunicação[13]. (Destaques do autor)

Na sequência, ele reforça sua convicção sobre leitura positiva:

> *Neste sentido*, podemos dizer que é uma leitura positiva, e não pela falta. Trata-se de saber de que forma uma coerência se compõe na fala de uma pessoa, num livro, e assim por diante, e não de, *em meus termos*, dizer que aquela fala indica falta de informação, ou de reflexão, ou de isso ou aquilo[14]. (Destaques do autor)

Para Lins, "o uso de 'leitura positiva' é útil nas situações de interação, como são (ou deveriam ser) todas as situações envolvendo ensino e aprendizagem, às quais vou me restringir, embora o MCS, neste aspecto, refira-se a qualquer situação de interação". Ele então acrescenta:

> Naqueles casos, a leitura positiva dirige-se a saber *onde o outro (cognitivo) está*, para que eu possa dizer "acho que sei como você está pensando de uma forma diferente", para *talvez* conseguir interessá-lo em saber como eu estou pensando. Como eu já disse em outro lugar, é preciso ter sempre em mente que o que chamamos de "fracasso" em situações de aprendizagem é, em praticamente todos os casos, o "fracasso de quem não tentou", isto é, é puramente uma ausência[15]. (Destaques do autor)

Comparando a perspectiva do MCS com as teorias piagetianas, ele comenta:

> A leitura positiva tem por objetivo, por assim dizer, mapear o terreno ao mesmo tempo que trata de saber onde o outro está. Em contraste, as teorias piagetianas dão o mapa e só nos resta saber onde, naquele mapa, o outro está; se a localização que ele nos dá não se encaixa, estamos perdidos[16].

Para Lins, "Toda leitura é autoria". Em outras palavras: "Ler é dizer 'o que está aqui é...." Assim, a leitura plausível e a leitura positiva, são distintas, mas podem ser complementares dependendo dos interesses do pesquisador: "Plausível porque 'faz sentido', 'é aceitável neste contexto', 'parece ser que é assim'; positiva porque é o oposto de uma 'leitura pela falta'"[17].

Com base na visão de processo comunicativo do MCS, a leitura feita por um pesquisador a partir do processo de produção de significados ocorre da seguinte maneira: as ações enunciativas dos sujeitos de pesquisa (os autores) chegam até os pesquisadores (os leitores) como resíduos de enunciações, que se constituem em texto a partir de sua produção de significado. Assim, a(s) leitura(s) constituída(s) a partir da autoria desse pesquisador (com seus recortes das ações enunciativas, sua leitura positiva e/ou plausível, sua fala para interlocutores, etc.) resultam, novamente, em resíduo de enunciação (por exemplo, um artigo, uma tese), para o qual leitores produzirão (seus) significados.

Campo semântico como unidade de análise

Outra característica metodológica do MCS é a sua unidade de análise entendida como sendo o campo semântico. Isto quer dizer que, quando um pesquisador desenvolve sua análise do processo de produção de significado, não é possível olhar para menos do que um campo semântico. Isto é, o campo semântico é considerado como um todo mínimo a partir do qual a análise acontece. Este ponto é expresso por Lins (2012) nos seguintes termos:

> É no interior de campos semânticos que se produz conhecimento e significado, que objetos são constituídos. Do ponto de vista da produção de conhecimento e significado, e da constituição de objetos, campo semântico é, como atividade de Leontiev (no caso da análise da atividade humana), a unidade de análise adequada.[18]

Como consequência das características metodológicas do MCS um pesquisador em suas investigações *não antecipa* o que pode acontecer ou o que pode ser dito quando os informantes/participantes da pesquisa estão envolvidos, por exemplo, na resolução de uma tarefa. Após a enunciação dos sujeitos é que a leitura da produção de significados inicia e é desenvolvida a partir das noções- categorias que descreveremos adiante. Vale lembrar que Lins observou que:

> Um campo semântico, *de modo geral*, é como se fosse um jogo no qual as regras (se existem) podem mudar o tempo todo e mesmo serem diferentes para os vários jogadores *dentro de limites*; que limites são estes, só sabemos *a posteriori*: enquanto a interação continua, tudo indica que as pessoas estão operando em um mesmo campo semântico.[19] (destaques do autor)

Por último, chamamos a atenção que em Silva (2003) ou Silva e Lins (2013) os autores haviam tomado, naquele momento, a atividade, no sentido proposto por Leontiev, como unidade de análise. Porém, com o passar do tempo observou-se que, na verdade, a unidade de análise deveria ser campo semântico e a própria releitura do referido trabalho indicava campo semântico como a real unidade de análise.

As noções-categorias em ação

Suponhamos uma atividade gerada por alguma demanda de produção de significados, como, por exemplo, a proposição de um problema de matemática no qual os estudantes de uma turma devem investigar a solução.

Suponhamos que esses estudantes, a cada aula, devem apresentar o encaminhamento do que pensaram até aquele momento sobre o problema proposto, isto é, indicar o caminho da resolução do problema e por comodidade, coloquemos nosso foco em um estudante.

No momento em que um estudante se propõe a produzir significados para o problema proposto (entendido como gerador da atividade) observamos da perspectiva do MCS o desencadeamento de um processo – o processo de produção de significados – que envolve as seguintes noções-categorias:

i) A constituição de objetos – coisas sobre as quais aquele estudante sabe dizer algo e diz. Isto permite ao pesquisador observar tanto os novos objetos que estão sendo constituídos quanto os significados produzidos para esses objetos.

ii) A constituição e a transformação de um núcleo (processo de nucleação): suas estipulações locais, as operações e suas lógicas associadas ao núcleo;

iii) A produção de conhecimento: enunciação de crenças-afirmação e suas respectivas justificações;

iv) A fala na direção de um interlocutor;

v) As legitimidades, isto é, o que é legítimo ou não dizer (para quem está produzindo significados) no interior daquela atividade.

A análise/leitura que inicia após a produção de significados do estudante, isto é, a partir dos resíduos de enunciação produzidos por ele (o autor da enunciação), desenvolvida com as noções-categorias, é o que designamos, em termos linsianos, de *análise ou leitura epistemológica.*

Vale ressaltar que, quando apresentamos esta lista de elementos – que usualmente chamamos de noções-categorias – em uma determinada ordem, não estamos querendo dizer que há uma sequência de procedimentos, uma ordem de leitura, mas queremos dizer que é o conjunto dessas coisas que estaremos considerando quando estivermos fazendo nossa leitura.

Sobre os *objetos*, recordamos que, da perspectiva do MCS, o pensamento não se organiza por conceitos e nem a partir deles, mas a partir de objetos; e que estes são constituídos propriamente apenas no interior de atividades. Como observou Lins (2012): "Nós constituímos objetos (instituímos, criamos, inventamos, reinventamos...) produzindo significados. Nós pensamos com e sobre objetos. São os objetos que estruturam nossa cognição (que é, portanto, situada, no sentido técnico do termo)"[20].

A investigação que analisaremos na seção seguinte nos indicará a importância de se observar, na enunciação dos sujeitos, como os objetos podem sofrer mudanças em sua constituição com o passar do tempo. A esse processo denominamos a história dos objetos, fazendo alusão à perspectiva de Vigotski quando diz: "Estudar alguma coisa historicamente significa estudá-la no processo de mudança"[21].

Como sabemos, um *núcleo*, no sentido proposto no MCS, não se refere a algo estático, um conjunto de coisas, e sim, a um processo que se constitui no interior de atividades a partir das estipulações locais. Como veremos na seção seguinte, ele pode sofrer transformações como foi observado quando do estudo da sua dinâmica.

A relação entre a produção de significados e núcleos apresenta algumas características como, por exemplo, a consideração feita por Lins em comunicação oral:

> Tem uma coisa interessante: toda produção de significados envolve perda de significados. Num sentido muito preciso: para produzir significados é sempre em relação a um núcleo. Mas toda vez que você estabelece um núcleo, você deixa coisas de fora. No sentido de que tem coisas para as quais você não pode produzir significados. A produção de significados estabelece um recorte, uma categorização e, portanto, ela deixa coisas de fora [22].

Como podemos observar, esta é uma característica da produção de significados que se instala naturalmente, isto é, toda vez que produzimos significados estabelecemos um recorte.

Na observação do núcleo, numa dada atividade, devemos identificar a maneira de operar dos sujeitos. Isto é feito considerando as operações que ele faz, ou seja, o que ele faz com os objetos e a lógica das operações, que é o que garante que ele pode fazer aquela operação.

A identificação da direção em que o sujeito de pesquisa fala, isto é, seus interlocutores, é de suma importância para entender a sua maneira de operar. Na seção seguinte esta identificação será esclarecida na prática da pesquisa.

No processo de produção de significados dos sujeitos podemos identificar, em suas ações enunciativas, as suas *legitimidades*, isto é, a sua fala na direção de interlocutores, que é uma direção, na qual o sujeito acredita que o que está dizendo poderia ser dito com a mesma justificação que ele tem para dizer[23]. Esse dado implica também na possibilidade de identificarmos o que, para ele, não é legítimo ser dito.

Para Lins, as legitimidades "vêm da internalização de *legitimidades* que caracterizam culturas". Ele explica essa afirmação dizendo que "A imersão de uma pessoa em uma cultura se dá através de sua imersão em modos legítimos de produção de significados"; em que a pessoa é internalizada por esses modos de produção de significados[24].

De posse das informações que a leitura de produção de significado do sujeito proporciona, podemos ainda investigar as possíveis dificuldades (limites e obstáculos epistemológicos) que emergem no processo de produção de significados e os possíveis processos de impermeabilização que surgem no processo de produção de significados.

Como vimos, na seção anterior, a noção de dificuldade no MCS é entendida de duas maneiras excludentes: como um *limite epistemológico* ou como um *obstáculo epistemológico*.

Vale observar que a noção de obstáculo epistemológico foi introduzida, na comunidade científica, pelo filósofo e poeta francês Gaston Bachelard em sua obra "A formação do espírito científico", de 1938. Em suas palavras: "é no próprio ato de conhecer, intimamente, que aparecem, por uma espécie de imperiosidade funcional, as lentidões e as dificuldades. Aí é que mostraremos causas de estagnação e até regressão; aí é que discerniremos causas de inércia que chamaremos de obstáculos epistemológicos"[25].

Para Bachelard, seriam pelos obstáculos epistemológicos que se deveria analisar as condições psicológicas do progresso científico. Segundo ele, "o ato de conhecer dá-se contra um conhecimento anterior, destruindo conhecimentos mal estabelecidos, superando o que no próprio espírito, é obstáculo à espiritualização"[26]. Assim, a partir dessa concepção de obstáculo, o desenvolvimento do conhecimento na pesquisa científica se daria pela superação desses obstáculos.

Na Educação Matemática internacional, pesquisas foram desenvolvidas a partir da concepção de dificuldades de aprendizagem e obstáculos epistemológicos como, por exemplo, Cornu (1983) com sua tese de doutorado intitulada *Apprentissage de la notion de limite. conceptions et obstacles* (Aprendendo o conceito de limite: concepções e obstáculos).

No Brasil, alguns educadores matemáticos discutiram o assunto como, por exemplo, Baldino (1990), que ressalta a diferença entre dificuldade e obstáculo no entendimento dos pesquisadores franceses:

> No sentido forte que este conceito tem em, por exemplo, Brousseau e Cornu, o obstáculo é um conhecimento que fracassa diante de uma situação nova, mas que tarda em ser abandonada precisamente porque se revelou fecundo em seu domínio de validade. Ao contrário, da noção de dificuldade, que só pode ser avaliada em função do desenvolvimento posterior, o obstáculo pode ser determinado em termos de seu desenvolvimento presente[27].

Assim, a preocupação em entender as dificuldades de aprendizagem e obstáculos epistemológicos estiveram presentes na comunidade de Educação Matemática desde a década de 80 do século XX.

Na perspectiva linsiana, limite e obstáculo epistemológico - que não possui nenhuma relação com as concepções anteriores apresentadas - só podem ser observados, identificados e analisados quando observada a maneira de operar dos sujeitos, em particular, as operações e suas lógicas, isto é, após a enunciação da produção de significados desses sujeitos. Assim, do ponto de vista do MCS, as dificuldades emergem e podem ser identificadas a partir da enunciação do sujeito.

É importante deixar claro que o limite epistemológico ou o obstáculo epistemológico para o aluno ou para o participante de uma pesquisa não existe, pois é algo que o professor/pesquisador observa de fora a partir do que é dito ou não pelo sujeito. Quando o sujeito não produz significado para um certo texto é o professor/pesquisador que está frente a um limite/obstáculo epistemológico (como o que enfrenta o professor Romulo em relação ao Daniel em nossa situação ficcional).

Outro importante processo que emerge na produção de significados de um informante é o *processo de impermeabilização* entendido como a situação em que um aprendiz, por exemplo, em uma sala de aula, fica impermeável a tudo o que se diz ali, não mudando a sua maneira de operar. Muitas vezes, isso acontece porque ele/ela acredita na legitimidade do que está dizendo e entende que não há por que dizer de outro jeito – o jeito do professor, por exemplo. Ou ainda, por não poder produzir significados em outra direção[28].

Esse processo foi identificado pela primeira vez no estudo intitulado "Sobre a dinâmica da produção de significados para a matemática"[29] e levou ao questionamento quanto à existência de outras situações em que os alunos se tornam impermeáveis a tudo o que está sendo dito em sala de aula. Nesse âmbito, relatos de experiência de professores e atenção para esta questão em situação de pesquisa seriam muito úteis para ampliar nossa compreensão sobre este processo, que será amplamente discutido na próxima seção.

Sobre o uso de tarefas na pesquisa

Com as noções-categorias a nossa disposição, indicamos, a partir de agora, um instrumento que compreendemos nos permitir utilizá-lo como demanda à produção de significados. Observando as pesquisas já desenvolvidas pelo grupo a partir da tese de Lins (1992) constatamos que as tarefas[30], entendidas como qualquer situação problema apresentada aos participantes de uma pesquisa como demanda à produção de significado, têm sido um caminho frutífero utilizado pelos pesquisadores para saber o que esses sujeitos podem dizer de uma noção matemática ou para investigar os significados matemáticos ou não-matemáticos que surgem a partir das ações enunciativas desses sujeitos; ou ainda, para investigar o próprio processo de produção de significado e sua dinâmica. Assim, uma tarefa pode ser, por exemplo, um texto escrito, uma questão para discussão ou um problema matemático.

Uma "boa" tarefa para a finalidade à qual se destina precisa ter potencialidade para que o pesquisador possa observar a maneira de operar dos sujeitos. Ela é um elemento mediador entre o pesquisador e o informante. De experiências anteriores de Lins e dos pesquisadores de seu grupo de pesquisa, duas características já foram identificadas como promissoras em uma tarefa para a observação da produção de significados de uma pessoa que se propõe a falar a partir daquele enunciado, quais sejam: *ser familiar* e *não-usual*. *Familiar*, no sentido de permitir que as pessoas falem a partir daquele texto, e não-usual, no sentido de que a pessoa tenha que desprender um certo esforço cognitivo na direção de resolvê-la. O fato de a tarefa ser *não-usual* tem como objetivo permitir – a professores ou pesquisadores- observar até onde a pessoa pode ir falando a partir da tarefa. É importante ressaltar que a crença de que uma tarefa seja familiar e não-usual está presente apenas nas expectativas do pesquisador, fruto do seu entendimento dos sujeitos envolvidos e da atividade em que estão inseridos, pois, não há nada que garanta tal crença.

A ideia, em muitas situações, tem sido colocar na frente do entrevistado uma tarefa, da maneira mais engenhosa possível, para que ele/ela de fato tenha que desprender um esforço cognitivo para resolvê-la e, nessa expectativa, produzir significados a partir da situação.

O processo de interação do pesquisador com o(a)(s) entrevistado(a)(s) tendo a tarefa como instrumento de mediação ocorre, como sugere o esquema abaixo, inspirado e adaptado do no processo comunicativo apresentado por Lins (1999):

Pesquisador - - - - - - -→ [TAREFA] ———→ Sujeito

(Resíduo de Enunciação)

A partir da produção de significados do sujeito, o esquema passa a ser observado no esquema abaixo (a seta seccionada sugere o sujeito da enunciação e, ao passo em que a seta contínua indica o leitor no processo):

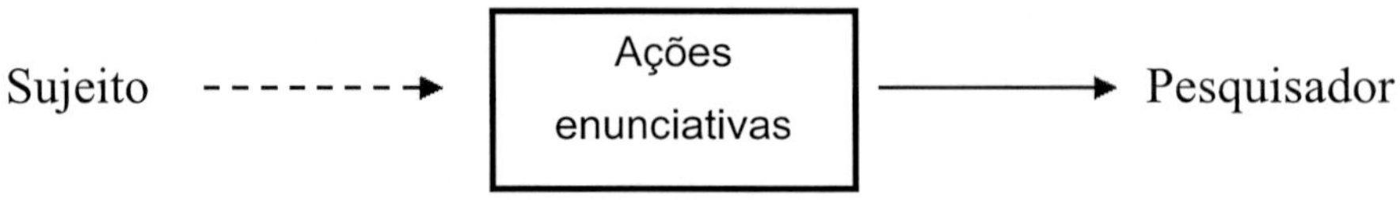

Nas ações enunciativas do sujeito, o pesquisador desenvolve uma leitura a partir de seus resíduos de enunciação (fala, gestos, desenhos), fundamental para análise. Nesse momento as seguintes orientações metodológicas são sugeridas:

- *Dar voz aos participantes da pesquisa*: a esta altura o leitor já deve ter clareza da importância de dar voz aos participantes da pesquisa. E a tarefa proposta é o instrumento para desencadear o processo de enunciação desses participantes quando buscam explicar a resolução da situação-problema que têm em mãos.

- *Estimular a produção de significados* e garantir que *diferenças*, nos modos de produção de significados singulares de cada participante, sejam explicitadas e se tornem objeto de atenção do pesquisador: não se trata de explicitar o diferente, mas trazer à luz a *diferença*, isto é, não identificar apenas o significado produzido (o produto) mas levar em consideração o processo em curso[31].

- *Desenvolver uma escuta ativa*: o pesquisador precisa desenvolver e aprimorar o ato de ler as ações enunciativas do sujeito, na medida do possível, enquanto elas acontecem (ou registrando, por exemplo, em vídeo), buscando identificar a partir das noções-categorias o que emerge das enunciações.

- *Realizar uma leitura plausível e/ou positiva* da produção de significados dos informantes no sentido que discutimos anteriormente.

- Identificar, se for interesse da investigação, a partir da produção de significados dos sujeitos, evidências que ajudem na análise das *dificuldades de aprendizagem* (*obstáculos e limites epistemológicos*) e de possível *processo de impermeabilização* que possam estar ocorrendo.

Alertamos ao pesquisador júnior que nem sempre em uma análise é necessário utilizar todos os elementos teóricos disponibilizados no MCS. Às vezes, algumas noções-categorias, e não todas, já possibilitam a análise do que está acontecendo. Cabe, então, ao pesquisador trazer para a sua discussão e análise apenas as ideias que efetivamente tenha utilizado em seu estudo.

Por último, vale ressaltar, que um procedimento metodológico utilizado pelos pesquisadores que tomam o MCS como referencial teórico, é apresentar os participantes de uma pesquisa por nomes (na verdade, por seus pseudônimos), em vez de indicá-los por quaisquer outras notações – como em algumas pesquisas que utilizam A1, A2, A3, ..., para indicar os alunos. Este procedimento tem como objetivo sugerir, nos mínimos detalhes, que naquela ação enunciativa, existe um sujeito da enunciação.

A seguir, apresentaremos uma pesquisa que tratou especificamente da *dinâmica* do processo de produção de significados. Nossa proposta na seção seguinte será a de apresentar as diferentes fases do estudo, com o objetivo de sugerir ao pesquisador iniciante as diferentes fases de uma investigação e a importância dos procedimentos metodológicos em todas as suas etapas e, também, indicar como o MCS esteve em ação.

Sobre a dinâmica do Processo de Produção de Significados para a Álgebra Linear[32]

A investigação que descreveremos a seguir gerou a tese de doutorado intitulada *Sobre a dinâmica da produção de significados para a Matemática*, defendida no Programa de Pós-Graduação em Educação Matemática da Universidade Estadual Paulista/ Unesp, orientada pelo Prof. Romulo Campos Lins. Procuramos, na medida do possível, não apresentar os pormenores matemáticos da discussão em sala de aula, mas focar em sugerir a teoria em ação. Discutiremos também as diferentes fases da pesquisa com o objetivo em mente de revisar as questões metodológicas apresentadas nas seções anteriores.

A delimitação do problema de pesquisa

Em agosto de 1999 iniciamos no grupo de pesquisa sob a coordenação do professor Romulo Campos Lins com o objetivo de promover as discussões sobre um projeto para avançar alguns aspectos teóricos do MCS. A proposta inicial foi a de investigar a dinâmica dos núcleos, entender como eles se constituíam e identificar possíveis transformações. Com isto em mente, repassamos, discutimos e refletimos sobre cada uma das noções-categoria do *Modelo*. Nas reflexões sobre a noção de núcleo, Lins comentou: “Para mim, essas coisas é que estão ligadas à ideia de dinâmica dos núcleos. Não é só como eles se constituem não, ligado numa dada atividade, mas como eles se transformam. Que processo é esse?[33]

A primeira ideia sobre o que seria a dinâmica (do processo de produção de significados) ainda olhando para os núcleos, foi mencionada por ele com as seguintes palavras: “Então, para mim, a ideia de dinâmica é isso, é esse processo pelo qual as coisas vão se transformando”.[34]

Assim, o ponto de partida da pesquisa estava na hipótese de que os núcleos poderiam possuir uma dinâmica que, se identificada, lançaria mais luz ao processo de produção de significados ao ampliar o entendimento relativo à maneira de operar dos estudantes quando resolvem problemas de Matemática.

Paralelamente às nossas discussões no grupo, foi desenvolvida uma revisão da literatura que evidenciou que não havia estudos similares que pudessem auxiliar na compreensão da ideia de dinâmica.

Nessa direção, identificamos apenas um artigo, dos pesquisadores espanhóis Godino e Batanero (1994), que apresentava uma proposta de investigação similar à nossa em sua origem. Isto é, a partir de um modelo teórico elaborado no âmbito da Didática da Matemática denominado Teoria do Objeto e do Significado, os pesquisadores propunham um estudo da dinâmica do significado pessoal dos objetos matemáticos e dos significados institucionais. Nessa teoria os pesquisadores tinham como objetivo discutir a natureza dos objetos matemáticos e seus significados, porém, o estudo da dinâmica constituía-se em uma proposta de investigação futura naquela ocasião e nenhum estudo nessa direção havia sido desenvolvido. Assim, a única semelhança que observamos de nossa proposta de investigação com o projeto desses pesquisadores é o fato de que a iniciativa de estudar a dinâmica nasceu de maneira similar à nossa: - de uma questão interna a uma teoria.

A certa altura das discussões, tomamos a decisão de que não fixaríamos nosso olhar apenas nos núcleos. Nossa análise seria desenvolvida considerando o processo como um todo. Essa opção metodológica, ao final do estudo, mostrou-se uma atitude acertada pela riqueza com que permitiu desvelar sobre a questão de investigação. Com isso em mente, nosso problema de pesquisa foi delimitado nos seguintes termos: identificar e caracterizar aspectos da dinâmica do processo de produção de significados de estudantes para a Matemática (Álgebra Linear) a partir da análise de suas ações enunciativas.

À nossa disposição estava o Modelo dos Campos Semânticos com seus pressupostos e sua maneira peculiar de ler as ações enunciativas dos sujeitos quando eles se propõem a resolver um problema matemático. Não sabíamos nada além disso, exceto que era um estudo de aprofundamento teórico e que nossas informações deveriam vir de uma pesquisa de campo.

A importância do estudo estava, a nosso ver, exatamente na ampliação de nosso entendimento da maneira de operar dos alunos em situações reais de sala de aula (em oposição a entrevistas clínicas com um grupo reduzido de alunos) e na potencialidade para pensar em caminhos que apontariam para ações concretas de interação entre professor e aluno, bem como possibilidades de intervenção advindas da leitura da produção de significados desses estudantes. Em particular, este estudo poderia auxiliar na compreensão, análise e tratamento das dificuldades de aprendizagem que emergem em uma sala de aula.

Preparando a saída a campo

A primeira fase de preparação da pesquisa de campo passou por caracterizá-la e tomar as decisões iniciais com respeito aos procedimentos metodológicos. Sobre sua natureza, não havia dificuldade; ela se caracterizava como sendo uma abordagem qualitativa, no sentido proposto por Bogdan e Biklen (2013). Na revisão da literatura sobre tipos de pesquisa qualitativa, decidimos caracterizá-la como do tipo etnográfico, proposto por André (2009). Essa opção metodológica se deu baseada no nosso propósito de investigar a dinâmica do processo de produção de significados dos estudantes que, de acordo com o MCS, indicava que o material de investigação e a análise seriam, na sua totalidade, as ações enunciativas dos sujeitos coletados em sala de aula e que, naquele momento, ainda não tínhamos ideia do seu volume.

Continuamos nossas discussões no grupo de pesquisa e concordamos que, por exemplo, estudar a dinâmica do processo a partir de entrevistas clínicas não seria produtivo. O caminho seria, então, observar uma sala de aula em que os alunos estivessem envolvidos em uma atividade de resolução de problemas. Decidimos, assim, que a disciplina para desenvolver a pesquisa seria Álgebra Linear, considerado os estudos em desenvolvimento e finalizados no grupo sobre o assunto[35].

Da experiência de Lins lecionando a disciplina Álgebra Linear na Graduação e na Pós-graduação, surgiram alguns problemas que ele havia utilizado em sala de aula e que sugeria, ter potencial para ser o problema disparador do processo de produção de significados dos alunos. Durante a pesquisa foram selecionados e utilizados em sala de aula dois desses problemas.

Assim, o primeiro problema escolhido foi apresentado na lousa no primeiro dia da primeira aula da disciplina Álgebra Linear com alunos regulares e especiais de um Programa de Pós-graduação em Educação Matemática, com o seguinte enunciado:

> Problema para investigar:
>
> $\mathbb{R}^2$ é o conjunto dos pares ordenados de números reais:
>
> $\mathbb{R}^2 = \{(x, y) \text{ tal que } x, y \in \mathbb{R}\}$
>
> Investigue se é possível existir um espaço vetorial real (isto é, $\mathbb{R}$ é o corpo dos escalares) onde $\mathbb{R}^2$ é o conjunto de vetores desse espaço e que tenha dimensão 3.

Este problema, conforme acreditávamos, tinha as duas características discutidas na seção anterior: era *familiar* e *não-usual*; cuja certificação só aconteceu no decorrer das aulas.

Nas reuniões seguintes, anteriores ao início das aulas, seguimos decidindo sobre questões metodológicas. O ponto mais importante da fase de preparação para a saída a campo foi a possibilidade que tínhamos de decidir qual seria o ambiente de sala de aula favorável aos nossos propósitos, isto é, em que a produção de significados dos alunos pudesse ser estimulada a partir da tomada de decisões prévias como, por exemplo, a postura do professor em sala de aula. Os pontos centrais que constituíram nossa tomada de decisão em conjunto com o professor da disciplina serão descritos a seguir.

Primeiro, acertamos que poderíamos fazer intervenções em sala de aula, porém, nenhum de nós poderia falar na direção de esclarecer, explicar e justificar questões relativas ao conteúdo matemático em discussão. Essa decisão foi tomada com dois objetivos em mente: para ver até onde os alunos poderiam ir falando sobre o problema apresentado e para, na medida do possível, não "contaminar" a produção de significados desses alunos. Nesse sentido, tínhamos à nossa disposição as informações do professor sobre esta prática, fruto de sua experiência em outras salas de aula, mas não sabíamos o quanto estas informações poderiam ser úteis nessa nova turma. Foi também nosso entendimento que essa postura daria mais confiabilidade ao processo, considerando que o professor da disciplina era autor da teoria e orientador do projeto de tese.

Segundo, decidimos que o curso seria ministrado a partir de problemas e que os alunos deveriam investigar suas soluções, como nas vezes em que a disciplina foi lecionada anteriormente. Discutimos sobre a possibilidade de trabalharmos com grupos de problemas ou problemas independentes e optamos por introduzir na sala de aula a segunda opção. Escolhemos o problema apresentado anteriormente para dar início ao trabalho de investigação dos alunos. Todavia, durante as aulas mais um problema foi apresentado à turma e foi de livre escolha do professor.

Terceiro, como dinâmica de sala de aula, decidimos que, a partir da proposição do primeiro problema, os alunos deveriam reunir-se em grupos para discussão e para o encaminhamento de resoluções do problema. Parte da aula seria, então, destinada à reunião dos grupos e a outra parte seria destinada aos relatos verbais dos grupos a respeito de seus resultados da resolução do problema.

Por último, decidimos também que não faríamos nenhuma previsão com relação ao número de aulas destinada à discussão de cada problema proposto. A expectativa era de que o transcorrer das aulas nos informasse o momento em que as discussões se esgotariam.

Em linhas gerais, foram essas as decisões que tomamos, todas as demais foram tomadas livremente pelo professor que, a partir do que observava, foi conduzindo as aulas. Por exemplo, durante as aulas, o professor tomaria uma postura frente aos alunos que, de certo modo, não chegou a ser decidida por nós. Ele tomou a decisão de, na presença dos alunos, manter-se imóvel, sem nenhum gesto e sem nenhuma expressão facial que sugerisse concordância ou discordância com o que era dito por eles. Assim, gestos do tipo balançar a cabeça em sinal de afirmação ou negação, sorrir, responder às perguntas dos alunos sobre conteúdo não aconteceram. Em geral, suas intervenções foram de encaminhamento das tarefas do dia ou da aula seguinte, ou intervenções exclusivamente para esclarecimento sobre o que os alunos e alunas queriam dizer. Com essas decisões de cunho metodológico, entramos em sala de aula.

A sala de aula

A pesquisa de campo foi desenvolvida numa sala de aula em que foi ministrada a disciplina Álgebra Linear, pertencente ao currículo de um Programa de Pós-graduação em Educação Matemática em uma instituição pública de Ensino Superior do Estado de São Paulo. A turma foi composta de alunos regulares e especiais, constituindo-se um grupo de dezoito alunos (professores) cujos pseudônimos, escolhidos por eles foram: Mila, Betty, Mel, Diva, Lufran, Role, Morgana, Pinho, Ane, Azul, Mega, Muiara, Maria Luiza, Ades, Judy, Teka e Duda.

No primeiro dia de aula, a proposta da disciplina foi apresentada pelo professor e, em seguida, o problema foi apresentado à turma; nesse momento iniciou o desencadeamento de nosso processo de investigação e de nossa observação. Após a apresentação do professor, os alunos passaram a se reunir em grupo para buscar a solução do problema.

Durante aproximadamente dois meses, os alunos – divididos em grupos – produziram significados para o problema proposto através do encaminhamento de uma resolução para ele. Como pesquisador, estive presente na sala de aula como observador, com direito a voz e ao longo das aulas fui me tornando familiar à turma. A professora Viviane, uma colega do grupo de pesquisa, cuidou da filmagem das aulas e para nossa surpresa, a câmera direcionada na lateral da lousa não causou aparente constrangimento à turma. Pelo menos, segundo a nossa percepção, a presença da câmera não silenciou a turma.

As aulas da disciplina aconteciam uma vez por semana, com duração de quatro horas, e sua dinâmica, do início ao fim do semestre, foi: os grupos se reuniam para buscar uma solução para o problema na primeira parte da aula; já na segunda parte, cada grupo apresentava à turma e ao professor o que tinha produzido até aquele momento. Durante toda a semana, entre uma aula e outra, os alunos tinham total liberdade de ação; poderiam se reunir, ir à biblioteca consultar livros, discutir entre eles e conversar com outras pessoas.

Assim, na segunda parte de cada aula, os grupos apresentavam o encaminhamento que deram ao problema, os avanços, as dúvidas, assim como as questões individuais e do grupo. Na primeira apresentação dos grupos teve início o processo de produção de significados dos alunos.

Novas tomadas de decisões de natureza metodológica

Ao final de aproximadamente dois meses, resolvemos que era o momento de parar o processo e dar a resposta do problema à turma. Já tínhamos, em mãos, um material muito rico, fruto das enunciações daquele grupo.

Na sequência das aulas, um segundo problema foi proposto aos alunos, mas a riqueza do material que já tínhamos em mãos era suficiente para a pesquisa. Sendo assim, decidimos não incorporar o segundo problema em nossa investigação.

Outra decisão metodológica, tomada de posse do material coletado em fitas de videocassete, foi o de dividir a análise em duas partes: na primeira, colocamos o foco na produção de significados dos sujeitos na interação face a face, buscando entender no que se constituiria a dinâmica do processo, assim realizando uma leitura mais global da interação ocorrida em sala de aula. Na segunda parte, deslocamos o foco da turma para alguns alunos que se tornaram representantes de certos modos de produção de significados pela maneira peculiar como operavam.

As duas leituras pretenderam ser complementares, como de fato o foram, pois acreditávamos existir especificidades que seriam perdidas se ocorresse apenas uma delas. O resultado confirmou tal expectativa ao evidenciar que investigar o processo em questão das duas perspectivas propostas foi decisivo para explicitar sua riqueza. Dessa maneira, apresentaremos, a seguir, em linhas gerais, as duas leituras.

Na análise que desenvolveremos a seguir utilizaremos as notações R2 e R3 para nos referir a maneira como os participantes da pesquisa se referiam ao $\mathbb{R}^2$ e $\mathbb{R}^3$, respectivamente.

A leitura global

Na primeira fala dos alunos, $\mathbb{R}^2$ foi constituído em objeto em quase todos os grupos. Em geral, o $\mathbb{R}^2$ possuía as seguintes propriedades caracterizadoras segundo as falas deles: "o R2 é o plano"; "o R2 tem dimensão 2"; "R2 é um conjunto". Além disso, desde o início das falas, o $\mathbb{R}^3$ foi introduzido de maneira recorrente, constituído em objeto na fala de quase todos os grupos. O interessante, neste caso, é o fato de que o objeto $\mathbb{R}^3$ não figurava no enunciado do problema. Ele foi introduzido nas justificações a partir da leitura que foi feita do enunciado do problema. Muito provavelmente, o enunciado do problema "evocou", para os sujeitos, uma característica de $\mathbb{R}^3$ – aquele que tem dimensão 3.

O encaminhamento para resolver o problema proposto passou, por vezes, em relacionar o $\mathbb{R}^2$ ao $\mathbb{R}^3$. A partir desses objetos, outros objetos foram constituídos, tais como: plano, reta, vetores, classes de equipolência, espaço, subespaço. Das falas dos alunos, extraímos as seguintes estipulações locais: "o R2 é um conjunto de vetores do R3"; "o R3 é o espaço"; "o R2 pode ser um/o subespaço de R3"; "o R3 é composto de planos, ele é um espaço formado de planos, os planos de retas"; "R2 tá contido no R3"; "do R2 para o R3 é possível, o inverso não"; "dentro do R3 existe o R2"; "dois vetores paralelos você considera que é o mesmo vetor".

Notamos, ainda, que as palavras vetorial e real, presentes no enunciado do problema foram pouco mencionadas, sendo mesmo desconsideradas por alguns alunos. Apesar de algumas pessoas mencionarem as palavras espaço e subespaço, havia evidências de que $\mathbb{R}^2$ e $\mathbb{R}^3$ foram lidos, no início de suas enunciações, como subconjunto e conjunto, respectivamente.

Esse estado de coisas nos levou a direcionar nosso olhar, a partir daquele momento, para seguintes questões: de que maneira o problema proposto foi constituído em texto - caso tenha sido constituído - pelos alunos? Será que para os objetos $\mathbb{R}^2$ e $\mathbb{R}^3$ seriam produzidos outros significados, ao longo do processo, além daqueles que haviam sido produzidos inicialmente? Essa última questão nos levou a considerar a importância de fixar o olhar nesses dois objetos e estudá-los historicamente, no sentido proposto por Vigotski, quando ele diz: "Estudar alguma coisa historicamente significa estudá-la no processo de mudança"[36].

Sobre a primeira questão, constatamos que a produção de significados das pessoas estava sendo determinada exatamente pela leitura de cada um dos sujeitos do problema proposto, portanto, o processo de constituição do enunciado (resíduo de enunciação) em texto determinou, em parte, a dinâmica do processo.

Porém, na origem desta afirmação, está a nossa observação da explicitação da leitura do problema por alguns alunos, por exemplo, a leitura que Ades apresentou. Para ele, o problema dizia respeito a obter $\mathbb{R}^3$ a partir de $\mathbb{R}^2$. Por outro lado, a aluna Azul, desde o início da apresentação dos grupos até a última apresentação de seu grupo, sugeria mudar o enunciado do problema. A questão que se colocava para nós era: por que ela sugeria tal mudança? Além disso, a análise de toda produção de significados de Role e Diva nos sugeriu que eles não constituíram o problema proposto em texto. Role, em nenhum momento, discutiu explicitamente o problema e, ainda, sua fala se deu apenas quando se discutiu sobre o $\mathbb{R}^2$ e $\mathbb{R}^3$, ou sobre outros temas que não estavam relacionados ao problema, tais como, metodologia de ensino, sala de aula, ensino e aprendizagem, entre outras coisas.

Como conclusão parcial, ressaltamos que a leitura global do processo indicou duas situações: primeira, a maioria das pessoas constituiu $\mathbb{R}^2$ como o plano e o $\mathbb{R}^3$ como o espaço, ou como conjunto e subconjunto, respectivamente. E isto estava tão "cristalizado" para as pessoas que parecia não aceitarem o fato de que $\mathbb{R}^2$ e $\mathbb{R}^3$ pudessem vir a ser outra coisa.

Para nós, o "não poder ser outra coisa" esteve ligado a uma das questões mais importantes que observamos sobre a dinâmica do processo: a questão da legitimidade, isto é, daquilo que o sujeito julga ser, ou não, legítimo dizer. Ao longo de todo o processo de produção de significados das pessoas, a questão da legitimidade foi, junto com a maneira singular/peculiar com que os alunos leram o problema, determinante na dinâmica do processo. Para sustentar nossa afirmação anterior, indicamos as seguintes frases ditas por alguns alunos:

> - "Eu não consigo imaginar como seja o que ela me disse". [Teka sobre a fala de Betty sobre a possibilidade de existência de operações não usuais];
>
> - "Eu não vejo outra coisa que possa ser o IR3" [Lufran]

- "Eu não vejo possibilidade" [Muiara, sobre a possibilidade de dimensão 2 poder ser algo diferente de comprimento e largura];

- "Não posso pensar desse jeito" [Diva, considerando a fala de Muiara].

Essas frases evidenciaram a delimitação determinada pelas pessoas para o que era legítimo, ou não, dizer, influenciando, assim, suas produções de significados.

Por outro lado, as transformações no processo de produção de significados para os objetos $\mathbb{R}^2$ e $\mathbb{R}^3$ foram evidenciadas por Mel, que, olhando para o processo de produção de significados de seu grupo, elucidou esse ponto dizendo:

> [...] ontem, na hora que eu, a Mila e a Betty, nós fomos estudar de novo o problema. Aí sim que a gente entendeu aquela questão da Anita de que dimensão era aquele espaço, porque no fundo a gente tava confundindo os espaços. E aí o espaço que tinha lá é o espaço lugar, enquanto que, o espaço que a gente discutia no problema, é espaço vetorial. E aí, eu acho que é isso que a gente ficava naquilo que ele disse de outras direções. Quando a gente ficava falando de espaço lugar, espaço geométrico, a gente não saía do lugar no problema. Porque, na verdade, a gente tinha que saber de que espaço a gente tava falando e era outro. Então, a gente chegou a essa conclusão de que aquela questão foi mais pra falar: isso é o espaço de que vocês, às vezes, estão falando, e esse é o espaço vetorial[37].

Em particular, nas falas de Mel e Betty foi possível observar a transformação dos objetos $\mathbb{R}^2$ e $\mathbb{R}^3$ como plano e espaço, respectivamente para conjuntos quando se referia a uma bijeção ou em espaços vetoriais quando se associa a um corpo, às operações de adição e multiplicação por escalar e seus axiomas, por exemplo. A fim de elucidar este ponto, optamos, na seção seguinte, por analisar a produção de significados de Betty em detrimento da de Mel, por ter sido a primeira quem determinou uma nova direção na fala para interlocutores em sala de aula.

Além das duas questões anteriores que identificamos em nossa análise, a continuação da observação dos emergentes daquela sala de aula relacionados à dinâmica do processo evidenciou aspectos dessa dinâmica associada aos interlocutores.

Notamos que, quando Ades produziu significados numa certa direção para a qual era legítimo falar de planos, espaço (geométrico), vetor como segmento orientado, ele encontrou Role, Lufran, Maria Helena, Mega, Muiara e Diva para dialogar e todos voltaram-se para falar naquela direção (a direção do interlocutor de Ades). Nesse momento, essas pessoas falaram de expansão de planos, de giros de planos, vetores no espaço, retas, entre outras, coisas, buscando dialogar entre si.

Quando Betty introduziu na discussão outros objetos, tais como, operações não usuais, isomorfismo e bijeção, ela determinou outra direção diferente daquela para a qual estavam voltados os sujeitos anteriormente mencionados.

Observamos que a intervenção de Betty causou um corte visível na produção de significados naquela sala de aula. De imediato, aqueles que estavam falando na direção do interlocutor de Ades silenciaram totalmente, incluindo o próprio Ades. Alguns sujeitos que já se encontravam mudos, continuaram silentes. E aqueles, como Pinho, por exemplo, que já esboçavam uma fala na direção dos interlocutores de Betty, começaram a se pronunciar dialogando com ela.

A produção de significados de Betty foi um divisor de águas entre o que estava sendo dito em sala de aula, antes de sua intervenção, e o que passou a ser dito, depois de sua fala. A partir dessa ocasião, nossa leitura global do processo nos permitiu explicitar algumas considerações sobre esse episódio: primeiro, observamos que, apesar do silêncio de Ades, quando olhamos o transcorrer das aulas, vimos que sua produção de significados não foi alterada por uma possível "contaminação" das ações enunciativas de Betty. Esse ponto ficará mais claro quando analisarmos sua produção de significados na seção seguinte.

A segunda consideração de nossa conclusão parcial diz respeito a uma possível leitura do que a intervenção de Betty causou na produção de significados de algumas pessoas ao silenciar tudo o que não fosse dito naquela direção: refere-se ao fato de que o que passou a ser dito ali, ou melhor dizendo, os resíduos de enunciação de Betty, Mel, Pinho e Judy, que estavam voltados para outra direção (interlocutor), não se constituíram em texto para aquelas pessoas. A questão é que, obviamente, não produzimos significados para coisas que desconhecemos.

E, por último, outra leitura possível é que, para algumas pessoas que se calaram, a produção de significados de Betty era totalmente ilegítima, no sentido de que essas pessoas não diriam, elas mesmas, nada naquela direção.

A leitura Local

A leitura local que desenvolvemos tinha como objetivo elucidar e aprofundar as questões que levantamos até aqui acerca da produção de significados de Betty, Ades e Azul, bem como investigar sua dinâmica.

Recordamos que a motivação original de nossa pesquisa estava baseada na crença da importância de se estudar a dinâmica dos núcleos para uma melhor compreensão do processo de produção de significados. Desse modo, nessa fase da investigação, os núcleos, foram candidatos naturais a serem observados.

A escolha desses sujeitos de pesquisa se deveu ao fato de suas ações enunciativas nos permitirem elucidar as questões levantadas na seção anterior e que só um estudo local de suas produções de significados poderia explicar. Por exemplo, chamou-nos a atenção o fato de Azul, desde o início, sugerir que o enunciado do problema fosse alterado. Por outro lado, a escolha de

Ades e de Betty foi motivada pelo fato de que tanto um como o outro, produziram significados na direção de diferentes interlocutores, para o qual alguns colegas se voltaram no decorrer das aulas.

A leitura do processo de produção de significados de Betty nos permitiu tecer algumas considerações a respeito de sua dinâmica. Notamos, na análise de suas tentativas de resolução do problema proposto, um processo de transformação dos objetos $\mathbb{R}^2$ e $\mathbb{R}^3$ durante a produção de significados de Betty. Ao longo do processo, vários significados foram produzidos por Betty para os objetos $\mathbb{R}^2$ e $\mathbb{R}^3$.

Betty, em sua fala na direção de resolver o problema proposto, coloca uma questão, ao mesmo tempo, em que faz um esboço na lousa. [figura 1]. Ela diz:

Betty: Mas a gente está com um pequeno problema. Quando a gente pega um vetor em R3, a gente pode escrever x, y, z e, em R2, x, y. [ela escreve na lousa (x,y,z) e (x,y)]. Mas se a gente coloca o zero aqui a gente pode falar que isso é equivalente a isso? Isto é, que (x,y,0) equivale a (x,y)? Ou seja, (x,y) coincide geometricamente em R2, tipo, considera esse plano, né? O que seria o meu R2? [...] Mas se eu tô trabalhando no R3, equivale a dizer a mesma coisa?[...] Tipo, eu posso pegar um plano aqui também [ela aponto para um outro plano do $\mathbb{R}^3$]? E aí? Vai ser um vetor pertencente ao R2 também?[38]

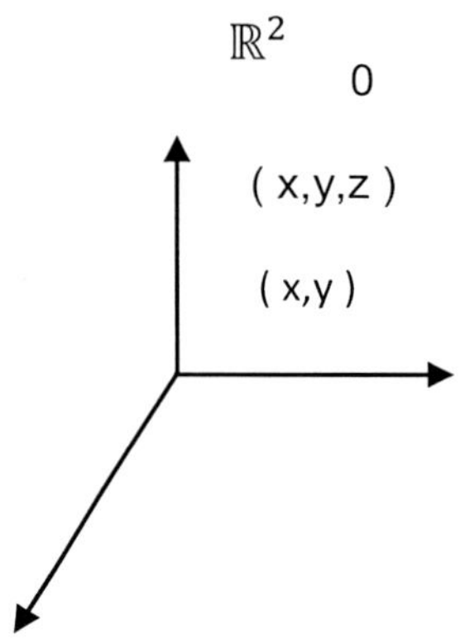

Figura 1

Em sua fala, suas justificações pareciam indicar que, naquele momento, $\mathbb{R}^3$ era constituído como o espaço (geométrico) e o $\mathbb{R}^2$ eram os planos que constituíam o $\mathbb{R}^3$.

Em produções de significados posteriores, $\mathbb{R}^2$ e $\mathbb{R}^3$ são mencionados como espaços vetoriais, mas pensados, por vezes, como conjuntos, para finalmente tomar esses objetos na bijeção, como conjuntos e, na transformação linear, como tendo uma estrutura algébrica.

Essa mudança em sua maneira de operar pode ser observada em sua fala e em seus esboços na lousa, como apresentado a seguir:

Betty: [...] eu defino o meu espaço [ela escreve na lousa: $V = (\mathbb{R}^2, +,*)$]. Seria o meu espaço procurado, cujo conjunto de vetores sejam R2 e tenha dimensão três. E eu quero verificar o quê? [Ela mesma responde]. Se ele tem dimensão três. Pra isso o que eu preciso? Encontrar uma base de vetores que eu não sei quem é [ela escreve na lousa: $\beta = \{(\ ), (\ ), (\ )\}$], que gere todo esse conjunto [referindo-se a V]. Então, quer dizer, se tiver três vetores e esses vetores forem L.I., eu consigo ver que este espaço tem dimensão três. Então, se existir uma bijeção com o R3 [ela esboça o diagrama da figura 2], eu consigo encontrar essa base. Por que que eu consigo? Vocês me deêm uma base em R3. [Pinho responde na sequência]

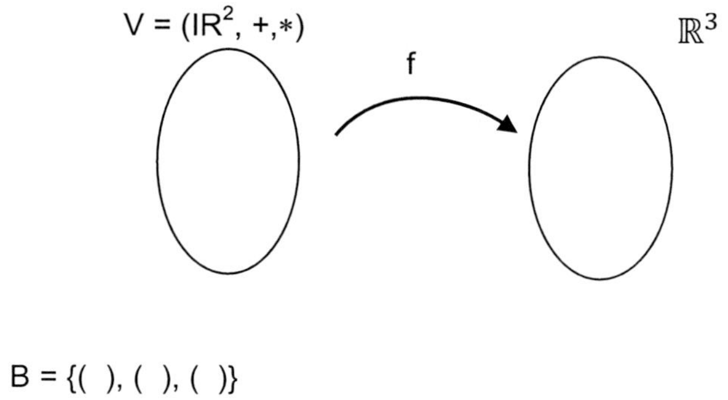

Figura 2

Pinho: Base canônica.

Betty: Base canônica, mas qual seria?

Pinho: Um, zero, zero; zero, um, zero; zero, zero, um [e ela escreve na lousa – vide Figura 3].[39]

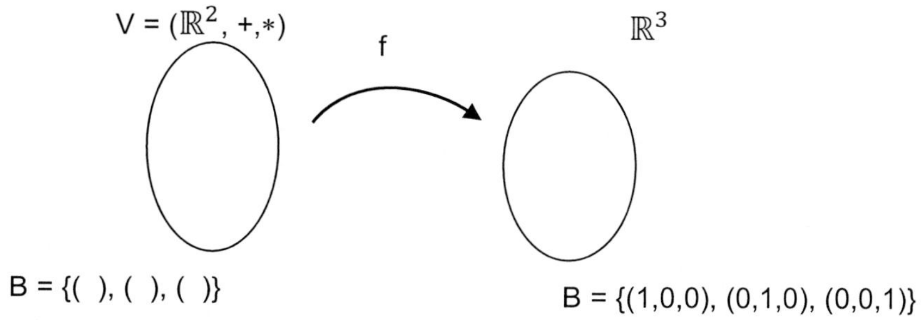

Figura 3

Então Betty continua argumentando:

Betty: Então, assim, aqui é uma base. Agora, se existir essa bijeção, eu posso tá definindo as operações é..., em função dessa função bijetora [referindo-se à função f da figura 3]. Porque daí, eu pego aqui e trago pra cá [ela indica com um gesto o caminho de R3 para V]. Ou seja, pra essa base eu consigo os elementos / os vetores dessa base.[40]

Note que V = ($\mathbb{R}^2$, +,∗) é constituído em objeto como o espaço vetorial procurado – formado por $\mathbb{R}^2$ e duas operações não-usuais – que deve ter dimensão 3. Ela então se propõe a encontrar uma base de V, tal que, como ela diz, “se tiver três vetores e esses vetores forem L.I., eu consigo ver que este espaço tem dimensão três”. Ao dizer isso, somos levados a pensar que ela estava operando com a noção algébrica de dimensão. Observamos, também, que Betty, como indicou sua fala e o esboço gráfico, operava com V e $\mathbb{R}^3$ como sendo espaços vetoriais, mas fazia menção a eles, por vezes, chamando-os de conjunto. Além disso, ela estava operando de modo a aplicar a função f aos espaços vetoriais. Esse é o ponto que causou confusão para ela, como mencionado anteriormente. A questão a partir deste momento foi observar em que momento de sua produção de significados a transformação ocorreu.

Notamos, ainda, que no processo de nucleação, isto é, de constituição e transformação de estipulações locais, operações e lógicas, observamos, no decorrer da produção de significados de Betty, o afastamento de certas estipulações locais - como se elas fossem deixadas de lado - e novas estipulações fossem sendo incorporadas ao núcleo.

Mais especificamente, após a primeira fala de Betty, o esboço gráfico representando o sistema tridimensional de eixos coordenados, não apareceu novamente em suas justificativas, como também as estipulações locais: “R2 é o plano”, “R3 é o espaço”. Não observamos, novamente, quaisquer vestígios de produção de significados “geométricos” sendo produzidos nas ações enunciativas de Betty.

Por outro lado, $V = (\mathbb{R}^2, \oplus, *)$ e $\mathbb{R}^3 = (\mathbb{R}^3, +, \cdot)$ foram se constituindo em estipulações locais. Houve também, ao longo do processo de nucleação, a incorporação de novas estipulações locais ampliando o núcleo.

Nossa observação sugere que houve um processo sutil de transformação do que em um momento são novos objetos e, em outro, se tornam estipulações. Esse é o caso da bijeção. Num primeiro momento, Betty a constitui em objeto (no dia 14 de setembro); na aula seguinte (no dia 21 de setembro), a bijeção parece ser uma estipulação local cuja ação é usada para operar na construção das operações de adição e multiplicação por escalar. Penso que tal fato ocorreria também com a função de Cantor - que ela faz menção em outro momento de sua fala - caso o processo continuasse. Isto porque Betty e Mel acenam para essa possibilidade quando dizem: “a propriedade existe” [Betty], “Existe e é válida” [o resultado]. Então eu vou usar, né? Foi isso que a gente pensou” [Mel].

Observamos, ainda, ao longo dos dias, uma mudança nos interlocutores de Betty. A primeira fala nos sugere que o que ela tinha a dizer estava na direção dos significados, digamos, dos significados produzidos a partir da disciplina denominada de Geometria Analítica. Porém, aos poucos, ela vai se voltando para uma direção que podemos caracterizar apenas para marcar a diferença, como sendo dos significados algébricos da disciplina Álgebra Linear.

Notamos, também, transformações ocorridas nas operações, isto é, na maneira como Betty estava operando com os objetos. Como indicamos anteriormente, ela, procurava, inicialmente, somar pares de vetores para obter uma terna, operando, segundo ela, com a ideia de isomorfismo. Em substituição a esse modo de operar, ela passa a usar a ação da função bijetora que, segundo ela, lhe permite "associar" par e terna. Aos poucos, Betty começa a incorporar a ação da transformação linear na direção de associar $V = (\mathbb{R}^2, \oplus, *)$ e $\mathbb{R}^3 = (\mathbb{R}^3, +, \cdot)$, com o objetivo de indicar que V tem dimensão 3, através da identificação com o espaço vetorial $\mathbb{R}^3$ que possui dimensão 3.

Em linhas gerais, esta foi a nossa análise da produção de significados de Betty. Passaremos, agora, a fazer a leitura do processo de produção de significados de Ades ao longo da atividade de resolver o problema proposto. Na primeira fala de Ades a respeito do problema proposto, ele comenta:

> Ades: Sim, mas no começo, né?, quando a gente começou a considerar que seria, por exemplo, o canto da sala ali, as três paredes, o chão e as duas paredes. [...] Aí eu também pensei no seguinte: quando você pega dois vetores paralelos, você considera que é o mesmo vetor. Tanto é que você faz soma, regra do paralelogramo, etc., fazendo a transposição do vetor. Então, o vetor paralelo a ele mesmo, a um outro vetor é o mesmo vetor. Assim sendo todos os vetores / se você tem dois vetores paralelos que tão formando o plano, por exemplo, no fundo da sala, e você transpõe esse vetor, mexe pra cá, por exemplo, você tem um outro plano. [...] O conjunto das classes de equipolência, não seria R3? [...] O conjunto das classes de equipolência seria o R3. E daí me veio a ideia de que o espaço seria uma expansão do plano, né? Na medida em que você não considera ser diferente; na medida que você considera os dois vetores paralelos, como sendo o mesmo vetor, então o que você está fazendo é uma expansão do próprio plano. Então o espaço seria uma expansão do próprio plano.[41]

Notamos, após uma longa análise, que sua maneira de operar estava ligada à sua leitura do problema proposto. No enunciado do problema – investigue se é possível existir um espaço vetorial real onde $\mathbb{R}^2$ é o conjunto de vetores desse espaço e que tenha dimensão 3, –, ele produziu significados para o enunciado do problema da seguinte maneira. - como obter R3 a partir de R2? Assim, sua produção de significados se voltou para responder a esta questão.

A reconstituição de seus argumentos pareceu seguir, em resumo, a sequência: dois vetores paralelos são o mesmo vetor e dois vetores paralelos formam um plano; dois vetores paralelos a outros dois vetores paralelos formam planos paralelos; fixado um plano e tomando outro plano paralelo, obtém-se o $\mathbb{R}^3$.

No processo de produção de significados de Ades $\mathbb{R}^2$ é constituído em objeto como plano; $\mathbb{R}^3$ como espaço; vetor é constituído em objeto como segmento orientado; classe de equivalência refere-se a um conjunto de planos a partir da variação de uma coordenada e o objeto "um espaço vetorial R2" parece referir-se a um conjunto de planos. Observamos as seguintes estipulações locais sendo constituídas: "R2 tem dimensão 2"; "R3 tem dimensão 3"; "dois vetores paralelos são o mesmo vetor"; "dois vetores paralelos formam/geram um plano".

As operações com os objetos são: transposição de vetor, paralelismo de vetores e planos, expansão de planos e "visualização", a partir da seguinte lógica: posso transpor vetores paralelos; dois vetores paralelos a outros dois vetores paralelos formam planos paralelos; e os planos devem ser paralelos, mas "se você fizesse enviesado, aí não", pois, em coerência com a operação expansão do plano, os planos têm que ser paralelos. Ades opera de modo a tentar enxergar, em oposição à maneira de operar das colegas de grupo. Ele diz: - "E elas tentaram a partir das propriedades, pensar, mostrar que aquilo era verdadeiro ou não. E eu fui procurando enxergar". Observamos que "enxergar" é entendido por Ades como uma operação legítima. Além disso, sua fala sobre dimensão – o limite de enxergar, como ele diz – nos sugere, como afirmamos anteriormente, que para ele o espaço tem dimensão 3.

Porém, vemos que, apesar de operar dessa maneira, Ades deixa transparecer que não considera o problema resolvido: - "Eu não consigo caracterizar bem, mas é assim que eu vejo. Exatamente isso que eu quero fazer, essa ligação de um com outro eu não consegui fazer, desde que a gente aprenda algebricamente, né?"

Ao olhar para o processo de produção de significados de Ades com o intuito de pensar na dinâmica do processo, vemos a constituição dos objetos se mantendo a mesma ao longo de todo o processo: vetor, entendido como segmento orientado; $\mathbb{R}^2$ é o plano e é um elemento formativo do $\mathbb{R}^3$; $\mathbb{R}^3$ é o espaço.

O processo de nucleação, isto é, de constituição e transformação do núcleo, foi de incorporação de estipulações locais ao longo do processo, da seguinte maneira esquemática: num primeiro momento temos a sequência: R2 tem dimensão 2, R3 tem dimensão 3, dois vetores paralelos são o mesmo vetor, dois vetores paralelos formam/geram um plano. E em um segundo momento, temos a sequência: R2 tem dimensão 2, R3 tem dimensão 3, dois vetores paralelos são o mesmo vetor, dois vetores paralelos formam/geram um plano, o plano é infinito, o plano é a união de dois vetores linearmente independentes, os planos geradores do R3 são contínuos, o plano não tem espessura.

As operações foram, ao longo do processo, estender/deslocar/ acrescentar que, para nós, eram sinônimas de expandir, por exemplo: "Na hora que eu desloco o plano, eu estendo isto pra uma visão de espaço"; "Quando eu tô no plano, (2,3) é só (2,3), se eu acrescento outra dimensão, esse ponto passa a ser vários pontos no espaço". Além disso, ele opera com o "enxergar" da seguinte maneira: "Eu enxergo o plano no espaço, mas eu enxergo o plano".

Em resumo do que observamos, constatamos que Ades produziu significados, do início ao fim, na direção de um mesmo interlocutor, independente de tudo o que ele ouviu em sala de aula. É possível que sua leitura do problema proposto tenha contribuído para esse estado de coisas. Ao entender que o problema a ser solucionado seria obter $\mathbb{R}^3$ a partir de $\mathbb{R}^2$, ele passou a operar nessa direção. Observamos que o problema assim entendido já havia sido resolvido, por ele, na primeira aula, quando afirmou: "o espaço seria uma expansão do plano". A questão passou a ser, então, apresentar uma justificativa plausível para o professor e a turma. Por algum motivo que não identificamos; suas justificativas ainda não o convenciam da solução do problema.

Assim, observamos várias vezes ele dizendo: "Eu não consigo caracterizar bem, mas é assim que eu vejo. Exatamente isso que eu quero fazer, essa ligação de um com outro eu não consegui fazer, desde que a gente aprenda algebricamente, né?" (no dia 31 de agosto); ou "Só não consegui ainda colocar isso mesmo numa linguagem matemática explícita" (no dia 28 de setembro). A questão de saber o porquê dessa atitude já não é mais possível, tendo apenas caráter especulativo. Poderia ser, por exemplo, porque ele acreditava que suas justificações não eram suficientes para satisfazer o professor ou porque entendia que naquele espaço a justificativa aceitável deveria ser outra e não aquela que ele apresentava. Também, o fato de Ades não ter encontrado nenhuma oposição à sua fala – a não ser a divergência com as colegas de grupo – pode tê-lo feito acreditar na legitimidade do que estava dizendo.

Analisando, agora, a produção de significados de Azul apresentamos sua primeira fala a respeito do problema proposto a partir da conversa que teve com os colegas de grupo:

> Azul: [...] nós nos atemos primeiro em verificar tudo isso: o que era espaço vetorial, corpo, escalar. E a primeira impressão nossa, a minha e a do Mega, era sim; e da Muiara, não. Então, nós começamos a mudar a pergunta; porque se a pergunta fosse: numa dimensão 3 as possibilidades do R2, tá? Agora, se é R2, para você chegar numa dimensão 3, não teria essa possibilidade; porque a dimensão 3, ela tem que incluir.[42]

Azul vai reiterando sua fala inicial; vemos que ela parece constituir o enunciado do problema em texto da seguinte maneira: Como obter $\mathbb{R}^3$ de $\mathbb{R}^2$? Então para produzir significados, ela precisa alterá-lo. Mas, por que o enunciado do problema precisa ser alterado? Nossa análise se baseia, em primeiro lugar, na leitura de Azul do problema proposto pelo professor, pois, para ela, o enunciado do problema não está correto. Em segundo lugar, por causa dos objetos que ela constitui e opera. Note que a dimensão é constituída em objeto, como a quantidade de informação necessária para localizar um ponto no plano ou no espaço. Sobre os objetos $\mathbb{R}$, $\mathbb{R}^2$ e $\mathbb{R}^3$, ela diz:

Azul: [...] O quê que é o R pra mim? [ela traça uma reta na lousa] Pra mim é pegar todo o sistema nosso de numeração. Pra mim, seria isso aqui [ela faz riscos sobre a reta sugerindo pontos] todos os pontos, infinitos pontos, pra mim é R. Se eu fizer mais uma [ela traça uma reta perpendicular à anterior] e colocar infinitos pontos aqui ó, pra mim é outro R. Agora se eu unir isso aqui infinitamente, pra mim é R2. Eu não sei se pra mim é tão /eu vejo assim, isso aqui tudo unido, certinho é o R2. Daqui, aí, tira um ponto fora, desse ponto que tá aqui fora eu relaciono aqui, eu faço o R3. [com a mão, ela sugere um ponto fora do plano da lousa]. Pra mim é isso. Eu não sei se eu tô simplificando alguma coisa demais, mas tenho essa visão. Eu acho assim, se eu quiser o R3 eu tenho que tirar um ponto fora daquele R2, se eu ligar, eu tenho R3. Se eu conseguir montar uma terceira dimensão; se eu pegar um outro ponto fora dessa terceira e ligar, vou ter R4. Agora, eu não consigo visualizar essa quarta, o R4. Mas eu acredito que nesta mesma medida e proporção deve existir.[43]

Logo, para Azul, o objeto $\mathbb{R}$ é constituído como a reta real; ao passo em que $\mathbb{R}^2$, como o plano cartesiano; e $\mathbb{R}^3$, como o espaço físico. Assim, olhando desta perspectiva, para ela, não é possível obter $\mathbb{R}^3$ de $\mathbb{R}^2$, mas é possível obter $\mathbb{R}^2$ de $\mathbb{R}^3$.

Na fala de Azul observamos que ela possivelmente, tenha ido aos livros-texto e lá tenha encontrado as definições de espaço vetorial, corpo e dimensão. Além disso, ela esteve presente às aulas em que Betty apresentou seu encaminhamento da resolução do problema. Porém, ao que parece, ela não constituiu esses resíduos de enunciação em um texto para o qual produzisse significados. Notamos que ao longo das aulas Azul foi silenciando. No decorrer dos dois meses a totalidade de sua fala foi muito pequena. Ao final desses dois meses de discussão, na aula em que a solução do problema foi apresentada, ela ainda comenta:

Azul: Interessante que desde o início, esse problema, eu achava assim, se fosse possível mudar, como você falou agora [referindo-se ao professor], "dimensão três, onde R2 é o conjunto de vetores desse espaço". Eu sempre achei que fosse assim. Mas, do outro jeito, eu acho difícil de entender isso. Por exemplo, se eu mudar isso aqui ó, assim, vão supor, se eu falasse assim: "investigue se é possível existir um espaço vetorial real de dimensão três, onde R2 é o conjunto de vetores do espaço". Pra mim, isso é claro assim. Se eu mudar isso aqui, eu não consigo perceber a mesma coisa. [...]. Não sei, pra mim, fica claro, eu consigo, assim, meu cérebro acha isso perfeito. Se eu mudar a ordem, não consigo encontrar razão pra isso. Eu acho interessante isso. Agora, se eu falar assim, "a dimensão três onde R2", aí, pra mim, faz razão. Eu não consigo encontrar a mesma razão no outro texto. Não tem assim, como provar isso. Eu tô pensando, porque só mudando a sequência, muda pra mim, a razão. Se eu falar isso, é desde o início. Lembra que eu comentei que, pra mim, mudando, eu via nitidamente que sim. É interessante, eu não consigo encontrar a razão. Eu tenho que pensar bem, até que conexão tá fazendo o meu cérebro, pra entender, de uma maneira assim. Que é desde o início que eu tava com a mesma dúvida.[44]

Ao que parece Azul opera em relação ao que é o dado para ela. Ela passa por todo o processo operando com os objetos $\mathbb{R}^2$ e $\mathbb{R}^3$, dimensão como elucidamos anteriormente. Outrossim, seu núcleo se mantém estável, isto é, as estipulações locais (a dimensão do $\mathbb{R}^2$ é 2 e a dimensão do $\mathbb{R}^3$ é 3) se mantêm fixas, não transformando-se durante o processo.

Com o objetivo de estender um pouco nosso olhar para o que está acontecendo com Azul, suponhamos que nosso objetivo, enquanto professores, seja intervir para que ela resolva o problema. Vejamos, da ótica do MCS, o que está acontecendo: se considerarmos que, para resolver o problema, é preciso operar com a noção de espaço vetorial como uma estrutura algébrica e com a de dimensão de uma perspectiva também algébrica – número de vetores de uma base do espaço vetorial considerado –, vemos que Azul estaria frente a um limite epistemológico.

O que designamos por limite epistemológico é a impossibilidade de o sujeito produzir significados para o resíduo de uma enunciação numa certa direção devido à sua maneira de operar. Sendo assim, se ela não mudar sua maneira de operar, ela não resolverá o problema proposto. Do que estamos observando, com o caso de Azul e outros sujeitos de pesquisa, é que estar frente a um limite epistemológico pode levar ao ponto de paralisar o processo de produção de significados dos sujeitos. Sendo assim, ao professor caberia intervir de modo a auxiliá-los a mudar a maneira como estão operando.

Porém, para Azul, ao que parece, não é legítimo produzir significados na direção que o professor propõe na solução do problema. Tampouco, a autoridade dele como professor é suficiente para tornar sua fala legítima para ela.

Desse modo, nossa leitura do processo de produção de significados dos sujeitos de pesquisa acima nos permitiu fazer algumas considerações durante nossa leitura local.

Primeiro, observamos que Betty, Ades e Azul produziram diferentes significados para o problema proposto, com maneiras de operar próprias e, com constituição de diferentes objetos, o que, por consequência, nos sugere dinâmicas próprias.

Segundo, verificamos que a análise do processo de produção de significados de Betty indicou que todos os elementos que constituem o processo – os objetos, o processo de nucleação, a maneira de operar, a fala na direção de interlocutores, entre outros – estão interligados, de modo que mudanças em um deles provocariam transformações em todos os outros e que são essas transformações que caracterizam a dinâmica do processo. Porém, existem também, outros fatores que interferem nessa dinâmica como, por exemplo, a questão da legitimidade.

Terceiro, notamos que o estudo da dinâmica do processo de produção de significados de Betty, Ades e Azul evidenciou três processos diferentes, do que nós chamaremos de impermeabilidade. Por um lado, Betty e Ades, ao que parece, tornaram-se impermeáveis a tudo o que estava sendo dito naquela sala de aula por acreditarem na legitimidade de suas produções de significados, operando assim, de modo a não "se deixar contaminar, um pela produção de significados do outro", por exemplo. Por outro lado, a impermeabilidade de Azul parece ser decorrente da não constituição daqueles resíduos de enunciação, presentes em sala de aula, em texto.

Por último, nossa observação evidenciou ainda que grande parte dos alunos como Azul, por exemplo, começou produzindo significados a partir do que lhes era familiar e não foram muito longe falando. Talvez, pelo fato de, como comentamos anteriormente, não constituírem aqueles resíduos de enunciação em texto ou por não acharem legítimo dizer algo na direção, por exemplo, do interlocutor de Betty.

As conclusões sobre a dinâmica do processo de produção de significados

As observações em campo com posterior análise, nos permitiram tirar conclusões a partir das análises global e local sobre a dinâmica do processo.

O primeiro aspecto observado que determinou a dinâmica do processo de produção de significados dos sujeitos de pesquisa foi a constituição do enunciado do problema em texto, pois, nesse momento, o processo se pôs em marcha, desencadeando a constituição de objetos, a constituição de núcleos e, a fala na direção de interlocutores, entre outras coisas, que foram sendo determinadas pela leitura desses sujeitos do problema proposto. Por exemplo, como vimos, para Ades, o enunciado do problema proposto foi constituído em texto como: obter $\mathbb{R}^3$ a partir de $\mathbb{R}^2$. Essa leitura determinou todo o seu processo de produção de significados. Em outros casos, porém, o enunciado do problema não foi constituído em texto por alguns sujeitos.

Nosso olhar para a *história dos objetos* $\mathbb{R}^2$ e $\mathbb{R}^3$ – isto é, o processo de constituição e mudança dos objetos $\mathbb{R}^2$ e $\mathbb{R}^3$ no interior da atividade – revelou alguns aspectos importantes com respeito à dinâmica do processo. Observamos que, em alguns casos, existiram transformações nesses objetos. Por exemplo, nas ações enunciativas de Betty, identificamos $\mathbb{R}^2$ e $\mathbb{R}^3$, num determinado momento sendo constituídos como o plano e o espaço respectivamente; noutro, constituídos como espaços vetoriais e, em outros, constituídos como conjuntos. Observamos aí mudanças sutis acontecendo às vezes num curto intervalo de tempo. Por outro lado, algumas pessoas constituíram esses objetos como: R2 é o plano, R2 tem dimensão 2 (comprimento e largura), R3 é o espaço (físico), R3 tem dimensão 3 (comprimento, largura e altura), e isso foi o que elas disseram, não produzindo outros significados para esses objetos.

A produção de significados dos sujeitos de pesquisa, na interação face a face, revelou uma característica do *processo de impermeabilização* na produção de significados, que influenciou fortemente sua dinâmica e que nos chamou a atenção por sua recorrência. Com o termo impermeabilização queremos designar a postura do sujeito de não compartilhar novos interlocutores, diferentes daqueles para os quais ele está voltado; de não se propor a produzir significados numa outra direção. Nesse âmbito, um caso típico e extremo que ocorreu em nosso estudo foi apresentado por Ades. A despeito de tudo o que foi dito em sala de aula, em nenhum momento, ele produziu significados em outra direção diferente daquela em que ele estava operando inicialmente. Observamos também o processo de impermeabilização na produção de significados de

Betty e Azul, o que nos sugeriu que foram várias as possibilidades que levaram à impermeabilização no processo: ou por acreditar na legitimidade do que disse, por entender que não havia por que dizer de outra forma; ou por não poder produzir significados em outras direções – por estar, naquele momento, frente a um limite epistemológico –, ou ainda por entender que não fosse legítimo falar naquela direção.

A questão da *legitimidade* na produção de significados – isto é, do que o sujeito julga ser legítimo ou não dizer – foi algo recorrente no processo, chegando a ser um dos fatores que determinaram sua dinâmica. Por exemplo, Azul sugeriu mudar o enunciado do problema por acreditar não ser legítimo, para ela, obter R3 de R2 (sua leitura do problema). De fato, a legitimidade do que é dito é uma das características do processo de produção de significados.

Nosso estudo dos *processos de nucleação* – constituição e transformações de um núcleo – revelou que eles podem, ao longo do processo de produção de significados, sofrer mudanças ou transformações nas estipulações locais com maior ou menor intensidade, ou se manterem estáveis, no sentido de que as estipulações locais se mantêm as mesmas durante o processo. O primeiro caso pode ser representado pelo processo de nucleação de Betty, em que observamos algumas estipulações sendo constituídas e depois se afastando, dando lugar a outras; e essas últimas, elas próprias, passaram por mudanças com a incorporação de novos elementos.

No processo de nucleação de Ades, por exemplo, não observamos o afastamento nem a aproximação de estipulações locais; pois o movimento, nesse caso, se deu através de uma crescente incorporação de "novas" estipulações ao núcleo, em relação às já constituídas. O segundo caso, referente ao caráter estável do processo de nucleação, foi observado na produção de significados de Azul, cujo núcleo foi constituído ao longo de todo o processo pelas estipulações locais: "R2 era o plano"; "R2 era dimensão dois"; "R3 era o espaço" e "R3 tem dimensão três", com dimensão se referindo à quantidade de informação que necessitamos para localizar um ponto no plano e no espaço. Tais estipulações locais se mantiveram fixas ao longo de todo o processo. Outra vez, como mencionamos no processo de impermeabilização, esse estado de coisas, possivelmente, teve motivos variados, sobre os quais poderíamos apenas especular neste momento.

Outro ponto importante sobre a dinâmica do processo diz respeito à mudança nos *interlocutores*. Vimos, por exemplo, que Betty iniciou produzindo significados na direção de alguns interlocutores, que, para efeito de caracterizar uma direção, diríamos que foi na direção da produção de significados geométricos, para depois se voltar a uma direção na qual se produziriam significados algébricos. Outros sujeitos, porém, se voltaram a uma única direção ao longo de todo o processo, e outros, mudaram a direção de sua produção de significados na tentativa de resolver o problema proposto.

Duas conclusões globais podem ser tiradas de nossa investigação. A primeira delas é que o estudo da dinâmica evidenciou que todos os sujeitos de pesquisa que produziram significados para o problema proposto o fizeram de diferentes modos, operando de maneira peculiar, uns em relação aos outros. Decorre desse fato que, com respeito à produção de significados, podemos dizer que não existe uma dinâmica do processo, mas dinâmicas, peculiares a cada sujeito. Além disso, uma das possíveis consequências desta consideração se refere à impossibilidade de qualquer tentativa de categorização dos sujeitos de pesquisa através de sua produção de significados. Assim, em termos de pesquisa, não podemos falar em possíveis representantes de algum modo de produção de significados.

A segunda conclusão a que chegamos, e que é fruto das leituras desenvolvidas, nos sugere que todos os elementos que constituem o processo de produção de significados – a constituição e transformação dos objetos, o processo de nucleação, a fala na direção de interlocutores, as legitimidades – estão interligados e são interdependentes, de modo que mudanças ocorridas em um deles provocam transformações em todos os outros. São essas transformações que caracterizam a dinâmica do processo.

Um aspecto central de tudo o que analisamos e que devemos levar a sério, a despeito de considerá-lo óbvio, é o fato de que os diferentes modos de produção de significados, gerando diferentes dinâmicas no processo, aconteceram a partir de um mesmo enunciado (o problema proposto).

Notas de teorizações (V): Os bastidores da pesquisa de campo e sobre outras pesquisas

Após as aulas, aproveitávamos para sentar e discutir o que aconteceu naquele dia. O que havíamos observado em sala, era sempre discutido com bastante entusiasmo por nós. Até mesmo para Lins, parecia que coisas novas ou ideias que ele tinha construído apenas teoricamente se "materializavam" e confirmavam seu entendimento nas falas dos alunos naquela sala de aula.

A cada reunião analisávamos os principais episódios do dia recordando o que havia acontecido. De um modo geral, observávamos que a fala das pessoas, por vezes, iam numa direção que nos chamava a atenção. Ficávamos surpresos e discutíamos sobre aquele estado de coisas por bastante tempo. Um dos episódios que ocorreu em sala de aula originou o artigo que levamos para o evento na Grécia[45]; em que um dos sujeitos de pesquisa falou assim: "não, mas é que o espaço... por exemplo, um ganso, se eu passo uma cal no chão, isso é uma cerca para um ganso, porque ele enxerga em uma dimensão". Eu olhava para aquilo e pensava: "Por que ele está dizendo o que está dizendo, que associação é essa?"

Naquele momento, estávamos descobrindo que muitos alunos falavam de espaço como se fosse o espaço físico e associando esta concepção ao IR^3. Numa certa aula, sem ter combinado nada com o professor e por ter direito a voz, por já ser considerado como parte daquele grupo pela turma, e observando aquelas falas acontecerem como coisas legítimas de serem ditas naquele lugar, resolvi fazer uma intervenção com o objetivo de observar o que aconteceria depois. Minha proposta era dizer algo na direção do que o Ades estava dizendo e sair da sala de aula para não ter que justificar minha afirmação. Então, juntei alguns papéis que estavam comigo sobre a carteira e perguntei ao professor Romulo se poderia fazer uma intervenção naquele momento, pois tinha que sair para fazer umas cópias daqueles papéis. Com a sua liberação, voltei-me para a turma e disse: "Pessoal, eu vejo as pessoas falando isso e é engraçado, porque toda vez que eu penso no espaço, eu penso que ele é azul. É, o espaço para mim é azul....". Pedi licença ao professor para sair e deixei a sala de aula.

Aconteceu que minha fala dividiu a turma em dois grupos: um grupo achou muito estranho o que eu disse, totalmente sem sentido, e outro grupo (conforme observado nas filmagens) falou nessa direção: "Não, é isso mesmo! Eu também...".

O sujeito de pesquisa chamado de Azul, por exemplo, recebeu essa denominação por concordar com o que eu disse. Ela dizia: "Então, o Amarildo está certo pra mim..." E a partir daí, ao falar do $\mathbb{R}^3$, começou a dizer coisas associando-o ao céu, ao espaço físico, e até mesmo à divindade.

Quando começamos a perceber o que estava acontecendo naquela sala de aula, ou seja, a riqueza em termos de produção de significados, nos vimos com um material muito rico em mãos e que tinha potencialidade para responder à questão de investigação. No final, havia, disponível para análise, aproximadamente 30 horas de fitas de videocassete gravadas e para serem transcritas.

A partir disso, a cada dia fazíamos uma nova descoberta. Com uma delas, levamos um grande susto, quando percebemos que o Ades - que era o participante da pesquisa que viveu mais fortemente a impermeabilização - acreditava piamente que tinha resolvido o problema na primeira aula. Na explicação que ele deu ao problema, naquela ocasião, falou: "Então é isso!". Ele passou quase o resto do tempo, mais ou menos um mês e meio, tentando convencer o professor de que estava certo e colocar um fim na discussão. Assim, a ideia de impermeabilização apareceu fortemente quando observamos essa postura, mas não sabíamos que termo usar para nos referir ao que estava acontecendo. Depois de muito pensar, apresentei o termo impermeabilização numa reunião e Lins respondeu: "É, esse termo é bom".

Este episódio surpreendente de Ades e tantos outros provocou em nós um riso de perplexidade. Não um riso de deboche, obviamente que não! Era um riso baseado na surpresa. Lembro que Lins sempre dizia que o riso está muito ligado à surpresa, como uma boa piada que provoca o riso exatamente porque surpreende. É quando você entende a sutileza do comentário, que é identificado, mas nunca dito antes, daquele jeito; daí você pensa: "nossa é isso mesmo!" e ri daquilo.

Alguns pontos das nossas discussões internas não chegaram a aparecer no corpo da tese, mas foram registrados por Lins em sua tese de livre docência e no meu caderno de pesquisa. Falávamos, por exemplo, de *noções naturalizadas*, *objetos naturalizados* na tentativa de explicar o que estava acontecendo à nossa frente. Sobre os objetos constituídos pelos participantes da pesquisa Lins (2002b) observou:

> (...) nos deparamos com noções naturalizadas de **R**^{2} como o plano e **R**^{3} como o espaço (físico) que tomaram total precedência sobre qualquer Matemática que eles haviam encontrado – todos – em cursos de graduação e nos livros que estavam a sua disposição durante o curso. Apesar de alguma sugestão que eu tenha feito para que considerassem as definições dos livros (que supostamente definem aquelas coisas), sugestão feita na forma de pedido para que esclarecessem como entendiam cada e todo termo no enunciado do problema, a discussão sempre centrou-se nas noções naturalizadas, a tal ponto que um dos alunos, ao saber que a resposta àquela questão era "sim, é possível", declarou-se "chocado", e que se sentia como se o chão tivesse sumido sob seus pés[46]. (Destaques do autor)

De fato, na aula em que decidimos dar a resposta do problema e o professor disse "sim, é possível", a fala de Ades e sua perplexidade diante da situação, foi mais um fato surpreendente para nós. Uma possível explicação é dada por Lins ao falar dos objetos naturalizados:

> Duas noções se mostraram bastante importantes em nossa leitura do que aconteceu no curso, as de objetos naturais e objetos naturalizados. Estas duas noções podem ser melhor especificadas com relação a outra, a noção de estipulação de Goodman. Podemos dizer que objetos naturais são aqueles que sempre foram estipulações (e, portanto, fazem parte da cultura ampla em que está inserida a pessoa) – por exemplo, "o espaço físico tem três dimensões" -, enquanto que os objetos naturalizados são aqueles que uma vez não foram, mas se tornaram, estipulações (para a pessoa, no interior de uma prática social específica, talvez seu curso de graduação ou outra parte da sua escolarização) – por exemplo, o **R**^{3} é o espaço físico. Objetos naturais e naturalizados resistem enormemente a mudanças, é claro, e aí se explica o aluno ter se declarado "chocado" e sentindo o chão sumir sob seus pés; como postulara Goodman, abrir mão de estipulações pode por em risco nossa sanidade mental em um sentido completamente real[47]. (Destaques do autor)

Lins, teve o entendimento de que é exatamente, na menção que fez a Goodman na citação anterior, que se revelava a força de nossa investigação para a formação dos estudantes daquela turma. Ele comentou: "É ao alcançar este ponto que se pode dizer ao aluno: 'eu não estou pedindo que você abra mão (deste objeto); estou apenas compreendendo que estamos, na Álgebra Linear, falando de outra coisa'". Ele então completa seu raciocínio, ao dizer:

> O objetivo não é que o aluno aprenda mais matemática, e sim que ele aprenda a reconhecer a existência desse processo extremamente comum na produção de significados e possa, assim, se tornar mais capaz de reconhecê-lo quando ele ocorrer em suas salas de aula: isto é educação do professor PELA matemática. É evidente que se abre também possibilidade de o futuro professor avançar na Álgebra Linear e se encontrar com outros pontos de desenvolvimento de sua lucidez matemática.[48] (destaques do autor)

Desse modo, penso que o trabalho de campo desvelou, para Lins, assim como para mim, um mundo que ele tinha teoricamente formulado, mas acho que foi a primeira vez que ele viu acontecer, naquela dimensão, com aquela intensidade, a dinâmica do processo de produção de significados. Nós estávamos, com à teoria a nossa disposição vendo, ouvindo e lendo o que estava acontecendo "ao vivo". E, de fato, ele estava certo ao afirmar: "É isto que o MCS oferece: um quadro de referência para que se possa produzir leituras suficientemente finas de processos de produção de significados" [49].

***

Chamamos a atenção para o fato de que não discutimos a resolução do problema durante a pesquisa e nem demos ênfase à sua resposta na tese de doutorado para indicar claramente ao leitor que não estávamos interessados no resultado e na solução do problema em si, mas, no processo desencadeado pelo problema.

Em linhas gerais, para a resolução do problema, olhando da perspectiva dos significados que um matemático produziria na tentativa de sua resolução, seria necessário considerar a definição de espaço vetorial, entendido como uma estrutura algébrica constituída por um conjunto; um corpo de escalares; e duas operações - a adição de vetores e a multiplicação por escalar. Assim, como no problema proposto acima são dados o conjunto $\mathbb{R}^2$ e o corpo de escalares, IR, a questão recai então sobre as operações. Se as operações forem as usuais, tem-se que a dimensão do espaço vetorial procurado e denotado por $(\mathbb{R}^2, +, ., \mathbb{R})$ é 2 e a resposta do problema seria não.

A partir daí e dando continuidade à análise do problema, a questão passaria a ser: existem operações não-usuais que satisfaçam as condições do problema? E a resposta a esta pergunta é sim. Segundo a nossa proposta de investigação, chegar a esta análise já seria a resposta do problema. Mas, se a proposta dos alunos fosse seguir em frente, a nova questão seria: como determinar tais operações de modo que o espaço vetorial em questão tenha dimensão três? Esta é a questão não-trivial do problema. Em suma, o que esse problema sugere é o fato de que, dependendo da operação que se escolhe, a dimensão pode ser diferente.

***

A pesquisa que apresentamos nesta seção, tem como finalidade última a mudança do processo de ensino e a compreensão da aprendizagem lançando luz ao que acontece em sala de aula. Este é o objetivo último de todo o estudo teórico que desenvolvemos. Mas esse processo não começou com esta investigação. Por exemplo, Roberto Ribeiro Baldino, a partir de seus estudos sobre o ensino de Cálculo Diferencial e Integral, observou que a prática docente sempre encerra um objetivo didático: quando ensina, o professor tem algumas expectativas, pois; existem algumas justificações que ele gostaria que seus alunos produzissem e, que ele espera ouvir de seus alunos após o processo de ensino. Baldino então observou que essas expectativas constituem o que naquela época denominou, de um "campo semântico preferencial"[50]. A diferença em relação à noção proposta por Lins é de que a ideia de campo semântico preferencial não foi pensada em relação a um núcleo. Ele é chamado preferencial no sentido de ser privilegiado pelo professor. Nesse sentido, Lins amplia essa discussão, observando que "o que aconteceu com a Matemática do século XIX e começo do século XX mostra bem que este 'campo semântico preferencial' haveria de ser a teoria axiomática correspondente". A partir desta constatação ele comenta:

> É impossível não notar como, *neste caso*, e pensando em "preferencial" como correspondendo à Matemática do matemático, faz sentido a fixação, já que *desde sua proposição a teoria axiomática supõe um certo congelamento do núcleo*. De todo modo, a ideia de "campo semântico preferencial" faz sentido apenas tendo em vista a intenção didática (as teorias axiomáticas têm intenção didática)[51]. (Destaques do autor)

Em Silva (1997), na dissertação de mestrado intitulada *Uma análise da Produção de Significados para o Noção de Base em Álgebra Linear* identificamos alguns tipos de campos semânticos de acordo com a maneira de operar dos sujeitos. Primeiro, a partir de um exemplo apresentado por Lins em seus artigos ao analisar o "exemplo exemplar", discutido anteriormente. Identificamos, naquela época, um "campo semântico da balança" e um "campo semântico de todo e partes". A proposta foi de, na sequência, ao investigar a produção de significados para base de um espaço vetorial de dimensão finita, identificar outros campos semânticos que denominamos de campo semântico linear-geométrico, campo semântico linearmente independente maximal e campo semântico do conjunto gerador minimal. O problema que percebemos com o ato de nomear foi que surgiriam outros possíveis campos semânticos para ser nomeados, a partir de diferentes leituras e a partir da enunciação dos sujeitos de pesquisa. Sobre essa possiblidade, Lins acrescentou um risco adicional dessa ação:

> Não é de todo *inútil* dizer "o campo semântico da balança de dois pratos", aliás, pode ser *didaticamente* útil e útil *para a didática*. Mas é perigoso demais, porque o desavisado pode pensar que é como um campo conceitual, um jogo de linguagem ou uma comunidade prática, coisas que os campos semânticos *não são*.[52] (Destaques do autor)

Sobre essa perspectiva Lins também comentou que:

> *Com intenção didática* pode ser interessante constituir um "repertório de 'campos semânticos' imaginários". Por exemplo, campo semântico da balança de dois pratos, campo semântico das máquinas estado-operador, campo semântico de todo e partes, e assim por diante. *É sempre possível fixar, na imaginação, os traços da lembrança de um processo passado*. Mas esta fixação trai a intenção didática, como por exemplo, no modelo dos Campos Conceituais, de G. Vergnaud.[53] (Destaques do autor)

Ele então comenta sobre essa perspectiva: "Dar nome a um campo semântico ("campo semântico tal" ou "campo semântico tal") é resquício da fixação acima. Não que isto não sirva para nada, serve: ajuda a construir o conforto da permanência da realidade". Logo, o "campo semântico x" pressupõe permanência de algum tipo, mas "este campo semântico tem regras" (mesmo que não tenha nome), também". Ele então conclui sugerindo o foco: "O interesse do MCS é no processo de produção de significados e em sua leitura, e não na permanência, mas esta pode ser teorizada, no modelo, como (apenas) uma foto datada de um processo (de produção de significado)"[54].

Lins (2012) observou ainda que como campo semântico "é um processo, admite que falemos de dinâmicas, deste processo: nucleação, silêncio, impermeabilização..." Assim, este entendimento foi materializado neste capítulo.

***

Há um caso pouco comentando entre os pesquisadores que usam o MCS como referencial teórico, mas de grande valor para o pesquisador iniciante. O episódio teve o professor Adil Poloni como protagonista e foi relatado em Lins (2002b)[55]. Segundo Lins, depois de muitas reuniões de orientação sobre seu projeto de pesquisa e com o texto praticamente pronto para a defesa, Poloni decidiu reescrever toda a dissertação porque havia, enfim, entendido que seu estudo se tratava de discutir processos e que, portanto, o tempo verbal que deveria dominar o texto seria o gerúndio. Com essa tomada de decisão, Poloni, em sua dissertação intitulada "*Sobre a produção de significado por um grupo de alunos quando da proposição de um certo texto do chamado discurso matemático*" nos deixa a indicação de que, para análise de processos, o tempo verbal preferencial deve ser o gerúndio.

***

No processo de produção de significados, coexistem três grandes categorias: o novo, a justificação e o dado. Esta afirmação, em parte, tem sua gênese nas concepções do linguista francês Oswald Ducrot (1972), cuja idcia central a partir da qual trabalharemos, foi filtrada por Bruner (1998), gerando a seguinte frase: "o que não se diz é o pressuposto ou dado, o que se diz é o novo". Numa adaptação a essa ideia, é possível observar que "a fala da pessoa que resolve um problema tende a explicitar o 'novo' e a silenciar o 'dado'. Isto é, quando estamos resolvendo um problema, 'falamos' as coisas que estamos tentando entender ou descobrir, mas silenciamos as coisas que tomamos como certas, como dadas"[56].

Na prática, nossa observação de campo – como aquela que apresentamos acima - vem indicando que este silêncio não é total; ele é parcial. Ao longo da justificação, a fala vai deixando os traços do que é o dado para o sujeito naquele momento e estes traços são de suma importância para o nosso entendimento da maneira de operar desse sujeito. Porque o dado é o que nos diz onde ele [sujeito] está e a partir de que "lugar" ele está falando. Nesse processo, a justificação tem o importante papel de ser o elo entre o novo e o dado. É a partir dela que ocorre o processo em que o novo vai se transformando em dado frente a novas situações. Por exemplo, sobre o processo de produção de conhecimento, Lins comenta:

> Num conhecimento produzido, a crença-afirmação corresponde ao que é novo, ao passo que a justificação corresponde ao que é dado. Justificações estabelecem um vínculo entre crenças-afirmações e núcleos, que são um conjunto de objetos já estabelecidos e em relação aos quais o significado está sendo produzido[57].

Assim, para a nossa experiência com o trabalho de campo tem sido esclarecedor observar as ações enunciativas dos participantes identificando nelas o que é o dado e o que é o novo. Talvez seja de interesse dar *status* de categoria ao dado, à justificação e ao novo no processo de produção de significados.

Epílogo

O objetivo principal de Lins, que resultou no Modelo dos Campos Semânticos, foi elaborar um instrumento de leitura que possibilitasse uma análise epistemológica da produção de significados para a Matemática e o estudo da dinâmica desse processo (sempre) em transformação.

Esta análise foi caracterizada por uma leitura que se deu, a partir de noções-categorias e que buscou e busca entender de que "lugar" o outro está falando sem nenhum juízo de valor. Para Romulo Lins, é apenas a partir de interação que processos relativos ao ensino e à aprendizagem podem ser potencializados, de modo que uma intervenção efetiva sobre dificuldades de aprendizagens pode ser identificada, tratada e superada e que novos modos de produção de significados podem ser internalizados.

Seu processo de produção de significados foi marcado pela tomada de decisões a partir de escolhas teóricas que foram basilares em sua construção teórica, indicadas, por exemplo, nas afirmações:

- O que estrutura o pensamento humano são os objetos e esses objetos têm sempre uma história, que faz com que eles possam ser o que são;
- Somos todos diferentes relativamente ao nosso funcionamento cognitivo;
- Nascemos em um mundo organizado e com o humano no seu centro; as origens desta organização, tomadas como "verdadeiras origens"; estão perdidas para sempre, de modo que é na ordem desse mundo, humano, cultural e linguístico que somos imersos primeiro e é isto que nos permite conceber "o mundo como ele é" [...]. Assim, só nos resta aprender o que está sendo;
- Comunicação corresponde a dois sujeitos cognitivos falando na direção de um mesmo interlocutor;
- O sujeito fala para modos de produção de significados, pergunta a eles e para eles olha em busca de sinais de que está falando adequadamente;
- O Modelo se dirige a processos e não a estados; portanto, dirige-se a transformações e não a essências, pois todo o processo posto em marcha cria as condições para suas próprias transformações.

Em decorrência de seus pressupostos, Lins chegou, por exemplo, a concluir que *ensinar* é sugerir modos de produzir significados e *aprender* é internalizar modos legítimos de produção de significados. Dito em outras palavras, o que se aprende não são conteúdos, técnicas, regras, e sim a legitimidade de certos modos de produção de significados.

Dessa forma, o MCS é um legado deixado à comunidade de Educação Matemática que proporciona importantes reflexões para a formação do pesquisador. Nessa direção, indico duas questões e suas respostas, fruto das minhas reflexões pessoais.

A primeira questão se pauta no próprio processo de elaboração do MCS colocado em foco e no que ele nos ensina. Ele indica que nossa imersão, como educadores matemáticos, em outros domínios como, por exemplo, a Filosofia, a Psicologia Cognitiva e a Linguagem são extremamente importantes pelo fato de que os problemas sobre cognição, que queremos resolver na tarefa de educar matematicamente não encontram respostas no universo da Educação e muito menos da Matemática.

Porém, não podemos ficar restritos à compreensão e reprodução daquelas ideias; temos que ir além, no objetivo de resolver nossas próprias questões enquanto pesquisadores em Educação Matemática. Nesse sentido, chamamos a atenção para o fato de que a produção de Romulo Lins das principais noções do MCS são exatamente o que ele não encontrou nesses domínios, apesar de ser os textos que usou para pensar. Podemos entender este ponto considerando que os problemas que estavam sendo investigados por estudiosos como Jonathan Dancy, Ayer, Piaget, Vigotski, Jerome Bruner, Nelson Goodman, Pierce e Wittgenstein, entre outros, eram de outra natureza e, portanto, diferentes dos nossos. Mas se Lins tivesse se restringido apenas a citá-los não teria produzido o MCS. Ao pontuar isso, não estou sugerindo que este trabalho seja algo trivial, pois definitivamente não é! De fato, às vezes, é o trabalho de uma vida profissional inteira. Mas ir além, é certamente um grande exercício que se coloca ao pesquisador em Educação Matemática.

A segunda questão surgiu ao longo dos anos em que estudei as ideias do MCS até que elas se constituíram em um todo coerente para mim. Porém, em meio a esse entendimento, uma nova questão surgiu e não me parecia assim tão óbvia. A questão é: falamos o tempo todo em cognição, em desenvolvimento cognitivo, mas, como é mesmo que nós acessamos o cognitivo? Quando cheguei nesta questão, o autor do MCS já não estava mais entre nós. Eu, intuitivamente sabia que a resposta estava implícita no Modelo. Após uma longa reflexão, cheguei a uma resposta: - não sei se é possível acessar o cognitivo (na verdade não acredito que seja), mas independente de poder ou não, o que o MCS indica é que em vez de acessar o cognitivo, o que estávamos fazendo é acessar o linguístico. E o linguístico (a partir da enunciação do sujeito) nos informa muito sobre os processos cognitivos daqueles a quem queremos entender para interagir e intervir em suas dificuldades de aprendizagem. E é exatamente isso que nos proporciona a análise epistemológica a partir da leitura da produção de significados daqueles a quem queremos entender.

Um ponto relevante a ser observado é o fato de que o trabalho que Lins desenvolveu em toda a trajetória de elaboração teórica indica que o professor e o pesquisador estiveram intimamente envolvidos, numa relação em que o professor formulava as questões a partir do que observava em sala de aula, ao passo em que o pesquisador, a partir das inquietações que surgiam, procurava explicações teóricas. O que resultou desse diálogo foi posto em ação nas seções precedentes.

O que isso revela é que o professor Romulo Campos Lins foi um pesquisador no sentido mais amplo. As pessoas que estiveram ao seu lado no exercício de pesquisar e interessadas nessa formação também aprenderam a fazer pesquisa pesquisando.

Por último, considero que um importante "produto" que o MCS vem propiciando na prática e que tem sido bastante visível nos Cursos de Mestrado Profissional em Educação Matemática é a mudança de perspectiva dos professores que, na posição de pesquisadores, assumem seus pressupostos colocando as noções-categorias em ação em suas pesquisas. E essa ação tem desencadeado uma outra igualmente importante; um novo olhar desse professor para sua prática letiva, para seus alunos e para si mesmo. Penso, assim, que o projeto linsiano foi posto em marcha e estão sendo criadas as condições para as transformações, onde elas devem acontecer, pelas mãos daqueles que são os principais agentes de mudança da Educação.

7

A Última Entrevista ou sobre um Encontro Improvável

Fiz o que devia.
E o ano cai
junto à lareira.

Haikai de Masoaka Tsunenori

Passava das oitos horas da noite quando saímos caminhando em direção ao restaurante para o nosso encontro pelas ruas da localidade de *Chersonissos*, no norte da ilha grega de Creta. Era uma noite típica de verão e o calor era amenizado pelo vento que soprava do mar para a ilha. Ele caminhava tranquilo, fumando e não me pareceu apreensivo. Mas parecia feliz, afinal de contas, Piaget e Vigotski aceitaram encontrá-lo para uma entrevista. Foi uma sorte essa possibilidade ter acontecido porque todos estavam na Grécia por motivos diferentes. Tínhamos participado de um evento na Universidade de Creta. Quando do fechamento da entrevista houve uma condição para o aceite deles em participar de uma conversa, o que sugeria que os dois já tinham informações precisas sobre o entrevistador. Eles disseram que aceitariam o convite se pudessem tomar um bom vinho brasileiro. Obviamente, Romulo entendeu a gentileza.

Entramos no restaurante antes da hora marcada e ficamos esperando os convidados, um vinho foi aberto e ele disse que gostaria de brindar. Questionei, em tom de brincadeira, se ele estava brindando uma entrevista antes de ela acontecer e ele respondeu: "Não, brindo à minha aposentadoria! Depois dessa noite, vocês assumem, caso queiram. Fiz a minha parte, adoraria ver como darão continuidade ao *Modelo*. Quero me dedicar, a partir de agora, aos amores da minha vida. Mas vocês sempre serão parte dela também. Direi isso ao pessoal quando voltarmos".

Sem entender muito bem como estava recebendo aquela notícia, levei adiante meu plano de provocar o riso nele, que sempre dizia que o que provocava o riso era a surpresa. Então, tirei do bolso um papel onde estava escrito: "Sou licenciado em Matemática pela Universidade de São Paulo (1986) e doutorado em Educação Matemática pela University of Nottingham, UK (1992). Desde 1992, trabalho no Departamento de Matemática e no Programa de Pós-graduação em Educação Matemática, ambos no IGCE-UNESP, Rio Claro (SP). Quer dizer, agora trabalho no recém-criado Departamento de Educação Matemática. Sou casado com Heloisa e tenho cinco filhos: Ana, Cláudio, Júlia, Camila e Daniel, por ordem de altura. Adoro os seis."[1]

E, como eu esperava, ele perguntou o que era aquilo. Enquanto passo a suas mãos, respondo: "é o seu currículo, vou ler para eles, o desconhecido aqui é você!". E, ele surpreso, sorri. Sim, daquele jeito... só com o canto da boca. E a noite começa como eu esperava. Ficamos rindo e falando daquilo.

Em nossa conversa, recordamos também que a última vez em que estivemos juntos em um restaurante foi na cidade de São João Del Rei em Minas Gerais, no ano de 2015, quando ele atendeu ao chamado irrecusável da professora Viviane para a palestra de abertura do VI Encontro Mineiro de Educação Matemática. E o provoquei perguntando por que ela tinha tanta moral com ele e ele disse que eu não tinha porque reclamar. De fato, não tinha...

Com um pouco de atraso para um suíço e um russo, vejo entrar pela porta dois senhores de braços dados em que o mais alto – que pensei ser Vigotski – apoia o mais idoso pelo caminho desigual do terreno e que não poderia ser outra pessoa senão Piaget. Nos cumprimentamos alegremente; o movimento dos garçons se fez presente ajeitando a mesa para incluir os convidados. Depois de conversar um pouco e entre goles de um vinho brasileiro escolhido a dedo, Romulo toma, em tom solene, a palavra.

Romulo: Boa noite, gostaria de agradecer a presença de vocês aqui para conversarmos sobre suas investigações ao longo de suas trajetórias profissionais. Queria dizer que nos sentimos muito honrados com o aceite de vocês. E, gostaria de iniciar nossa conversa dizendo que suas ideias foram muito importantes para o desenvolvimento das minhas ideias. Minha proposta hoje será fazer algumas perguntas sobre suas teorias.

[Observo, que Piaget se inclina levemente para a esquerda. Com certa dificuldade retira de sua valise um envelope de papel pardo bastante cheio.]

Piaget: Romulo, antes de começarmos, queria te oferecer, como agradecimento pelo convite, algumas cópias dos meus protocolos de pesquisa.

Romulo: [Sem acreditar no que presenciava, disse]: Obrigado, isso é muito especial.

Vigotski: Caro Romulo, é um prazer estar ao seu lado e numa oportunidade única poder conversar com meu colega Jean Piaget por quem tenho elevada estima como pesquisador. Se me permite, gostaria de alterar levemente sua proposta. Gostaria que também estivesse presente a possibilidade de você também dizer para nós sobre o que pensa sobre nosso trabalho.

Romulo: Acho justo, será importante para mim dizer a vocês o que tenho pensado. Gostaria de começar sugerindo que me falassem dos seus projetos de investigação. O que tinham em mente quando começaram.

Piaget: Bem, como vocês sabem sou biólogo de formação. Eu tinha em mente duas questões iniciais: Quais características das crianças permitem que elas se adaptem ao ambiente? E qual é a maneira mais simples, precisa e útil de classificar ou ordenar o desenvolvimento infantil? Não me oponho se vocês disserem que tais questões tiveram origem nas questões biológicas e que foram adaptadas para estudar as crianças. Pois na verdade, a primeira questão foi derivada da questão biológica de como os organismos sobrevivem em seu ambiente e a segunda, foi derivada da classificação do desenvolvimento do organismo.

Vigotski: Minha formação inicial esteve relacionada à literatura, teatro, arte e crítica literária. E aos poucos, meus interesses foram me levando para o campo da Psicologia. Minha inserção na Psicologia estava associada, inicialmente, ao meu interesse pela literatura. Ouvindo Piaget falar, fico pensando no quão positivo e benéfico pode ser para uma área de conhecimento "importar" profissionais de outras áreas, com outros tipos de formação inicial dos pesquisadores, como forma de enriquecer seu domínio de ideias que, de outra forma, ficaria fechado em si mesmo. Mas, respondendo diretamente sua pergunta, meu interesse maior estava em elaborar uma teoria histórico-cultural do desenvolvimento dos processos mentais humanos. Aliás, concordo com a pesquisadora brasileira, que viveu na Rússia, cujo nome é Zoia Prestes, que nunca usei a denominação sócio-histórica ou sócio-cultural para descrever nossa proposta teórica. Como ela diz, história e cultura são dois conceitos articuladores da teoria e que, segundo nossa concepção, nós nascemos como seres sociais. Para mim, o social já é um dado.

Romulo: Vigotski, por volta de 1928, você dizia que no desenvolvimento de cada criança podia se distinguir duas linhas de desenvolvimento: a linha de desenvolvimento natural, isto é, dos processos de crescimento e maturação e a linha de desenvolvimento cultural, ou o domínio de vários meios ou instrumentos culturais. Você pode falar um pouco sobre isso?

Vigotski: Sim. Eu e Luria refletimos muito sobre isso. Na prática, vimos que era muito difícil distinguir entre a linha de desenvolvimento natural e cultural; mas tínhamos alguns métodos à nossa disposição. Mas não vou nessa direção para não alongar muito minha fala. Em suma, o fato de nós apresentarmos as crianças muito pequenas como pré-culturais se baseava, penso eu, no fato delas não conhecerem os artifícios culturais sofisticados que tínhamos em mente. [riso]. Mas, também entendíamos que essas crianças eram, obviamente, seres culturais; pois elas viviam em ambientes culturalmente estruturados, experimentavam as relações pessoais, de religião, de arte e assim por diante, que eram características de sua própria cultura específica.

Piaget: E, para você Romulo? Qual a sua concepção de cultura?

Romulo: Interessante você me devolver esta pergunta porque eu estava lendo dias atrás o livro *A Interpretação das Culturas* do antropólogo Clifford Geertz e ele adota um conceito de cultura que é essencialmente semiótico. Para ele, em concordância com Max Weber, "o homem é um animal amarrado a teias de significados que ele mesmo teceu". Considerando esta perspectiva, ele assume como cultura essas teias de significados e a sua análise vai seguir nessa direção. Uma análise muito interessante a partir da qual eu pensaria.

Vigotski: É uma perspectiva muito interessante, já estou gostando do Geertz. [risos]

[Na sequência, Romulo se vira para Piaget e pergunta:]

Romulo: Piaget, para mim parece surpreendente nos seus estudos, quando penso no seu trabalho concluído e lembro da minha leitura de *Sagesse et illusions de la philosophie* que certas ideias tenham surgido tão cedo para você. O que você pode dizer sobre isso?

Piaget: De fato, só para dar um exemplo, com base em minhas leituras, talvez por volta de 1918 e considerando que as minhas primeiras pesquisas sobre desenvolvimento infantil iniciam por volta de 1920, então, com 22 anos mais ou menos, eu tinha chegado a duas ideias centrais, segundo meu ponto de vista; que, aliás, nunca mais abandonei. A primeira é que, todo organismo possuindo uma estrutura permanente, que se pode modificar sob as influências do meio, mas não se destrói jamais enquanto estrutura de conjunto; todo conhecimento é sempre assimilação de um dado exterior a estruturas do sujeito. Esta era uma oposição a Le Dantec que, fazendo inteiramente da assimilação biológica no amplo sentido o pivô da sua doutrina, via no conhecimento uma "imitação" orgânica dos objetos. A segunda ideia é que os fatores normativos do pensamento correspondem biologicamente a uma necessidade de equilíbrio por autorregulação: assim a lógica poderia corresponder no sujeito a um processo de equilibração.

Romulo: Vigotski, olhando para o passado, observamos que os primeiros estudos antropológicos foram extremamente etnocêntricos, ou seja, eles faziam uma leitura das diferentes culturas com base no ponto de vista da cultura europeia. E, portanto, sob minha perspectiva, faziam uma *leitura pela falta* dos outros povos. Assim, os europeus mostravam, segundo essa perspectiva, que sua cultura e desenvolvimento eram superiores às demais sociedades e colocavam a colonização como um movimento necessário de civilização para aquelas sociedades que, sob este ponto de vista, eram atrasadas, inferiores. Você concordava com esta perspectiva? E, ainda, como muitos antropólogos da época foram referência para você pensar sua teoria, você acha que tais ideias influenciaram seu pensamento e que foram incorporadas em sua construção teórica?

Vigotski: Sua pergunta é muito importante porque cria a oportunidade para que eu possa respondê-las a contento. Minha resposta é não; não concordo com esta visão etnocêntrica. Ela é preconceituosa e obviamente carregada de uma concepção ideológica implícita. Por outro lado, eu estava imerso naquela cultura e isso era tudo que eu tinha para pensar. Mas, refletindo agora sobre o que você disse e voltando no tempo, acho que a clareza do que eu buscava entender em termos teóricos possibilitou sair ileso dessa perspectiva no final. Naquela época existiam duas principais ideias vigentes que me ocorrem agora: primeiro, que para compreender qualquer fenômeno humano complexo; seria necessário reconstruir suas formas mais primitivas e simples e acompanhar seu desenvolvimento até o seu estado atual; isto significava estudar sua história. E, segundo, as especulações sobre o desenvolvimento evolutivo na cultura humana partiam da tese de que a cultura humana passava por uma longa série de desenvolvimentos desde a cultura primitiva até a forma mais suprema de civilização, isto é, a cultura europeia do início do século XX. Por exemplo, lembro de Koffka afirmar algo como "Não devemos nunca esquecer que o sujeito que normalmente investigamos em pesquisas psicológicas é o adulto 'educado' europeu ocidental, um ser que, biologicamente falando, coloca-se no último degrau". Assim, não sei se poderia discordar se você disser que a teoria histórico-cultural foi uma das teorias que tentaram dar uma explicação da origem e desenvolvimento dos processos mentais de adultos ocidentais educados. Para avançar a teoria, comparei a psicologia de animais e de seres humanos; do homem "primitivo" e do homem ocidental, da criança e do adulto e de sujeitos com patologias e saudáveis. Como resultado, apresentei uma teoria do homem, sua origem e formação, seu estado atual entre outras espécies e um esquema para o futuro. Para mim, "a imagem do homem que deriva da teoria é a do homem como um ser racional que assume o controle de seu próprio destino e emancipa-se para além dos limites restritivos da natureza". Com certeza, é uma imagem do homem baseada no pensamento marxista e nas ideias de muitos filósofos; em particular, de Bacon e Spinoza.

Romulo: Caro Piaget, o senhor recebeu muitas críticas por ter estudado o desenvolvimento da inteligência fundando-se unicamente no sujeito e sem levar em conta, como em todo desenvolvimento, outros fatores tais como a maturação, a educação, a linguagem e o meio. Qual é a sua explicação no que concerne aos "fatores do desenvolvimento mental"?

Piaget: Vou me esforçar para respondê-lo em poucas palavras sobre resultados de pesquisa que, possivelmente, gastaria muita tinta para esclarecer. Irei focar em quatro fatores do desenvolvimento mental que você menciona para sugerir para vocês que a responsabilidade destes fatores é variável. A maturação nervosa, certamente desempenha um papel inegável no desenvolvimento mental. Mas ela é na realidade muito mal conhecida no detalhe. Nada se sabe das condições de maturação que tornam possível a constituição das estruturas operatórias. Portanto, a maturação é um fator, certamente necessário na gênese, mas que não explica todo o desenvolvimento. Ela é, pois, apenas um fator entre outros, o qual não se sabe exatamente qual é o papel além da abertura de possiblidades, nem sobretudo o modo de ação. O segundo fator é o do exercício e da experiência adquirida na ação efetuada sobre os objetos. Este fator é essencial e necessário; não obstante, é complexo e não explica tudo. Aqui entra a discussão já bem conhecida do meu trabalho que é da experiência física e da experiência lógico-matemática. E minha conclusão é a de que a elaboração das estruturas lógico-matemáticas precede o conhecimento físico. O terceiro fator é das interações e das transmissões sociais. Sobre isso afirmo que a linguagem, em primeiro lugar, é, sem contestação possível, um fator de desenvolvimento; mas não é sua fonte. De fato, para poder assimilar a linguagem e, notadamente, as estruturas lógicas que ela veicula, é preciso um instrumento que lhe é anterior. De maneira geral, o desenvolvimento operatório precede a expressão verbal. O nível das operações concretas demonstra-o suficientemente, quando se vê que a operação está muito mais próxima da ação do que da verbalização. O que a criança não sabe dizer ou resolver verbalmente, ela o "diz" e resolve concretamente. A linguagem, portanto, só parece estar em via de ser dominada quando as estruturas necessárias a uma lógica verbal estão adquiridas, isto é, após os doze anos. Se o meio social traz uma grande riqueza na realização verbal, isso em nada permite prejulgar acerca do nível das estruturas lógicas. Esse ponto não significa, guardadas as devidas proporções, que a linguagem não tenha influência sobre a estruturação lógica, mas seu modo de ação pode ser apenas suposto enquanto não se tiverem realizado experiências que o demonstrem. Além disso, o intercâmbio social e a socialização podem ser evocados em seguida. Ora, sabemos que, se a socialização começa pelas condutas, a socialização do pensamento só é possível quando as estruturas de reversibilidade são adquiridas. Eis por que a reciprocidade nas trocas só é uma realidade depois dos 8 anos. O nível da realização da linguagem nas conversações entre crianças é a prova disso, tanto quanto suas condutas no grupo (socialização dos grupos de jogo, acesso ao jogo de regras, reciprocidade das condutas morais, etc.). Enfim, a transmissão social (ou educação, como quiser), cuja ação é complexa e que versa sobre uma multidão de fatores, tem uma importância inegável, que não se sabe, contudo, avaliar. Por último, o quarto fator reside na equilibração, tema que vocês também conhecem bem. Ele é necessário para explicar cada um dos fatores acima citados e, sobretudo, para sua reunião. Ele comporta também sua própria especificidade, mas não mencionarei agora. Logo, todos esses fatores do desenvolvimento têm influência sobre a estruturação do sujeito, mas o fator mais importante, para mim, no desenvolvimento mental, é a equilibração. Este fator interno de desenvolvimento, espécie de dinâmica, de processo conduzindo por reflexão e reconstrução a estados de estruturação superiores é, em última instância, o fator determinante. Portanto, as críticas parecem ser frutos das minhas escolhas e minhas escolhas são fruto da minha construção teórica, assim pelos motivos expostos, eu não faria diferente; se isto faz parte de sua pergunta.

Romulo: Vigotski, o termo estágio sempre esteve muito ligado ao modelo piagetiano, mas você, nos anos em que desenvolveu sua teoria histórico-cultural, também fez menção a estágios?

Vigotski: Sim, sim. No processo de elaboração da teoria observei que o desenvolvimento cultural da criança passava por quatro estágios: o primeiro estágio, característico de crianças pré-escolares, baseia-se apenas em seus processos mentais naturais e não utiliza os meios culturais disponíveis como, por exemplo, uma tarefa dada às crianças em que são dadas figuras e uma série de palavras e cuja proposta é que as crianças reproduzam a série de palavras com o uso ou não das figuras. Denominamos esse estágio de *estágio natural* ou *comportamento primitivo*. No segundo estágio, denominado estágio de psicologia ingênua, quando as crianças usam os meios culturais que lhes são apresentados, mas não compreendem totalmente a sua função. Para nós, este estágio era uma fase transitória, logo seguida pelo próximo estágio que foi denominado *estágio de uso externo de meios culturais*. Este estágio é caracterizado pelo fato de a criança compreender a possibilidade de um uso instrumental ativo dos meios culturais disponibilizados para ela. Mas notamos que este estágio dava lugar ao quarto e último estágio do desenvolvimento cultural denominado *estágio do uso interno de meios culturais*. Neste estágio, o uso externo de instrumentos é substituído pela atividade mental interna. Concluímos que, como regra geral, o desenvolvimento cultural da criança se dava mediante a ausência do uso dos meios culturais, passando pelo uso externo, até o uso interno dos meios culturais. Mas note que não eram estágios etários como Piaget apresentou.

Romulo: Piaget, a noção de invariante ocupa um lugar central no pensamento científico e na epistemologia moderna. A afirmação dos princípios de inércia, de conservação da força, de conservação da massa nas transformações químicas, do princípio pré-relativista de conservação de energia, entre outros, são alguns dos grandes momentos da história das ciências. Do lado da Matemática, geômetras e algebristas da segunda metade do século XIX reconstruíram seu objeto de estudo, concebendo-o por meio do binômio transformação-invariante. A partir daí, o conceito de invariante está ligado à noção matemática de grupo de transformações. Sabemos que pensadores como Poincaré e Meyerson tinham percebido a importância dos grupos de transformação e das invariantes que a eles se ligam para a explicação psicológica das funções cognitivas. Mas eu entendo que foi o senhor que construiu um programa de pesquisa que demonstrou a onipresença das transformações, de seus agrupamentos regulados, e das múltiplas constâncias e invariâncias que resultam desses agrupamentos. Você concorda?

Piaget: Sim, concordo. Quando você diz isso, tenho um sentimento de que o meu trabalho valeu a pena; alguém entendeu. [risos; todos riem]

Piaget: [Depois de um breve silêncio reflexivo, ele diz:] Penso que você já disse tudo. Posso resumir sua pergunta em uma frase breve: toda ação é transformação.

Vigotski: [Vigotski se volta para Piaget e diz:] Piaget, ouvindo você, penso que nossa formação influenciou muito a nossa maneira de investigar e de, portanto, olhar para o desenvolvimento cognitivo, não acha?

Piaget: Concordo.

[Eles passam um tempo falando sobre isso, até que Romulo retoma as perguntas:]

Romulo: Piaget, li um artigo em que um pesquisador dizia que, com base nos resultados de suas pesquisas e de seus colaboradores, uma pergunta importante seria algo do tipo: conhecendo os processos normais de desenvolvimento das estruturas cognitivas, não seria o caso de intervir para acelerar seu curso e assim permitir, por uma ação pedagógica apropriada, uma maturação precoce?

Piaget: Ah, o problema da aceleração dos estágios.... Esta questão é chamada em Genebra, não sem risos, de questão estadunidense. [Todos os presentes riem]

Piaget: [Ainda sorrindo] Logicamente, porque os estadunidenses, cuja preocupação com a eficácia é bem conhecida, foram os primeiros a colocá-la. Sei que é uma questão que muito interessa ao pedagogo, cuja preocupação compreendo, pois se pudéssemos respondê-la afirmativamente todos os sistemas de educação poderiam ser radicalmente alterados e sobre bases científicas. Por outro lado, percebo que esta questão volta periodicamente sob formas indiretas. Sim, por exemplo, os pedagogos pensaram que a introdução da Matemática moderna nos ciclos elementares e mesmo maternais contribuiriam par apressar os processos cognitivos, na medida em que os exercícios que foram propostos às crianças correspondiam às estruturas que elas desenvolvem naturalmente. Talvez uma formulação da questão dos pedagogos, a partir da minha teoria e pensando como eles, seria: é possível ensinar às crianças as estruturas lógicas?

Romulo: E vocês estudaram esta questão?

Piaget: Sim, no Centro de Epistemologia Genética de Genebra desenvolvemos pesquisas sistemáticas para saber, de um lado, se seria possível ensinar as estruturas lógicas e, de outro lado, se toda aprendizagem comportaria uma lógica. Para resumir o que fizemos posso dizer que nossas conclusões foram: primeiro, nossos estudos revelaram que a aprendizagem de uma estrutura lógica é realizável não por esforços externos, mas pela diferenciação e pela generalização das estruturas prévias. No que concerne à lógica da aprendizagem, ela está implicada na organização mesma do processo de aprendizagem do sujeito e este depende de seu nível operatório. Eu diria que a situação de aprendizagem, onde se podem colocar as crianças, revela as estruturas que elas estão em vias de adquirir. Para concluir, eu diria que, sobre a aprendizagem de estruturas lógicas, nenhuma intervenção exterior parece poder apressar a formação dessas estruturas. E, de novo repito, a única possibilidade que se oferece é permitir à criança diferenciar as estruturas que ela está em via de adquirir.

Vigotski: Romulo, penso que conhece minhas ideias. Então, pergunto: - diga algo que eu poderia reavaliar em meu trabalho.

Romulo: Como educador matemático, li atentamente sobre suas ideias para pensar os processos de ensino e aprendizagem, entender as dificuldades de aprendizagem dos meus alunos a partir de entender o que eles dizem/fazem e por que dizem o que dizem.

Vigotski: [interrompendo] Gostei das suas questões.

Romulo: [sinalizando com a cabeça em tom de agradecimento, continua] Sei que estes temas não estiveram no centro de suas preocupações em seus projetos de investigação, mas eles influenciaram e influenciam os educadores em todo o mundo. Em seu trabalho, você adotou a posição – naquele momento radical – de que os próprios mecanismos cognitivos caracteristicamente humanos são formados socialmente, mas não abandonou a postulação de que indivíduos e social são distintos: há um indivíduo que se forma no social. O esqueleto desta postulação é a distinção interno/externo aplicada ao indivíduo; é precisamente por isso, entendo eu, que o problema que você caracteriza como central no desenvolvimento cognitivo é o de internalização, e propõe para atacar este problema, o conceito de Zona de Desenvolvimento Proximal. Porém, alguns pesquisadores entendem – e eu sou um deles - que da forma que a distinção entre interno e externo está posta, a questão da internalização é complexa. Por exemplo, Wertsh e Stone observaram que "um dos problemas mais persistentes da psicologia é como conceituar a relação entre atividade interna e externa". Minha saída para a questão foi partir da sua perspectiva de que os mecanismos cognitivos são uma forma internalizada de mecanismos que se apresentam no social e que é na interação com colegas mais adiantados ou com adultos que o desenvolvimento cognitivo da criança acontece. Daí chamei a estes agentes que propiciam o desenvolvimento cognitivo do sujeito de interlocutores. Assim, para mim, o que é internalizado são precisamente modos de produzir significados. O que esta afirmação implica é que através da interação o sujeito possivelmente apre(e)nde dos interlocutores que certos modos de produção de significados são legítimos, que tem sentido, para ele, o sujeito; e ao engajar-se na prática de produzir significado o sujeito se insere no social a que pertencem os interlocutores, ao mesmo tempo que abre a possibilidade de orientar a si próprio dali para frente nas atividades em que estiver envolvido. O interessante é que esta é a outra ponta da ZDP: quando o sujeito já pode fazer sem os interlocutores aquilo que antes não podia. Ao internalizar um modo de produzir significado, o sujeito passa a ser capaz de ser o seu próprio interlocutor. Note que, poderíamos, aqui, introduzir as noções de interlocutor interno e interlocutor externo, mas é exatamente neste ponto que a distinção interno/externo mostra-se desnecessária: a atividade cognitiva "autônoma" do sujeito funciona da mesma forma que a atividade cognitiva "heterônoma", isto é, através da interação com interlocutores, sejam eles "internos" ou "externos". O resultado é que o papel dos interlocutores é o mesmo, sejam "internos" ou "externos", e a distinção mostra-se – neste nível – desnecessária; em ambos os casos o sujeito fala para modos de produção de significado, pergunta a eles e para eles olha em busca de sinais de que está falando adequadamente. E, dada a posição que assumimos, de que os interlocutores "internos" são formas internalizadas dos interlocutores "externos"; concluímos que o sujeito fala sempre para o outro, para o social, dentro da cultura a que pertence. Podemos entender, assim, que interlocutores não são pessoas, indivíduos, mas, precisamente, modos de produzir significado; quero dizer com isso que não é necessário – e na verdade é até um complicador – pensarmos em interlocutores como rostos com que falamos. Para mim, interlocutores são legitimidades. O que internalizamos, nos processos de humanização e do que se costuma chamar de desenvolvimento intelectual, são interlocutores, são legitimidades. Não sei se concorda com essa perspectiva, mas ela tem ajudado a pensar nossas questões de pesquisa.

Vigotski: Muito interessante sua perspectiva Romulo... [dizendo em tom reflexivo]

Piaget: E sobre minha teoria Romulo?

Romulo: Quando tive a oportunidade de ler seus livros e discuti-los em nosso grupo de estudo, eu já era professor, estava em sala de aula e, portanto, suas ideias foram uma possibilidade de "ler" meus alunos. Daí as coisas que me lembro que começaram a me incomodar foram a perspectiva de que, para o senhor, as estruturas do pensamento eram formais, isto é, desprovidas de conteúdo e o entendimento de que nosso sistema cognitivo não pode abrigar contradições e que a necessidade de remoção de contradições era o motor mesmo do desenvolvimento cognitivo". Além disso, tinha o fato de que para o senhor não é possível, através da intervenção direta e externa ao indivíduo promover o desenvolvimento intelectual. Para mim, o pensamento sempre tinha um conteúdo, não existindo, portanto, forma de estruturas formais ou "puras" e que este conteúdo é que dava ao pensamento sua forma. Minha questão era: como explicar que uma criança, que já demonstrou ser capaz de operar com a reversibilidade operatória em uma situação, não o faça em outra? No meu entendimento, este é o tipo de situação que você buscou tratar com a noção de *décalage*. Um outro problema que eu tinha, a partir da leitura da sua obra, era como caracterizar o que estaria acontecendo quando um aluno aprende algo novo, e segundo sua leitura, não havia ali nenhuma estrutura operatória nova, para o aluno, posta em jogo? Além disso, um outro problema que eu via como professor era que o "desequilíbrio" e a "reequilibração" se davam com relação a conteúdos e não com relação a estruturas operatórias propriamente. O interessante foi que isto tudo foi bastante sofrido para mim, a ponto de deixar o grupo de estudo.

Piaget: Imagino... Mas o interessante é que você formulou boas questões a partir das minhas ideias.

Romulo: Sim, sem dúvida. O trabalho de vocês é excepcional, principalmente porque pensaram diferente e isto fez toda a diferença. Apesar de que a minha opção teórica na produção do meu modelo epistemológico tenha sido influenciada pelo pensamento de Vigotski; o que me permitiu pensar sobre todas as questões iniciais que levariam à minha elaboração teórica foram seus livros, Piaget. Não é porque aceitaram meu convite e não porque estamos juntos aqui [risos] afirmo que vocês foram igualmente importantes em minha trajetória como pesquisador.

Vigotski: Certamente ficamos felizes por saber.

[Enquanto falava, Romulo se dirige para fora do restaurante, agora quase vazio, para fumar e da janela onde apoia o copo no batente para acender o cigarro - e de lá faz uma pergunta aos dois:]

Romulo: Ah, tem uma pergunta que gostaria de fazer aos dois. Quando observam as crianças numa escola, envolvidas em suas atividades, o que lhes vem à mente?

Piaget: O que vem à minha mente insistentemente, quando vejo estas crianças é que ali está a possibilidade de alguém que, no futuro, será um adulto racional o suficiente para querer a paz no mundo e que todo meu esforço no fundo, foi buscar entendê-las para que pudéssemos formar adultos conscientes de que a guerra é ruim.[2]

[Romulo ouve atentamente Piaget e passa a olhar distraidamente para longe, com um copo de vinho em uma das mãos e o cigarro na outra. Ele está de pé do lado de fora para que a fumaça não chegue até nós; um hábito tão conhecido por aqueles que conviveram com ele.]

Talvez por causa do vinho, me veio à mente, olhando para ele, a canção *Oração ao Tempo*[3], uma entre tantas outras coisas cujo gosto compartilhávamos e que juntos e por motivos diferentes achávamos linda:

És um senhor tão bonito
Quanto a cara do meu filho
Tempo, tempo, tempo, tempo
Vou te fazer um pedido
Tempo, tempo, tempo, tempo

Compositor de destinos
Tambor de todos os ritmos
Tempo, tempo, tempo, tempo
Entro num acordo contigo
Tempo, tempo, tempo, tempo

Por seres tão inventivo

E pareceres contínuo
Tempo, tempo, tempo, tempo
És um dos deuses mais lindos
Tempo, tempo, tempo, tempo

Que sejas ainda mais vivo
No som do meu estribilho
Tempo, tempo, tempo, tempo
Ouve bem o que te digo
Tempo, tempo, tempo, tempo

Peço-te o prazer legítimo
E o movimento preciso
Tempo, tempo, tempo, tempo
Quando o tempo for propício
Tempo, tempo, tempo, tempo

De modo que o meu espírito
Ganhe um brilho definido
Tempo, tempo, tempo, tempo
E eu espalhe benefícios
Tempo, tempo, tempo, tempo

O que usaremos pra isso
Fica guardado em sigilo
Tempo, tempo, tempo, tempo
Apenas contigo e migo
Tempo, tempo, tempo, tempo

E quando eu tiver saído
Para fora do teu círculo
Tempo, tempo, tempo, tempo
Não serei nem terás sido
Tempo, tempo, tempo, tempo

Assim mesmo acredito
Ser possível reunirmo-nos
Tempo, tempo, tempo, tempo
Num outro nível de vínculo
Tempo, tempo, tempo, tempo

Portanto peço-te aquilo
E te ofereço elogios
Tempo, tempo, tempo, tempo
Nas rimas do meu estilo
Tempo, tempo, tempo, tempo

****

Referências

ABBAGNAMO, Nicola. **Dicionário de filosofia.** São Paulo: Martins Fontes, 2000.

ANDRADE, Érico. **O Sujeito do conhecimento**. São Paulo: WMF Martins Fontes, 2012.

ANDRÉ, Marli E.D.A. **Etnografia da prática escolar**. Campinas: Papirus, 1995. (Série Prática Pedagógica)

AYER, Alfred J. **O Problema do conhecimento**. Lisboa: Editora Ulisseia, sd.

ARISTÓTELES. **Arte e retórica poética**. [S.I.]: Tecnoprint, sd.

BACHELARD, Gaston. **A formação do espírito científico**: contribuições para uma psicanálise do conhecimento. Rio de Janeiro: Contraponto, 1996.

BACHELARD, Gaston. **Epistemologia.** Rio de Janeiro: Zahar Editores, 1977.

BALDINO, Roberto R. Assimilação Solidária. Grupo de Pesquisa-ação em Educação Matemática – GPA. Rio Claro/SP: Unesp, 1995. (Apostila)

BALDINO, Roberto R. O mundo real e o dia-a-dia na produção de significados matemáticos. **Boletim de Educação Matemática**, Rio Claro, ano 11, n.12, p.1-11, 1996.

BERGER, Peter L.; LUCKMANN, Thomas. **A Construção social da realidade**: tratado de sociologia do conhecimento. 14ed. Petrópolis: Vozes, 1985.

BERLO, D.K. **O processo de comunicação**: introdução à teoria e à prática. São Paulo: Martins Fontes, 1979.

BOERO, Paolo. The crucial role of semantic fields in the development of problems solving skills in the school environment. In: J. P. Ponte et al. (eds.). **Mathematical Problem Solving and New Information Technologies**. Berlin, Heidelberg: Springer-Verlag, p. 77-91, 1992.

BOGDAN, Robert; BIKLEN, Sari. **Investigação qualitativa em Educação**: uma introdução à teoria e aos métodos. Porto, PT: Porto Editora, 2013.

BRUNER, Gerome. **Realidade mental, mundos possíveis**. Porto Alegre: Artes Médicas, 1997.

CHAUI, Marilena. **Convite à Filosofia.** São Paulo: Ática, 1995.

CHISHOLM, Roderick M. **Teoria do Conhecimento.** 2 ed. Rio de Janeiro: Zahar Editores, 1974.

CORNU, Bernard. **Apprentissage de la notion de limite**: conceptions et obstacles. 169f.1983. These (Doctorat de troisieme cycle de mathematiques pures). University Scientifique et Medicale de Grenoble, Grenoble.

DANCY, Jonathan. **Epistemologia Contemporânea**. Lisboa: Edições 70, 1985.

DERRIDA, Jacques. **Limited Inc**. Campinas, SP: Papirus, 1991.

DOLLE, Jean-Marie. **Para compreender Piaget**: uma iniciação à psicologia genética piagetiana. 2ed. Rio de Janeiro: Zahar Editores, 1978.

DORON, Roland; PAROT, Françoise. **Dicionário de psicologia**. São Paulo: Ática, 1998.

ENGELS, Friedrich. **A Dialética da natureza**: 2 ed. Rio de Janeiro: Paz e Terra, 1976.

ESTEVES, Bernardo. **Questões de criptografia: gritomudonomuro**. Revista Piauí, ed. 65, fev. 2012. Em: https://piauí.folha.uol.com.br/materia/gritomudonomuro/ . Acesso em 17/12/202. [ver se a citação de uma reportagem está correta]

FERREIRA, Aurélio B.H. **Novo dicionário Aurélio da língua portuguesa**. 4 ed. Curitiba: Positivo, 2009.

FRANCHI, Anna. Considerações sobre a teoria dos campos conceituais. In: FRANCHI et al (orgs). **Educação Matemática: uma introdução**. São Paulo: EDUC, 1999.

FURMERTON, Richard. Epistemologia. Petrópolis, RJ: Vozes, 2014.

GETTIER, Edmund L. Is justified true belief knowledge? **Analysis.** 23, pp.121-123, 1963a. [falta informação?]

GETTIER, Edmund L. É a crença verdadeira justificada conhecimento? 1963b. Em: https://criticanarede.com/epi_gettier.html. Acesso em 07 de janeiro de 2019.

GODINO, J.D.; BATANERO, M.C. Significado institucional y personal de los objetos matemáticos. **Recherches en Didactique des Mathématiques**, Grenoble, v.4, n.3, p.325-353, 1994.

GOODMAN, Nelson. Ways of Worldmaking. Cidade: Editora, 1978.

GOODMAN, Nelson. **Of mind and other matters**. Cambridge, MA: Harvard University Press, 1984.

GOODMAN, Nelson. Modos de fazer mundos. Porto: Edições Asa, 1995.

GOODMAN, Nelson; ELGIN, Catherine. The Epistemic Efficacy of Stupidity. In: **Reconceptions in Philosophy and other arts and science**. Routledge: Hackett Publishing Company, 1988.

HESSEN, Johannes. **Teoria do conhecimento**. 8ªed. Coimbra: Arménio Amado Editora, 1987. (Coleção Studium)

JAPIASSÚ, Hilton F. **Introdução ao pensamento epistemológico**. Rio de Janeiro: Francisco Alves, 1975.

JAPIASSÚ, Hilton; MARCONDES, Danilo. Dicionário básico de filosofia. 2 ed. Rio de Janeiro: Jorge Zahar, 1990.

KLEINMAN, Paul. **Tudo que você precisa saber sobre filosofia**: de Platão e Sócrates até a ética e metafísica, o livro essencial sobre o pensamento humano. São Paulo: Gente, 2014.

LAKOFF, George. **Women, fire and dangerous things**: what categories reveal about the mind. Chicago: The University of Chicago Press, 1987.

LEONTIEV, A. N. **O Desenvolvimento do psiquismo**. São Paulo: Moraes, 1978.

LEONTIEV, A.N. **Actividad, conciencia y personalidade**. Mexico: Editorial Cartago de Mexico, 1984.

LINS, R. C. A Framework for understanding what algebraic thinking is. 1992.330p. **Phd Thesis** (Doctorate in Philosophy) – Shell Centre for Mathematical Education, University of Nottingham, England.

LINS, R. C. Epistemologia, História e Educação Matemática: tornando mais sólidas as bases da pesquisa. **Revista de Educação Matemática**. SBEM – São Paulo, Campinas, SP, Ano 1, nº 1, p.75-91, set., 1993.

LINS, R. C. Epistemologia e Matemática. **Boletim de Educação Matemática**. Rio Claro: IGCE/UNESP, Ano 9, n. Especial 3, p. 35- 46, março, 1994a.

LINS, R. C. O Modelo Teórico dos Campos semânticos: Uma análise epistemológica da álgebra e do pensamento algébrico. **Revista Dynamis**. Blumenau, v.1, n. 7, p. 29-39, abr/jun, 1994b.

LINS, R. C. Campos semánticos y el problema del significado em álgebra. **UNO - Revista de Didáctica de las Matemáticas**. Barcelona, Espanha, n. 1, p.45-56, julio, 1994c.

LINS, R. C. Eliciting the meanings for algebra produced by students: Knowledge, justification and Semantic Fields.Psychology of Mathematics Education. In: PONTE, J.P; MATOS, J. P. (ed.). **Proceedings of the Eighteenth International Conference for the Psychology of Mathematics Education /PME – XVIII**. Lisbon: University Lisbon. Vol. III, p.184-191, 1994d

LINS, R. C. Notas sobre o uso da noção de conceito como unidade estruturante do pensamento. In: Escola Latino-Americana sobre pesquisa em Ensino de Física - ELAPEF. **Anais da III Escola Latino-Americana sobre pesquisa em Ensino de Física – ELAPEF**. Canela, RS, p.137-141, jul.,1996b.

LINS, R. C.; Gimenez, J. **Perspectivas em aritmética e álgebra para o século XXI**. Campinas: Papirus, 1997. (Coleção perspectivas em Educação Matemática).

LINS, R. C. Luchar por la supervivencia: la producción de significado. **UNO - Revista de Didáctica de las Matemáticas**. Barcelona, Espanha, n. 9, Ano III, p.39-46, octubre, 1997.

LINS, R. C. Por que discutir teoria do conhecimento é relevante para a Educação Matemática. In: Bicudo, M. A. V. (org.). **Pesquisa em Educação Matemática: concepções e perspectivas**. São Paulo: Editora da UNESP, p.75-94, 1999.

LINS, R. C. The production of meaning for algebra: a perspective based on a theorical model of semantic fields. In: SURTHERLAND, R.; ROJANO, T; BELL, A.; LINS, R.C. (Eds.). **Perspectives on school algebra**. London: Kluwer Academic Publishers, p.37-60, 2001.

LINS, R. C.; SILVA, A.M.; OLIVEIRA, V.C.A.; NORIEGA, T. Of course, IR^3 is blue! Developing an approach to turn a mathematics course into a mathematics education course. In: **Proceedings of the Second International Conference on the Teaching of Mathematics**, Heronissos, Crete, Greece, jul, 2002a, 1 CD-Rom.

LINS, R. C. Análise sistemática e crítica da produção acadêmica e da trajetória profissional 2002b. 87p. **Tese** (Livre Docência) – Instituto de Geociências e Ciências Exatas, Universidade Estadual Paulista, Rio Claro/SP.

LINS, R. C. A diferença como oportunidade para aprender. In: PERES, Eliane et al. (orgs) **Anais do XIV Encontro de Didática e Prática de Ensino: Trajetórias e processos de ensinar e aprender: sujeitos, currículos e cultura**. Porto Alegre: EDIPUCRS, p. 530- 550, 2008.

LINS, R.C. O Modelo dos campos semânticos: estabelecimentos e notas de teorizações. In: Angelo, C.L. et al. (orgs.). **Modelo dos Campos Semânticos e Educação Matemática: 20 anos de história**. São Paulo: Midiograf, 2012.

LURIA, A.R.; LEONTIEV, A.N.; VYGOTSKY, L.S.; e outros. **Psicologia e Pedagogia**: Bases psicológicas da aprendizagem e do desenvolvimento. São Paulo: Centauro, 2003.

MATUÍ, Jiron. Construtivismo: teoria construtivista sócio-histórica aplicada ao ensino. São Paulo: Moderna, 1995.

MOLL, Luis C. **Vygotsky e a educação**: implicações pedagógicas da psicologia sócio-histórica. Porto Alegre: Artes Médicas, 1996.

OGDEN, C.K.; RICHARDS, I. A. **O significado de significado**: um estudo da influência da linguagem sobre o pensamento e sobre a ciência do simbolismo. Rio de Janeiro: Zahar, 1976.

OLIVEIRA, Marta K. **Vygotsky**: aprendizado e desenvolvimento um processo histórico. 2 ed. São Paulo: Scipione, 1995.

OLIVEIRA, Viviane C.A. de. Sobre a produção de significados para a noção de transformação linear em álgebra linear. 2002. 187f. **Dissertação** (Mestrado em Educação Matemática) - – IGCE, Universidade Estadual Paulista, Rio Claro.

OLIVEIRA, Viviane C.A. de. Uma leitura sobre a formação continuada de professores de matemática fundamentada em uma categoria da vida cotidiana. 2011. 207f. **Tese** (Doutorado em Educação Matemática) - – IGCE, Universidade Estadual Paulista, Rio Claro.

PENA, A.G. **Comunicação e linguagem**. Rio de Janeiro: Eldorado, 1976.

PRESTES, Zoia R. Quando não é quase a mesma coisa: análise de traduções de Lev Semionovitchi Vigotski no Brasil – repercussões no campo educacional. 2010. 295p. Tese (Doutorado em Educação) – Faculdade de Educação, Universidade de Brasília, Brasília.

PRESTES, Zoia R. Quando não é quase a mesma coisa: traduções de Lev Semionovitchi Vigotski no Brasil. Campinas, SP: Autores associados, 2012.

PIAGET, Jean. **A Epistemologia genética**. New York, NY: Columbia University Press, p. 1-13, 1968. In: www.marxists.org/reference/subject/philosophy/works/fr/piaget.htm. Acesso em abril de 2020.

PIAGET, Jean. **Sabedoria e ilusões da filosofia**. São Paulo: Abril Cultural, 1975a. (Coleção Os Pensadores)

PIAGET, Jean. **Problemas de psicologia genética**. São Paulo: Abril Cultural, 1975b. (Coleção Os Pensadores)

PIAGET, Jean. O nascimento da inteligência na criança. Rio de Janeiro: Zahar, 1975.

PIAGET, Jean; GARCIA, Rolando. **Psicogénese e história das ciências**. Lisboa: Dom Quixote, 1987

PIAGET, Jean. **Seis estudos de psicologia**. 20 ed. Rio de Janeiro: Forense Universitária, 1994.

PIAGET, Jean. **Biologia e conhecimento**: ensaio sobre as relações entre as regulações orgânicas e os processos cognoscitivos. Petrópolis RJ: Vozes, 1996.

PIAGET, Jean. **A psicologia da inteligência**. Petrópolis, RJ: Vozes, 2013.

PIAGET, Jean. **Biologia e conhecimento**: Ensaio sobre as relações entre as regulações orgânicas e os processos cognoscitivos. 3 ed. Petrópolis, RJ: Vozes, 2013.

PIAGET, Jean. **A Epistemologia genética**. São Paulo: Martins Fontes, 2007.

REZENDE, Wanderley M. **Uma análise histórico-epistêmica da operação de limite**. 153f. 1994. Dissertação (Mestrado em Educação Matemática) - Universidade Santa Úrsula, Rio de Janeiro.

ROLKOUSKI, Emerson. **Vida de professores de matemática**: (im)possibilidades de leitura. 2006.288f. **Tese** (Doutorado em Educação Matemática) – Instituto de Geociências e Ciências Exatas, Universidade Estadual Paulista, 2006. Disponível em: http://hdl.handle.net/11449/102138 . Acesso em março de 2021.

RUSS, Jacqueline. Dicionário de Filosofia. São Paulo: Scipione, 1994.

SEMINÉRIO, Franco L. P. **Piaget**: o construtivismo na psicologia e na educação. Rio de Janeiro: Imago, 1996.

SILVA, Amarildo M. **Uma análise da produção de significados para a noção de base em álgebra linear**. 163f. 1997. Dissertação (Mestrado em Educação Matemática) - Universidade Santa Úrsula, Rio de Janeiro.

SILVA, Amarildo M. Sobre a dinâmica da produção de significados para a matemática. 2003.243 p. **Tese** (Doutorado em Educação Matemática) – IGCE, Universidade Estadual Paulista, Rio Claro, 2003.

SILVA, Amarildo M. **Impermeabilização no processo de produção de significados para a álgebra linear.** In: ANGELO, C.L. et al. Modelo dos Campos Semânticos e Educação Matemática: 20 anos de história. São Paulo: Midiograf, 2012, p.79-90.

SILVA, Amarildo M; LINS, Romulo C. Sobre a Dinâmica da Produção de Significados para a Matemática. **Jornal Internacional de Estudos em Educação Matemática**, v.6(2), p.01-30, 2013.

VEER, René V.D.; VALSINER, Jaan. **Vygostsky**: uma síntese. São Paulo: Unimarco Editora / Edições Loyola, 1996.

VYGOTSKY, Lev S. Pensamento e linguagem. São Paulo: Martins Fontes, 1993.

VYGOTSKY, Lev S. **A formação social da mente**: o desenvolvimento dos processos psicológicos superiores. 5ed. São Paulo: Martins Fontes, 1994.

VIGOTSKII, L.S.; LURIA, A.R.; LEONTIEV, A.N. **Linguagem, desenvolvimento e aprendizagem**. 7 ed. São Paulo: Ícone, 2001.

VYGOTSKY, L.S. **Aprendizagem e desenvolvimento intelectual na idade escolar**. In: LURIA, A.R. e outros. Psicologia e Pedagogia: Bases psicológicas da aprendizagem e do desenvolvimento. São Paulo: Centauro, p. 01-17, 2003.

WALKERDINE, Valery. **The mastery of reason**. Londres: Routledge, 1988.

WERTSCH, James V. **Vygotsky y la formacion social de la mente**. Barcelona: Ediciones Paidós, 1988.

ZIZEK, Slavoj. **O Mais sublime dos histéricos**: Hegel com Lacan. Rio de Janeiro: Jorge Zahar, 1991a.

ZIZEK, Slavoj. **Looking awry**: an introduction to Jacques Lacan through popular culture. Cambridge, MA: The M.I.T. Press, 1991b.

Notas

1. Introdução

1.Em comunicação oral Lins relatou certa vez que durante o Curso houve em São Paulo um evento de Jazz, guardadas as devidas proporções, algo como o Montreaux Jazz Festival, com a participação de vários músicos renomados. O professor de uma disciplina disse que os alunos não seriam liberados de sua aula para ir ao evento. Com os ingressos em mãos e discordando da conduta do professor, teve a certeza que valeria mais a pena assistir aos shows e abandonou o Curso.
2.Instituto de Matemática e Estatística da Universidade de São Paulo.
3. Lins (2002b, p.11)
4. Bigode, em comunicação oral.
5. Lins (2002b, p. 16)
6. Rolkouski (2006, p. 75)
7. Lins (2002b, p.13)
8. Lins (2002b, p.13)
9. Lins (2002b, p.13)
10. Lins (2002b, p.14)
11. Lins (2002b, p. 16)
12. Lins (2002b, p. 15)
13.Lins (2002b, p.15)
14.Rolkouski (2006, p. 76)
15. (Lins, 2002b, p. 17)
16. Apresentado em sua defesa de Livre Docência no texto intitulado "Análise Sistemática e crítica da produção acadêmica e da trajetória profissional" (Veja LINS, 2002b).
17. Lins (1992).
18. Lins (2002b, p.42)
19. Lins (2002b, p. 43)
20. Lins (1994b)
21.Lins (2002b, p. 51)
22. Lins (2002b, p.66)
23. Lins (2002b, p. 07)
24. Lins (2002b, p. 18)
25. Lins (2002b, p.8)
26. Lins (2002b, p.9)

2. O Modelo do Campos Semânticos: um modelo epistemológico

1. Lins (1993, p. 75)
2. Lins (1993, p. 77)
3. Lins (1993, p .77)
4. Lins (1993, p. 78)
5. Lins (1993, p. 78)
6. Hessen (1987, p. 21)
7. Hessen (1987, p. 26)
8. Hessen (1987, p. 26)
9. Chaui (1995, p. 117)
10. Chauí (1995, p. 117)

11. Chaui (1995, p. 118)
12. O **eu** é considerado por Chaiu, como a consciência psicológica, que "é formada por nossas vivências, isto é, pela maneira com sentimos e compreendemos o que se passa no nosso corpo e no mundo que nos rodeia, assim como o que se passa no nosso interior. É a maneira individual e própria com que cada um de nós percebe, imagina, lembra, opina, deseja, age, ama, odeia, sente prazer e dor, toma posições das coisas e dos outros, decide, sente-se feliz ou infeliz". (Chaui, 1995, p.117)
13. Chauí (1995, p. 118)
14. Hessen (1897, p. 28)
15. Andrade (2012, p. 11)
16. Andrade (2012, p. 11)
17. Andrade explica: "'Totalizante' porque todo conhecimento é conhecimento humano, ou seja, porque nossas categorias cognitivas 'subjazem' a todas as representações que fazemos do mundo (...) e 'sintético', porque diante de tantas e tão diferentes representações do mundo, podemos formular conceitos que as unificam numa única categoria." (ANDRADE, 2012, p. 12)
18. Andrade (2012, p. 13)
19. Furmerton (2014, p. 14)
20. Furmerton (2014, p. 21)
21. São frases que expressam uma declaração afirmativa ou negativa a respeito de algo. Decorre da definição de proposição que frases interrogativas ("Quantos anos você tem?"), exclamativas ("Todo mundo comete erros, João!"), imperativas ("Vá estudar agora!) e declarativas sem qualquer sentido ("cachorro tartaruga"), não exprimem proposições pois não possuem valor de verdade, isto é, não se referem a nenhuma verdade ou falsidade do mundo.

22. Japiassu, Marcondes (1990, p. 231)

23. Entendido como o agente que conhece, em oposição ao objeto conhecido; ou como o conjunto das propriedades da razão, universais e idênticas em todo indivíduo (é o sujeito universal).
24. O termo pretende reforçar a ideia de que a justificação deve ser aceitável de um ponto de vista epistemológico.
25. Dancy (1985, p. 39)
26. Ayer (sd, p. 31)
27. A ideia da discussão que segue é dar uma caracterização compreensível ao leitor iniciante sobre os termos crença, verdade e justificação considerando que há várias definições distintas e várias teorias que pretendem explicar a natureza dessas noções e que são divergentes entre si em suas interpretações.
28. Ayer (sd, p. 13)
29. Ayer (sd, p. 13)
30. Existem outras concepções além das duas anteriores.
31. (Ayer, sd, p. 59)
32. Lembrando que um conceito é normativo se, e somente se, é um conceito dependente de normas, isto é, de obrigações e permissões envolvidas na conduta humana.
33. (Abbagnamo, 2000, p.218)
34. Em fevereiro de 2018, um grupo de especialistas reunido pela OMS publicou uma lista de doenças que representavam ameaça à saúde pública. Entre elas, estavam as aqui citadas e outras; mas a relação trazia uma denominada "doença X", que provavelmente resultaria de um patógeno atualmente desconhecido capaz de causar doenças nos seres humanos e se espalharia pelo planeta de maneira rápida e silenciosa, causando altas taxas de mortalidade.
35. Penso que Lakoff (1987), Goodman (1984) e Goodman & Elgin (1988), são boas referências para apresentar estas perspectivas.
36. Lins e Gimenez (1997, p. 140)
37. Lins e Gimenez (1997, p. 140)
38. Lins e Gimenez (1997, p. 141)

39. Lins e Gimenez (1997, p. 141)
40. Lins (2002b, p. 44)
41. Lins (2001, p. 41)
42. Lins (2001, p.46)
43. Chama-se esquema à "forma estrutural da atividade", à organização invariante da atividade do sujeito sobre uma classe de situações dadas. (FRANCHI, 1999, p.165)
44. Franchi (1999, p.165)
45. Lins (2001, p. 41)
46. Lins (2001, p.42)
47. Lins (1993, p. 86)
48. Lins (2001, p. 42)
49. Este exemplo foi relatado pelo prof. Antônio Augusto Duboc de Araujo durante nossas discussões sobre conhecimento.
50. Termo usado para designar os habitantes locais daquela praia, também designado em alguns lugares por praiano. Em geral, esses termos são utilizados para pescadores locais.
51. Lins (1994c, p.43)
52. Lins (2002b, p. 44)
53. Silva (2003, p.19)
54. (Lins, 2001, p. 43)
55. (Lins, 1994c, p. 29)
56. (Lins, 1993, p.87). Após a citação, Lins apresenta uma nota de rodapé para esclarecer o que entende por etnia: "O termo "etnia" deve ser compreendido em seu sentido mais próprio, de grupo com um etos definido, e não como grupo racialmente definido. É tão próprio pensar em um aluno como pertencendo a uma etnia como o é quando pensamos em um índio xavante.
57. Lins (1996a, p. 140)
58. Lins (2001, p. 43)
59. Lins (1994b, p. 29)
60. Lins (2002b, p. 44)
61. Lins (2001, p. 44)
62. Berger, Luckmann (1985, p.11)
63. Berger, Luckmann (1985, p.11)
64. Berger, Luckmann (1985, p.12)

3. O Modelo Piagetiano e a Leitura Linsiana

1. Dolle (1978, p. 22)
2. Inclusão se refere a, por exemplo, inclusão de uma parte no todo e "multiplicação" das classes se refere a encontrar a parte comum de duas entidades.
3. Dolle (1978, p.21)
4. Japiassu (1975, p. 39)
5. "Conjunto de concepções filosóficas e psicológicas que sustentam que o conhecimento é elaborado exclusivamente a partir da experiência. Opõem-se essas concepções àquelas que admitem a existência de princípios inatos de conhecimento". (DORON, PAROT, 1998, p. 276)
6. "Concepção filosófica segundo a qual a natureza de um ser é determinada desde o nascimento e não depende das condições do ambiente no qual ele vive e das experiências que ele possa aí fazer [sic]". (DORON, PAROT, 1998, p. 417)
7. Piaget (2007, p.114)
8. Piaget (1975b, p. 373)
9. Seminério (1996, p. 27)

10. O termo conduta, em Psicologia, foi definido inicialmente por P. Janet como "o conjunto dos movimentos, das ações, das palavras, de tudo o que ele [o ser vivo] pode fazer, que é exteriormente perceptível, que sai de seu organismo, que atinge os objetos exteriores. (DORON, PAROT, 1998, p.167)
11. Piaget (1994, p. 13)
12. Piaget (1975b, p. 363)
13. Piaget (1968, p. 08)
14. Piaget (1975b, p. 363)
15. Um invariante é o elemento de uma estrutura que é conservado, mesmo quando a estrutura tenha sofrido uma ou várias transformações.

16. São assim designadas devido a sua invariável presença em todo ato de conhecimento, em todo ato adaptativo.
17. Piaget (1996, p. 15)
18. Piaget (1996, p. 16)
19. Piaget (1996, p. 17)
20. Doron, Parot (1998, p. 318)
21. Designa uma estrutura matemática que se refere às operações concretas (operações que dependem dos conteúdos a que dizem respeito). É caracterizada pelas seguintes propriedades: 1. Composição transitiva, definida pela operação direta (+); 2. reversibilidade, definida pela operação inversa (-) ou pela recíproca (>, <); 3. identidade, definida pela operação idêntica, cujo resultado é o elemento neutro (0); 4. Associatividade, definida pela possibilidade de, em certas condições, atingir o mesmo resultado por caminhos diferentes. A estrutura de agrupamento é intermediária entre a estrutura de grupo, que se baseia numa relação de equivalência, e a de rede, que se baseia numa relação de ordem. (DORON, PAROT, 1998, 40)
22. Esta é uma das características do estágio mencionada anteriormente em oposição à ideia de uma mera justaposição de propriedades estranhas uma as outras numa estrutura.
23. Piaget (1975b, p.364)
24. Piaget (1975b, p. 344)
25. Piaget (1975b, p. 344)
26. Piaget (1975b, p. 345)

27. "Para Piaget, as regulações cognitivas, prolongamento no plano psicológico das regulações biológicas, são concebidas como um dos mecanismos centrais pelos quais os sistemas cognitivos se constroem e se conservam como totalidade equilibrada". [E cujo propósito é] "o equilíbrio entre assimilação e acomodação na relação sujeito-objeto". (DORON; PAROT, 1998, p. 318)

28. Matuí (1995, p. 100)
29. Piaget, Garcia (1987, p.227)
30. Seminério (1996, p. 85)
31. Lins (2002b, p. 17)
32. Lins (2002b, p. 17)
33. A reversibilidade é a capacidade de pensar nas etapas de um processo em qualquer ordem.
34. Segundo Piaget, "as decalagens caracterizam a repetição do mesmo processo formador em diferentes idades. (PIAGET, 1975b, p. 365)
35. Gostaria de assinalar que reflexões como esta foram frequentes no pensamento linsiano: o professor e o pesquisador operando juntos, de modo que a prática de sala de aula alimentava a necessidade de teorizar e vice-versa.
36. Lins (2002b, p. 17)
37. Lins (2002b, p. 44)
38. Lins (2002b, p. 18)
39. Lins (2002b, p. 46)
40. (WALKERDINE, 1990, p. 5, apud LINS, 1996b, p.138)
41. Ferreira (2009, p. 1530)

42. Japiassu; Marcondes (1990, p. 192)
43. Russ (1994, p. 214)
44. Russ (1994, p .214)
45. Doron; Parot (1998, p.162)
46. Japiassu; Marcondes (1990, p.53)
47. Lins (1996b, p. 137)
48. Lins (1996b, p. 137)
49. Lins (1996b, p.138)
50. Lins (1996b, p. 140)
51. Lins (1996b, p. 138)
52. Lins (1996b, p. 138)
53. Lins (1996b, p. 138)
54. Lins (1996b, p. 140)
55. Lins (1996b, p. 140)
56. Lins (2002b, p. 22)
57. Lins (2002b, p.48)
58. Lins (2002b, p. 47)
59. Lins (2002b, p. 47)
60. Lins (2002b, p. 47)
61. Lins (2002b, p. 62)
62. Lins (2002b, p.62)
63. Lins (2002b, p. 48)
64. A menção se refere a obra intitulada *O Mais sublime dos histéricos: Hegel com Lacan* de Slavoj Zizek (1991).
65. Lins (1994b, p. 31)
66. cf. Walkerdine (1988, p.5)
67. Lins (1994c, p. 50)

4. Vigotski, Leontiev e Lins: compartilhando um espaço comunicativo

1.O outro autor foi Nelson Goodman com a obra Of mind and other matters (Goodman, 1984).
2.Lins (2002b, p. 34 e 42)
3.Lins (2002b, p. 34)
4.O sobrenome Vigotski aparece escrito de diferentes maneiras em diferentes obras. Minha opção será usar aquela proposta por Zoia Prestes (PRESTES, 2010, 2012). Porém, nas citações assumirei a grafia da referida obra.
5.Segundo Blanck "o objetivo dessa estratégia era diminuir a qualidade intelectual dos estudantes judeus nas melhores universidades. (MOLL, 1996, p. 33)
6.Na época este era um curso na área de ciências humanas e que atualmente corresponderia a um curso de Direito e Literatura.
7.Moll (1996, p. 34)
8.Este será o livro de referência utilizado para descrever o processo de desenvolvimento das ideais de Vygotsky, cujo título original é *Understanding Vygotsky – a Quest for Synthesis*. Para os detalhes, sugerimos examinar esta obra.
9.Veja Nota bibliográfica sobre LS.Vygotsky por A.R. Luria em Vygostky (1994).
10.Moll (1996, p.34)
11.Veer & Valsiner (1996)
12.Veja comentário de Michael Cole e Sylvia Scribner na introdução do livro *A Formação social da Mente* (Vigotski,1994, p. 12).
13.Esta obra foi publicada, na extinta União Soviética, somente em 1965.

14.Veer & Valsiner (1996, p. 32)
15.Vygotsky (1994, p. 07-08)
16.Sobre a teoria histórico-cultural todas as afirmações são devidas Veer & Valsiner (1996, p. 207-265)
17.Veer & Valsiner (1996, p. 211)
18.Veer & Valsiner (1996, p. 209)
19.Vygotsky (1994, p.86)
20.Os nomes desses psicólogos são escritos de diferentes maneiras, seguimos aqui a mesma forma proposta por Zoia Prestes (PRESTES, 2012, p.05)
21.Veer & Valsiner (1996, p. 211)
22.Veer, Valsiner (1996, p. 213)
23.Esta é uma obra inacabada de Engels de 1883 e que foi publicada pela primeira vez na URSS em 1925. Para os detalhes, veja a versão portuguesa, Engels (1976), nas referências.
24.Oliveira (1995, p. 28)
25.Veer & Valsiner (1996, p. 224)
26.Veer, Valsiner (1996, p. 228)
27. Dois termos aparecerão nesse texto oriundos da Biologia, que quando se referem aos seres humanos no estudo de Vygotsky devem ser assim entendidos: o termo Filogenia se refere ao desenvolvimento da espécie humana e Ontogenia se refere a história individual das crianças.
28. Há algumas questões controversas na visão de Thurnwald e na aceitação de Vygotsky de algumas de suas ideias, que não serão discutidas. Sobre elas, porém, vale observar que os primeiros estudos antropológicos eram extremamente etnocêntricos, isto é, analisavam as diferentes culturas com base no ponto de vista de uma pessoa imersa na cultura europeia. Como consequência, os europeus visavam mostrar que sua cultura e desenvolvimento eram superiores as demais sociedades, colocando a colonização como um movimento necessário de civilização para aquelas sociedades que, sob esse ponto de vista, eram atrasadas.
29.Veer & Valsiner (1996, p. 232)
30.Veer & Valsiner (1996, p. 234)
31.Segundo Veer & Valsiner "A tecnologia é a descoberta e implementação de métodos por meio dos quais os seres humanos podem atuar sobre o ambiente. Ela descobre as leis da natureza e tenta manipulá-las." (VEER & VALSINER, 1996, p.234)
32.Citando Vigotski e Luria, Veer & Valsiner, esclarece a dupla função nos seguintes termos: "Sistemas de contagem e a linguagem escrita e a falada não serviam apenas a uma função definida no mundo exterior - digamos a preservação da tradição dos textos escritos -, mas serviam também como instrumentos para o crescente controle do comportamento humano. Eram sistemas de signos que transformavam nosso funcionamento mental, como instrumentos transformavam o universo inanimado." (p. 234)
33. Veer & Valsiner (1996, p. 238)
34.Um sistema de origem inca similar ao sistema Quippu peruano de atar nós em corda. (p.237, ver)
35.Veer & Valsiner (1996, p. 242)
36. Veer & Valsiner em vários pontos do livro sugerem que Vygotsky aceitava a teoria de Darwin: "Ele aceitava integralmente na teoria de Darwin sobre o mecanismo de variação e seleção natural... " (Ibid, p. 63) Ou, "Em muitas ocasiões, ele [Vygotsky] resumiu a contribuição de Darwin e Pavlov neste contexto com as seguintes palavras: 'Enquanto Darwin explicou a origem das espécies, Pavlov explicou a origem dos indivíduos' (Ibid, p.241)
37.Entendida como a história das origens e da evolução do homem
38. Entendida como a história evolucionária da espécie
39. Veer & Valsiner (1996, p. 243)
40.O termo mnemônico pode ser entendido como um conjunto de técnicas utilizadas para auxiliar a um processo de memorização. Consiste na elaboração de suportes como os esquemas, gráficos, símbolos, palavras ou frases relacionadas com o assunto que se pretende memorizar.
41.Veer & Valsiner (1996, p. 243)
42.Veer & Valsiner (1996, p. 243)
43.Veer & Valsiner (1996, p. 244)

44.Segundo Blanck, Vigotski chamou sua psicologia de genética no sentido evolutivo, "o termo conota a noção marxista de que qualquer fenômeno pode ser apreendido apenas pelo estudo da sua origem e desenvolvimento. Ver Moll (1990, p.45)
45.De acordo com o autor por vezes será usado o termo interiorização e às vezes internalização. O leitor deve considerar que eles querem dizer a mesma coisa.
46. (VYGOTSKY apud MOLL, 1990, p. 109).
47.Moll (1990, p. 110)
48.Vygotsky (1994, p. 70)
49. "A ênfase primaria de Vygotsky ao examinar o processo de mediação recaía sobre os sistemas de signos usados na comunicação humana, especificamente o discurso. A esse respeito, é fundamental ter em mente que o objeto de sua análise era a atividade comunicativa humana, ou o discurso, não a linguagem entendida como um sistema de uso abstrato". (MOLL, p. 110)
50.Vygotsky (1994, p. 72)
51.Vygotsky (1994, p. 73)
52. (BLANK, apud MOLL, 1990, p. 51)
53. (BLANK, apud MOLL, 1990, p. 45)
54.Vygotsky (2003, p.01)
55.Vygotsky (2003, p.03)
56.Luria et al (2003, p.8)
57.Vygotsky (2003, p. 11)
58.Vygotsky (2003, p. 12)
59.Zoia Prestes sugere que a melhor tradução do russo seria: zona de desenvolvimento iminente. (PRESTES, 2012, p. 204)
60.Vygostky (1994, p.111)
61.Vygotsky (1993, p. 89)
62.Vygotsky (2003, p. 14)
63.Vygotsky (2003, p. 14)
64.Vygotsky (1994, p. 118)
65.Vygotsky (2003, p. 14)
66. Veja Vygotsky (1994, p.117)
67.Leontiev (1984, p. 66)
68.Leontiev (1984, p. 66)
69.Wertsch (1988, p. 218)
70.Leontiev (1984, p. 67)
71.Vygotsky, Luria, Leontiev (1988, p. 68)
72. Vygotsky, Luria, Leontiev (1988, p. 68)
73.Como, por exemplo, a atividade de trabalho, a atividade de estudo.
74.Leontiev (1984, p. 81)
75.Leontiev (1978, p. 115)

76.Leontiev (1984, p. 70)

77.Leontiev (1978, p. 115)
78.Por exemplo, em julho de 2020 o Dr. Pedro Moreira Folegatti, médico infectologista, especializado no desenvolvimento de vacinas para doenças emergentes, foi o representante brasileiro de uma equipe de pesquisadores atuando na linha de frente na busca de uma vacina no principal laboratório de pesquisa e desenvolvimento do Reino Unido, o Jenner Institute da Universidade de Oxford.
79. Leontiev (1978, p. 315)
80. Leontiev (1978, p. 69)
81.Lins (2002b, p. 46)
82.Lins (2002b, p.46)

83. Penso que existe uma clara intenção epistemológica nessa distinção. Em meus termos, o termo biológico é usado aqui em oposição a cultural e remete a tudo que no mundo vivo, pode ser descrito e explicado no contexto da evolução biológica, em contraste com o que diz respeito à transmissão cultural das aquisições.

84. Lins (2002b, p. 58)
85.Lins (1999, p. 78)
86.Lins (1999, p. 78)
87.Lins (1999, p. 79)
88.Lins (1999, p. 79)
89.Lins (1999, p. 79)
90.Lins (1999, p. 79)
91.Lins (2002b, p. 58)

5. Sobre o Processo de Produção de Significado

1. Kleinman (2014, p. 104)
2. Bruner (1997, p. xi)
3. Ogden; Richards (1976, p. 194)
4. Baldino (1996, p. 1)
5. Para maiores informações visite a site: www.sigma-t.org.
6. Lins (1993, p. 77)
7. Lins (1994b, p. 37)
8. Godino, Batanero (1994)
9.Godino, Batanero (1994, p. 327)
10.Godino, Batanero (1994, p. 329)
11.Lins (1993, p. 86)
12.Lins (1994b, p. 30)
13.Lins (1996, p. 140)
14.Lins (1997, p. 145)
15. Lins (2012, p. 28)
16. Lins (1997, p. 145)
17. Lins (2002b, p. 62)
18. Silva (1997, p. 13)
19. Nos dois casos, as alterações foram referendadas pelo autor do MCS.
20.Silva (2003, p. 9)
21.Lins (2004b, p. 5)
22.Este termo pretende indicar ao leitor que são as ações enunciativas do sujeito que vão sugerir se o sujeito participa efetivamente da atividade ou não.
23. Lins (1996, p. 140)
24. (Lins 2001, p. 47)
25.Este fato foi mencionado em sua tese de Livre docência (LINS, 2002b, p. 52)
26.Lins (2001, p. 49)
27.Lins (2001, p. 49)
28.Lins (2002b, p. 52)
29.Lins (1996, p.5)
30.Lins (1999, p.86)
31.Lins (1999, p. 80)
32.Pena (1976, p.74)
33.Aristóteles (sd, p.42)

34. Berlo (1979, p. 39)
35.Berlo (1979, p. 49)
36.Lins (1999, p. 81)
37.Lins (1999, p. 81)
38.Lins (1999, p. 81)
39.A primeira apresentação dessa construção teórica aparece em Lins (1996a) numa comunicação científica intitulada *Struggling for survival: the production of meaning* (Lutando pela sobrevivência: a produção de significados), a segunda em Lins (1999) no *artigo Por que discutir teoria do conhecimento é relevante para a educação matemática*; e a última em Lins (2012) no livro Modelo dos Campos Semânticos e Educação Matemática, no capítulo intitulado *O Modelo dos Campos Semânticos: estabelecimentos e notas de teorizações.* .
40. Lins (2001, p. 59)
41. Lins (2012, p. 27)
42. Lins (1999, p. 81)
43.Lins (2012, p. 19)
44.Lins (2012, p.19)
45.Lins (2012, p. 19)
46.Lins (2012, p. 19)
47.Em Lins (1999, p.81), ele sugere que "o pontilhado está ali para indicar que é apenas na construção do autor que a "transmissão" existe".
48.Lins (1999, p. 81)
49.Ele sugere: "Aqui também, o pontilhado indica uma transmissão que só se concebe enquanto tal no imaginário do leitor". (LINS, 1999, p.82),
50.Lins (1999, p. 82)
51.Lins (2012, p. 14)
52.Lins (2012, p. 14)
53.Lins (1999, p. 82)
54.Lins (1999, p. 82)
55.Lins (2012, p. 24)
56.Lins (2012, p. 27)
57.Este exemplo é uma adaptação da matéria escrita pelo jornalista Bernardo Esteves na Revista Piauí. Para ver os detalhes veja Esteves (2012).
58. Bruner (1997, p. 101)
59. Veja, por exemplo, Ways of Worldmaking (1978) ou sua tradução portuguesa intitulada Modos de fazer mundos (1995)
60. Bruner (1997, p. 102)
61.Lins (1997a, p. 194)
62.Lins (1997a, p. 144)
63Lins (1997a, p. 114)
64.Lins (1997a, p. 145)
65. Lins (1997a, p. 20)
66.Em Linguística, a semântica estuda o significado e a interpretação do significado de uma palavra, de um signo, de uma frase ou de uma expressão em um determinado contexto.
67. Pelo fato de uma análise de sua concepção provocar uma digressão na direção dos nossos interesses não faremos uma análise da sua caracterização de campo semântico aqui. Para isso, veja (Boero, 1992)
68.Lins (2012, p. 17)
69.Lins (2002b, p. 20)
70.Lins (2002b, p. 29)
71.Lins (2002b, p. 33)
72.Lins (1992b, p. 329)

73.Nota pessoal: Certa vez para provocá-lo a falar sobre esta questão, perguntei: Romulo, agora com o modelo bem constituído, com as ideias maduras, o que você mudaria na sua tese? Ele respondeu, com um breve sorriso sarcástico, sugerindo ter entendido a armadilha: "Nada, nem uma vírgula! Minha conclusão é que qualquer um que compare o que está na tese e a versão atual do MCS, entenderá o que ele disse.
74. Lins (1993, p. 86)
75. Lins (1994b, p. 31)
76.Lins (2001, p. 45)
77.Lins (2012, p. 17)
78.Lins (2002b, p. 46)
79.Lins (2012, p. 17)
80. Lins (2012, p. 18)
81. Utilizaremos neste livro o termo internalização alternativamente a outros termos utilizados como, por exemplo, interiorização devido ao seu maior uso na literatura especializada brasileira. Mas manteremos, obviamente, nas citações, o termo escolhido por cada autor.
82.Vide Leontiev (1984, p. 76)
83.Leontiev (1984, p. 76)
84.Vigotski (1994, p. 36)
85.Vigotski (1994, p. 37)
86.Vigotski (1994, p. 60)
87.Vigotski (1994, p. 74)
88.Vigotski (1994, p. 45)
89.Lins (1994b, p. 32)
90. Lins (1994b, p. 33)
91. Lins (1994b, p. 33)
92. Importante notar que esta citação é de 1994 e que, portanto, seu entendimento para campo semântico é: um modo de produzir significado. (LINS, 1994b, p.31)
93. Reproduzimos aqui parte da nota de rodapé do artigo em que ele comenta: "A palavra 'sentido' é usada aqui de forma bastante particular: Ter sentido indica que há disposição por parte do sujeito em participar daqueles modos de produzir significados.
94. Lins (1994b, p. 33)
95. Lins (1994b, p. 33)
96. Lins (1994b, p. 33)
97. Lins (1994b, p. 33)
98. Lins (1994b, p. 33)
99. Lins (2012, p. 20)
100. Lins (2012, p. 20)
101. Lins (2012, p. 12)
102. Lins (2012, p. 13) (destaques do autor)
103. Lins (2008, p. 541)
104. Lins (1999, p. 89)
105. Lins (1999, p. 88)
106. Lins (2012, p.16)
107. Lins (2012, p. 26)
108. Lins (2012, p. 26)
109. Lins (2012, p. 26)
110. Lins (2012, p. 26)
111. Lins (2012, p. 26)
112. Lins (2012, p.30)
113. Lins (2012, p. 29)
114. Lins (1994b, p. 31)
115. Lins (1994b, p. 31)

116. Lins (1994b, p. 31)
117. Neste ponto ele apresenta a seguinte nota de rodapé: "A melhor imagem que consegui encontrar aqui, é a de um reticulado de molas: quando balançamos uma delas, a energia dissipa-se de tal modo que nem todos os nós vão necessariamente entrar em movimento". (LINS, 1994b, p.31)
118. Lins (1994b, p. 31)
119. Lins (1994b, p. 31)

6. O Modelo dos Campos Semânticos: uma teorização posta em ação

1. Para mais detalhes veja, por exemplo, Lins (1993, 1994d, 1999, 2012) e Lins, Gimenez (1997a).
2. Lins (1994b, p. 37)
3. Lins (1999, p. 85)
4. Lins (1997, p. 145)
5. Lins (1997, p. 145)
6. Bogdan e Biklen (2013, p. 47-51)
7. Bogdan e Biklen (2013, p.52)
8. André (1995, p. 28)
9. Lins (2002, p. 18)
10. Lins (1993, p. 78)
11. Lins (2002, p. 29)
12. Lins (2012, p. 23)
13. Lins (2012, p. 23)
14. Lins (2012, p. 23)
15. Lins (2012, p. 23)
16. Lins (2012, p. 24)
17. Lins (2012, p. 23)
18.Lins (2012, p. 18)
19. Lins (2012, p. 17)
20. Lins (2012), p. 29)
21. Vygotsky (1994, p. 85)
22. Lins em Comunicação oral em entrevista no ano de 1996.
23. Lins (1999, p. 16)
24. Lins (2008, p. 541)
25. Bachelard (1977, p. 147)
26. Bachelard (1996, p.17)
27. O Educador Matemático Wanderley M. Rezende, por exemplo, investigou os obstáculos epistemológicos associado ao conceito de limite na disciplina Cálculo Diferencial e Integral. Veja Rezende (1994).
28. (Silva, 2012)
29. Veja Silva (2003) ou Silva e Lins (2013)
30. Evitamos utilizar o termo atividade, como usualmente é utilizada em pesquisas com outros referenciais teóricos para reservá-lo sempre para o sentido proposto por Leontiev.
31. Esta orientação metodológica foi inspirada na leitura de Oliveira (2011), a partir de sua discussão sobre a questão da diferença.
35. A pesquisa que apresentaremos nessa seção pode ser encontrada em detalhes em Silva (2003) e no artigo Silva e Lins (2013). Participaram desta atividade de pesquisa, Romulo Campos Lins - como o professor da turma -, Amarildo Melchiades da Silva – como pesquisador em observação participante –, e Viviane Cristina Almada de Oliveira - como responsável pela gravação das sessões em sala de aula.
33 e 34. Informações registradas no diário de pesquisa.

35. Nesse momento a profa. Viviane estava desenvolvendo uma pesquisa tendo como objeto a Álgebra Linear e que resultou na dissertação intitulada *Sobre a produção de significados para a noção de transformação linear em Álgebra Linear* (OLIVEIRA, 2002) e o prof. Amarildo já havia defendido a dissertação sobre o mesmo assunto intitulada *Uma análise da produção de significados para a noção de base em Álgebra Linear* (SILVA, 1997).
36.Vygotsky (1994, p. 85)
37. Silva (2003, p. 104)
38. Silva (2003, p. 151)
39. Silva (2003, p. 111)
40. Silva (2003, p. 111)

41. Silva (2003, p. 119)
42. Silva (2003, p. 126)
43. Silva (2003, p. 128)
44. Silva (2003, p. 129)
45. O artigo foi intitulado *Of course R^3 is blue! Developing an approach to turn a mathematics course into a mathematics education course.* (LINS et al, 2002a)
46. Lins (2002, p. 73)
47. Lins (2002, p. 74)
48. Lins (2002, p. 74)
49. Lins (2012, p. 18).
50. Baldino (1995).
51. Lins (2012, p. 17)
52. Lins (2012, p. 17)
53. Lins (2012, p. 18)
54. Lins (2012, p. 19)
55. Lins (2002, p. 62)
56. Lins (1997, p. 122)
57. Lins (1997, p. 144)

7. A última entrevista ou sobre um encontro improvável

1. Última atualização do perfil no Currículo Lattes de Romulo Campos Lins.
2. As falas de Piaget, Vigotski e Lins são adaptações retiradas das obras de Dolle (1978), Piaget (1975), Veer e Valsiner (1996) e Lins (1994b).
3. A canção Oração ao Tempo de Caetano Veloso é uma das faixas do disco Cinema Transcendental produzido pela gravadora Philips Records em 1979.

Impressão e acabamento
Gráfica da Editora Ciência Moderna Ltda.
Tel: (21) 2201-6662